Parametrisierung eines Generativen Fertigungsverfahrens für Formwerkzeuge

Parameterization of an Additive Manufacturing Process for Moulding Tools

Von der Fakultät für Maschinenwesen
der Rheinisch-Westfälischen Technischen Hochschule Aachen
zur Erlangung des akademischen Grades eines
Doktors der Ingenieurwissenschaften
genehmigte Dissertation

vorgelegt von

Christian Reinders

Berichter:

Univ.-Prof. Dr.-Ing. Achim Kampker, MBA
Univ.-Prof. Dr.-Ing. Peter Burggräf, MBA

Tag der mündlichen Prüfung: 13. August 2020

ERGEBNISSE AUS DER ELEKTROMOBILPRODUKTION

Christian Reinders

Parametrisierung eines Generativen Fertigungsverfahrens für Formwerkzeuge

Herausgeber:
Univ.-Prof. Dr.-Ing. Achim Kampker, MBA

Band 11

PEM | RWTH AACHEN UNIVERSITY

Bibliografische Information der Deutschen Nationalbibliothek
Die Deutsche Nationalbibliothek verzeichnet diese Publikation in der Deutschen Nationalbibliografie; detaillierte bibliografische Daten sind im Internet über https://portal.dnb.de abrufbar.

Christian Reinders:

Parametrisierung eines Generativen Fertigungsverfahrens für Formwerkzeuge

1. Auflage, 2020

Gedruckt auf holz- und säurefreiem Papier, 100% chlorfrei gebleicht.

Apprimus Verlag, Aachen, 2020
Wissenschaftsverlag des Instituts für Industriekommunikation und Fachmedien an der RWTH Aachen
Steinbachstr. 25, 52074 Aachen
Internet: www.apprimus-verlag.de, E-Mail: info@apprimus-verlag.de

Druck: KN Digital Printforce GmbH, Stuttgart

ISBN 978-3-86359-897-6

D 82 (Diss. RWTH Aachen University, 2020)

Für meinen Großvater Gerhard Reinders

(* 25. April 1930 – † 25. Juli 2011)

Vorwort

Die vorliegende Arbeit entstand während meiner Tätigkeit als wissenschaftlicher Mitarbeiter am Werkzeugmaschinenlabor der RWTH Aachen sowie am Chair of Production Engineering of E-Mobility Components der RWTH Aachen.

Herr Professor Achim Kampker, Inhaber des Chair of Production Engineering of E-Mobility Components, schafft ein Umfeld, in dem Kreativität und die persönliche Weiterentwicklung gefördert werden. Ich danke Herrn Professor Achim Kampker herzlich für die Möglichkeit zur Promotion und das damit entgegengebrachte Vertrauen.

Herrn Professor Peter Burggräf, Inhaber des Lehrstuhls für International Production Engineering and Management der Universität Siegen, danke ich für die Übernahme des Korreferats.

Herrn Professor Jochen Büchs möchte ich herzlich für den Prüfungsvorsitz und Herrn Professor Bernd Markert für den Prüfungsbeisitz danken.

Meinen Kollegen möchte ich für den wissenschaftlichen Diskurs zu meiner Arbeit danken, der durch zahlreiche Diskussionen stetig gereift ist. Zusätzlich möchte ich den studentischen Mitarbeitern danken, die mich bei der Entstehung meiner Arbeit unterstützt haben. Im besonderen Herrn Sven Windau, der mich lange Zeit begleitet hat und mit dem ich viele wertvolle Diskussionen führen konnte. Meinem Oberingenieur Herrn Kai Kreisköther möchte ich für seine wissenschaftliche Hilfe zu dieser Arbeit danken und seine Zeit, um die Qualität stetig zu verbessern.

Mein größter Dank gilt meiner Familie, die mich in jeder Lebenslage unterstützt und motiviert hat diese Arbeit zu vollenden. Ebenso für den Zuspruch und die Förderung während meines beruflichen Werdegangs. Ganz besonders möchte ich meinem verstorbenen Großvater danken, der immer mein persönliches Vorbild war und an mich geglaubt hat. Seine Beständigkeit und der Glaube an das Richtige und Gute in dieser Welt habe ich immer bewundert.

Abschließend bedanke ich mich von ganzem Herzen bei meiner wundervollen Frau Susanne für ihre tiefe Liebe und stetigen Rückhalt.

Zusammenfassung

Immer kürzer werdende Produktlebenszyklen stellen den Werkzeugbau und insbesondere die Werkzeugentwicklung vor neue Herausforderungen. Die derzeitige Entwicklung von formgebenden Werkzeugen ist kosten- und zeitintensiv. Generative Fertigungsverfahren sind im Vergleich zu etablierten Fertigungsverfahren in der Werkzeugbranche eine junge Technologie, deren Anwendungsfelder stetig erweitert werden. Derzeit gibt es eine Vielzahl von möglichen Generativen Technologien für die Werkzeugbranche, sodass sich bisher keine Technologie für den formgebenden Werkzeugentwicklungsbereich durchsetzen und etablieren konnte. Der Hauptgrund ist auf das mangelnde Wissen über die Wirkungszusammenhänge der Generativen Fertigungsverfahren zurückzuführen. Damit sich Generative Fertigungstechnologien im formgebenden Werkzeugbau durchsetzen können, müssen die Anforderungen aus dem formgebenden Werkzeugbau bekannt und die Druckerparametrisierung mit ihren Auswirkungen auf das erzeugte Produkt verstanden sein.

In der hier vorliegenden Arbeit wird zunächst das Feld der Generativen Fertigungstechnologien betrachtet und ein geeignetes Verfahren für die Herstellung von formgebenden Werkzeugen identifiziert. In einer weiteren Analyse werden die gemeinsamen Anforderungen dieser Verfahren mit deren Werkzeugen betrachtet, um ein möglichst breites Anwendungsfeld zu adressieren. Eine geeignete Methode ist die Statistische Versuchsplanung, welche hilft, das Generative Fertigungsverfahren hinsichtlich der Anforderungen aus dem formgebenden Werkzeugbau zu untersuchen.

Für die Auswertung der Wirkungszusammenhänge zwischen der Druckerparametrisierung und den Anforderungen aus dem Werkzeugbau wurden über 3.000 Messungen durchgeführt. Aus diesem Datensatz konnten, Mithilfe statistischer Software zur Auswertung, die vorherrschenden Wirkungszusammenhänge analysiert werden. Darüber hinaus ist es durch die Ergebnisse möglich, gezielte Anwendungen aus der Werkzeugbranche mit entsprechenden Vorhersagen zu prognostizieren. Dies bedeutet, dass ein spezieller Anwendungsfall mit speziellen Zielen auf Grundlage der Datenbasis vorhergesagt werden kann. Die Vorhersage gibt dabei die aufgrund der Zielvorgaben möglichen, zu erreichenden Werte mit einer entsprechenden Wahrscheinlichkeit und exakten Werten aus. Durch die hohe Nachvollziehbarkeit dieser Arbeit ist es möglich, neue Materialien oder Verfahren nach der gleichen Methode zu untersuchen und Wirkungszusammenhänge festzustellen.

Summary

Shorter product life cycles present new challenges in the area of toolmaking and especially tool development. The current development of shaping tools is expensive and time-consuming. Compared to established manufacturing processes in the tool industry, additive manufacturing processes are a young technology, whose fields of application are constantly being expanded. Currently, there is a variety of different additive technologies available for the tool industry, so that up to now no technology has been able to establish itself in the shaping tool development sector. The main reason for this is the lack of knowledge about the interactions of additive manufacturing processes. In order for additive manufacturing technologies to establish themselves in shaping toolmaking, the requirements from shaping toolmaking must be known and the printer parameterisation must be understood with its effects on the manufactured product.

In this dissertation, the field of additive manufacturing technologies is observed and a suitable process for the manufacture of shaping tools is identified. In a further analysis, the common requirements of these methods and their tools are considered in order to adress the widest possible field of application. A suitable method is the design of experiments, which helps to analyse the additive manufacturing process with regard to the requirements from the shaping tool construction.

More than 3,000 measurements have been made to evaluate the interdependencies between printer parameterization and toolmaking requirements. With the help of statistical software for evaluation, the prevailing interactions could be analysed from this data set. In addition, the results makes it possible to forecast specific applications from the tool industry with corresponding forecasts. This means that a specific case with specific targets can be predicted based on the database. The forecast displays the possible values to achieve based on the defined targets with a corresponding probability and exact values. Due to the high traceability of this work, it is possible to investigate new materials or processes using the same method and to determine interactions of effects.

Inhaltsübersicht

Inhaltsverzeichnis

Abbildungsverzeichnis

Tabellenverzeichnis

Formelverzeichnis

Abkürzungen

3DP	3D-Printing
ABS	Acrylnitril Butadien Styrol
Aufl.	Auflage
Bd.	Band
Blob	Binary Large Objects
BT	Bridge Tooling
bzw.	beziehungsweise
C	Cluster
ca.	circa
CAD	rechnerunterstützter Entwurf (Computer-Aided Design)
d.h.	das heißt
DIN	Deutsches Institut für Normung e.V.
DLP	Digital Light Process
DM	Direct Manufacturing
DT	Direct Tooling
ebd.	ebenda
EN	Europäische Norm
et al.	et alii
etc.	et cetera
EP	Epoxidharz
EU	Europäische Union
FDM	Fused Deposition Modeling
FLM	Fused Layer Modeling
FMEA	Failure Mode Effect Analysis
FWB	Formwerkzeugbau
ggf.	gegebenenfalls
Hrsg.	Herausgeber
ID	Identifikation
i.d.R.	in der Regel
ISO	International Organisation for Standardization
IT	Indirect Tooling
K	Zielkriterien
KI	Konfidenzintervall
LLM	Layer Laminate Manufacturing
LOM	Laminated Object Manufacturing
Min.	Minuten
MJM	MultiJet Modeling
NWA	Nutzwertanalyse
OEM	Original Equipment Manufacturer
PA	Polyamid

PBT	Polybutylenterephtalat
PC	Polycarbonat
PE	Polyethylen
PEEK	Polyetheretherketon
PES	Polyethersulfon
PET	Polyethylenterephthalat
PJM	PolyJet-Modeling
PKW	Personenkraftwagen
PLA	Polylactid
PMMA	Polymethylmethacrylat
POM	Polyoxymethylen
PP	Polypropylen
PS	Polystyrol
PUR	Polyurethane
PT	Prototype Tooling
PVC	Polyvinylchlorid
Raumt.	Raumtemperatur
RP	Rapid Prototyping
RT	Rapid Tooling
RWTH	Rheinisch-Westfälische Technische Hochschule
S.	Seite(n)
SAN	Styrol Acrylnitril
sec.	Sekunde
SL	Stereolithographie
SLA	Stereolithographie Apparatus
SLC	Stereolithographie Contour
SLM	Selective Laser Melting
SLS	Selective Laser Sintering
SMS	Selective Mask Sintering
St.	Stück
TTM	Time to Market
u.a.	unter anderem
usw.	und so weiter
UP	Polyesterharz
UV	Ultraviolett
Vgl.	Vergleiche
WZL	Werkzeugmaschinenlabor
Z	Zielgröße
z.B.	zum Beispiel

1 Einleitung

Die Werkzeugherstellung ist für einen Produktionsprozess für Prototypen, Kleinserien und Großserien oftmals der Engpass bezüglich der Durchlaufzeiten und der Produktionskosten[1]. Aus diesem Grund wurden ursprünglich Rapid Prototyping-Verfahren (RP-Verfahren) entwickelt, um Produktentwicklungszeiten zu verkürzen und um in den frühen Phasen der Produktentwicklung schnell realitätsnahe Prototypen zu fertigen. In der Regel werden mehr als 25 % der Produktentwicklungszeit auf die Herstellung von Prototypen und Mustern verwendet.[2] Besonders die Fertigung von Werkzeugen, welche Endkonturnähe besitzen, ist sehr zeit- und kostenintensiv[3]. Durch immer kürzer werdende Produktlebenszyklen und eine Steigerung der Individualität der Produkte spitzt sich die Situation für den Werkzeugbau hinsichtlich schneller verfügbarer Werkzeuge zu[4]. Der Markt verlangt viele Werkzeuge in sehr kurzen Zeitintervallen.

Im Mittelpunkt dieser Arbeit stehen daher zunächst eine Auswahl und anschließend eine Parametrisierung eines Generativen Fertigungsverfahrens für den formgebenden Werkzeugbau. Elementar ist hierfür die Untersuchung der Zusammenhänge zwischen den Anforderungen der Werkzeuge und den Parametrisierungsmöglichkeiten des Generativen Fertigungsverfahrens. Derzeit befinden sich viele Generative Fertigungsverfahren auf dem Markt. Allerdings ist über das Anwendungsspektrum, mangels des Verständnisses über die Wirkungszusammenhänge der Druckerparametrisierung, wenig bekannt. Als Ergebnis dieser Arbeit wird eine umfangreiche Untersuchung der Parametrisierung eines geeigneten Generativen Fertigungsverfahrens für den Formwerkzeugbau (FWB) durchgeführt. Mithilfe der Ergebnisse und dem Verständnis der Zusammenhänge ist der Anwender dieses Fertigungsverfahrens in der Lage, Werkzeuge unabhängig ob Prototyp oder Serienwerkzeug anforderungsgerecht zu drucken. Darüber hinaus können aufgrund der untersuchten und verstandenen Wirkungszusammenhänge weitere Forschungsfragestellungen auf dieser Grundlagenuntersuchung aufgebaut und beantwortet werden.

1.1 Ausgangssituation und Problemstellung

Immer kürzer werdende Produktlebenszyklen und eine steigende Variantenvielfalt stellen die Fertigung kontinuierlich vor neue Herausforderungen[5]. Um dem Kundenwunsch nach mehr Individualität gerecht zu werden, wird beispielsweise eine Auffächerung des Modell- und Variantenangebots (Produktproliferationen) angewandt[6]. Dabei sind insbesondere die „Time to Market" (TTM) und die Flexibilität der Produktion, auch für Kleinserien, für die Produktivität und Wettbewerbsfähigkeit von Unternehmen von großer Bedeutung[7]. Die Herstellung von Werkzeugen und Werkzeugeinsätzen ist im Entstehungsprozess eines der teuersten und langwierigsten Phasen. Oftmals stellt sie sogar den größten

---

1 Vgl. Sachs, E./Cima, M. et al. (1992) Three Dimensional Printing, S. 481
2 Vgl. König, W./Klocke, F. (2015) Fertigungsverfahren, S. 128
3 Vgl. Hanumaiah, N./Ravi, B. et al. (2006) Rapid hard tooling, S. 333
4 Vgl. Mohr, D./Müller, N. et al. (2013) The road to 2020 and beyond, S. 11
5 König, W./Klocke, F. (2015) Fertigungsverfahren, S. 127-170
6 Vgl. Wallentowitz, H./Freialdenhoven, A. et al. (2009) Strategien in der Automobilindustrie, S. 28
7 Vgl. Sachs, E./Cima, M. et al. (1992) Three Dimensional Printing, S. 481; Levy, G./Schindel, R./et al. (2003) Rapid Manufacturing and Rapid Tooling, S. 589

Kostenpunkt in der Entwicklung eines Produktes dar.[8] Der Werkzeugbau nimmt daher eine Schlüsselstellung innerhalb der industriellen Wertschöpfungskette ein. Er ist bei immer kürzer werdenden Produktlebenszyklen maßgeblich an der Leistungsfähigkeit der gesamten Wertschöpfungskette und dem time to market beteiligt. Dabei spielen die klassischen Zielgrößen Kosten, Zeit und Qualität eine grundlegende Rolle[9]. Die kürzeren Produktlebenszyklen und die höheren Anforderungen an den TTM bei sinkenden Kosten und gleichbleibender Qualität führen zu einem Anstieg der Werkzeugproduktion von 2010 bis 2013 innerhalb von Deutschland um 21 %[10]. Auch im globalen Wirtschaftswachstum werden immer mehr Werkzeuge in immer kürzerer Zeit benötigt. Dies ist maßgeblich auf zwei Einflüsse zurückzuführen. Der Werkzeugbedarf steigt zum einem, da es eine zunehmende Produktderivatisierung gibt und zum anderen, da es durch die Internationalisierung immer mehr Produktionsstandorte gibt.[11] Die verwendeten Werkzeuge haben einen großen Einfluss auf die fertigungsgerechte Produktgestaltung und somit auf die Entstehungszeit des Produktes. Beispielsweise sei an dieser Stelle das Kunststoffgehäuse eines mobilen Telefons genannt, das bereits nach einem halben Jahr von einem neuen Produkt abgelöst wird[12]. Daraus wird deutlich, welchem zeitlichen Druck die Entwicklung eines Werkzeuges ausgesetzt ist. Aus diesem Grund werden neue Fertigungsverfahren zur schnelleren Entwicklung von Werkzeugen benötigt.

Ein weiterer Trend in der Automobilindustrie zur Reduktion von CO_2-Emissionen und Kraftstoffverbrauch besteht darin, das Gewicht der Fahrzeuge durch Leichtbaumaßnahmen zu verringern[13]. Enormes Eignungspotenzial bieten Kunststoffe durch eine geringe Dichte und ein breites Spektrum mechanischer Eigenschaften sowie guter Festigkeiten für Karosserie- und Interieurteile[14]. Die durch den Einsatz von Kunststoffen mögliche Gewichtsreduzierung ist ein wesentlicher Bestandteil im Automobilbau, wodurch ein Down-Sizing von Einzelkomponenten möglich ist[15]. Abbildung 1-1 zeigt den stark steigenden europäischen Markt für Automobilkunststoffe[16]. Diese Kunststoffe werden überwiegend zur Fertigung von Interieurteilen und auch zunehmend bei der Exterieurherstellung verwendet[17]. Ein zunehmend eingesetztes Verfahren zur Formung von Kunststoffteilen ist neben dem gängigen Spritzguss beispielsweise das Thermoformverfahren[18].

---

8 Vgl. Ding, Y./Lan, H./et al. (2004) rapid tooling, S. 281
9 Vgl. Eversheim, W./Klocke, F. (1998) Werkzeugbau mit Zukunft, S. 1-2
10 Vgl. Boos, W./Pitsch, M. et al. (2015) World of Tooling, S. 32
11 Vgl. Boos, W./Pitsch, M. et al. (2015) World of Tooling, S. 5
12 Vgl. Eyerer, P./Hirth, T. et al. (2008) Polymer engineering, S. 428
13 Vgl. Mock, P. (2013) Reduktion von CO2 und Kraftstoffverbrauch in der EU, S. 4
14 Vgl. Bühring-Polaczek, A./Michaeli, W. et al. (2014) Urformen, S. 453
15 Vgl. Kampker, A. (2014) Elektromobilproduktion, S. 186-191
16 Vgl. Friedrich, H. E. (2013) Leichtbau, S. 380
17 Vgl. Friedrich, H. E. (2013) Leichtbau, S. 380; Kessler, A./Jakobi, R. et al. (2002) Kunststofffolien, S. 1121; Weissbach, W./Dahms, M. et al. (2015) Werkstoffkunde, S. 363
18 Vgl. Engelmann, S. (2012) Advanced thermoforming, S. 61

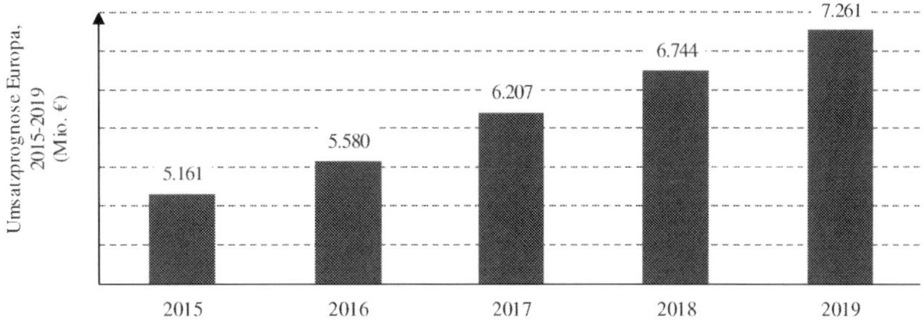

Abbildung 1-1: Prognose der Marktentwicklung für automobile Kunststoffe[19]

Durch diesen wachsenden Trend im Automobilbau muss eine Optimierung der kunststoffverarbeitenden Fertigungsverfahren und des Werkzeugbaus erfolgen. Die Fertigung von formgebenden Elementen für ur- und umformende Werkzeuge stellt mit ca. 34 % Zeitanteil und 29 % Kostenanteil bei Werkzeugen einen großen und direkten Einfluss hinsichtlich des TTM und der Herstellkosten dar (vgl. Abbildung 1-2)[20].

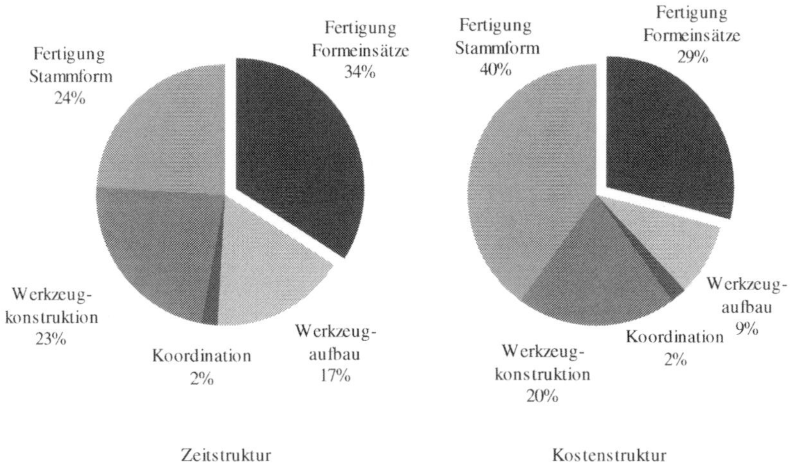

Abbildung 1-2: Zeit- und Kostenstruktur im Werkzeugbau[21]

Die zahlreichen Anforderungen an die Entwicklung und Produktion erfordern effiziente, effektive und neuartige Wertschöpfungsprozesse[22]. Innerhalb dieser Wertschöpfungsprozesse müssen innovative und optimal angepasste Produktionsverfahren eingesetzt werden, um Einsparungspotenziale im bislang sehr zeit- und kostenintensiven Werkzeugbau zu erzielen[23]. Die Wettbewerbsfähigkeit von Werkstoffen im Werkzeugbau wird stark vom Zeitbedarf bei der Prototypenherstellung und der Werkzeugtechnik

---

19 Darstellung in Anlehnung an: Gruß, A./Megges, A. et al. (2014) Kunststoffeinsatz im Fahrzeugbau, S. 20

20 Vgl. Hoffmann, H. (2012) Umformen, S. 502; Reinhart, G. (1999) Rapid manufacturing, S. 5/2, 5/4

21 Darstellung in Anlehnung an: Reinhart, G. (1999) Rapid manufacturing, S. 5/4, 5/5

22 Vgl. Kampker, A. (2014) Elektromobilproduktion, S. 28

23 Vgl. Kampker, A. (2014) Elektromobilproduktion, S. 15

bestimmt. Eine Chance für Generative Fertigungsverfahren ist in der konsequenten (Weiter-)Entwicklung der Produkte des Formwerkzeugbaus aus Kunststoff zu sehen.[24] Generative Fertigungsverfahren bieten zudem neue Möglichkeiten für den Formwerkzeugbau und vereinen eine hohe Bauteilkomplexität mit einem hohen Maß an Individualität für reine und hybride Bauteillösungen[25]. Erste Ansätze Generativer Fertigungsverfahren zeigen, dass es möglich ist, die Produktentwicklung des Formwerkzeugbaus auf wenige Tage zu reduzieren, ohne Kompromisse in der Qualität eingehen zu müssen[26]. Anfänglich wurde dieses Fertigungsverfahren überwiegend zur Herstellung von Modellen und Prototypen leistungsfähiger Endprodukte verwendet. Die Reduktion von Durchlaufzeiten (und somit die Reduktion der TTM) und die Möglichkeit, komplexe Geometrien fertigen zu können, hat dieses Fertigungsverfahren auch für den Formwerkzeugbau interessant werden lassen.[27] Die Herstellung formgebender Werkzeuge ist die derzeit größte Anwendung des sogenannten *Rapid Tooling* (RT)[28].

Zusammenfassend kann festgehalten werden, dass sich sowohl die Branche des Werkzeugbaus als auch die der Generativen Fertigungsverfahren derzeit in einem Wandel befinden. Neue Technologietrends, eine hohe Wirtschaftsdynamik, kürzere Produktlebenszyklen und eine hohe Diversifizierung erfordern neue Entwicklungs- und Produktionsprozesse.[29] Eine Kernherausforderung besteht darin, die Eignung Generativer Fertigungsverfahren für den Formwerkzeugbau für Kunststoffbauteile zu untersuchen. Zudem müssen die Wirkungszusammenhänge der generativen Herstellung in Hinblick auf die Anforderungen der Werkzeuge verstanden sein, um Potenziale heben zu können.

1.2 Ziel der Arbeit

Die Entwicklung und Herstellung produktspezifischer Werkzeuge nimmt im Rahmen industrieller Wertschöpfungsketten eine Schlüsselstellung ein[30]. Zielsetzung ist es, einen Beitrag zur Befähigung Generativer Fertigungsverfahren für den Einsatz im Formwerkzeugbau für Kunststoffbauteile zu leisten. Die Ausgangssituation hat gezeigt, dass sich der Werkzeugbau, aufgrund der sich verändernden äußeren Rahmenbedingungen, anpassen muss. Ein neues Fertigungsverfahren für eine schnellere und kostengünstigere Entwicklung im Formwerkzeugbau stellen Generative Fertigungsverfahren dar. Einzelne Studien und Produkte haben bereits gezeigt, dass das Potenzial für den Formwerkzeugbau vorhanden ist. Dabei sollen die generativ gefertigten Werkzeuge in einem ersten Schritt nicht mit den konventionellen Serienwerkzeugen aus Stahl konkurrieren. Vielmehr sollen die langen Entwicklungszeiten, die oftmals auch mit hohen Kosten verbunden sind, reduziert werden, um eine bessere TTM zu realisieren. Den ersten Lösungsbaustein stellt die Auswahl eines geeigneten Generativen Fertigungsverfahrens dar. Die Auswahl eines Generativen Fertigungsverfahrens für eine potenzielle Anwendung reicht allerdings nicht für deren Einsatz aus. Aus diesem Grund wird in der hier vorliegenden Arbeit eine Grundlagen-

---

[24] Vgl. Domininghaus, H. (2011) Kunststoffe, S. 2

[25] Vgl. Droysen, M. (2014) Generative Fertigungsverfahren, S. 48-49

[26] Vgl. Vyomesh, J. (2015) Making the impossible possible, S. 2-3

[27] Vgl. Ding, Y./Lan, H./et al. (2004) rapid tooling, S. 281; Ensthaler, J./Grimm, T. et al. (2014) Additive Fertigungsverfahren, S. 4

[28] Vgl. König, W./Klocke, F. (2015) Fertigungsverfahren, S. 130; Kruth, J.-P./Leu, M./et al. (1998) Additive Manufacturing and Rapid Prototyping, S. 529-530

[29] Vgl. Arntz, K. (2013) Werkzeugbau, S. 26; Hagemann, F. (2009) Formflexible Werkzeuge, S. 14

[30] Vgl. Eversheim, W./Klocke, F. (1998) Werkzeugbau mit Zukunft, S. 1-2

untersuchung zum Verständnis der Wirkungszusammenhänge zwischen den Druckerparametrisierungen und den Anforderungen aus dem Formwerkzeugbau durchgeführt. Das Ziel lässt sich wie folgt zusammenfassen:

Das übergeordnete Ziel liegt in der Auswahl eines geeigneten Generativen Fertigungsverfahrens für den Formwerkzeugbau sowie der Grundlagenuntersuchung zur Parametrisierung der spezifischen Wirkungszusammenhänge zwischen den Druckereinstellungen und den speziellen Anforderungen der Werkzeuge.

Nur durch das Verständnis der grundlegenden Wirkungszusammenhänge sind weitere Forschungsdefizite erkennbar und verschiedene Verhaltensweisen auf unterschiedliche Anforderungen übertragbar. Dem Anwender des Generativen Fertigungsverfahrens wird somit ein elementares Grundwissen vermittelt und ein Parametrisierungsmodell an die Hand gegeben. Durch eine Datenbank ist es dem Anwender möglich, gezielt die gewünschten Werkzeuganforderungen zu drucken.

1.3 Wissenschaftstheoretische Einordnung der Arbeit

Die dargestellten Ziele dieser Arbeit weisen einen explorativen Charakter auf[31]. Im Gegensatz zu Formalwissenschaften zielen die Realwissenschaften auf die Beschreibung, Erklärung und Gestaltung empirisch wahrnehmbarer Wirklichkeitsausschnitte ab. Als grundlegender Bestandteil der Realwissenschaften beschäftigen sich die reinen Wissenschaften (Grundlagenwissenschaften) mit der Prüfung von Hypothesen (vgl. Abbildung 1-3). Dabei streben sie nach allgemeinen Theorien zur Erklärung von existierenden Realitäten, Rätseln oder Diskrepanzen zwischen Theorie und Beobachtung. Im Kontext dazu haben angewandte Wissenschaften (Handlungswissenschaften) das Ziel, neues Wissen zu erzeugen oder vorhandenes Wissen neu zu kombinieren (vgl. Abbildung 1-3). Die Realwissenschaften verfolgen dabei die Aufgabe, subjektiv wahrgenommene Wirklichkeitsausschnitte zu explizieren (präzises Beschreiben mit Begriffen), zu generalisieren (verallgemeinernde Abstraktion von Einzelfällen) und Handlungsalternativen zu ihrer Gestaltung zu entwerfen.[32]

[31] Vgl. Bortz, J./Döring, N. (2006) Forschungsmethoden und Evaluation, S. 51-50, S. 353-365, S. 371-380

[32] Vgl. Baetge, J. (1975) Grundlagen der Wirtschafts- und Sozialkybernetik, S. 33-40; Ulrich, H./Hill, W. (1976) Wissenschaftstheoretische Grundlagen, S. 304-309; Ulrich Hans (1984) Management, S. 68-72; Ulrich, H. (2001) Systemorientiertes Management, S. 183-184; Bortz, J./Döring, N. (2006) Forschungsmethoden und Evaluation

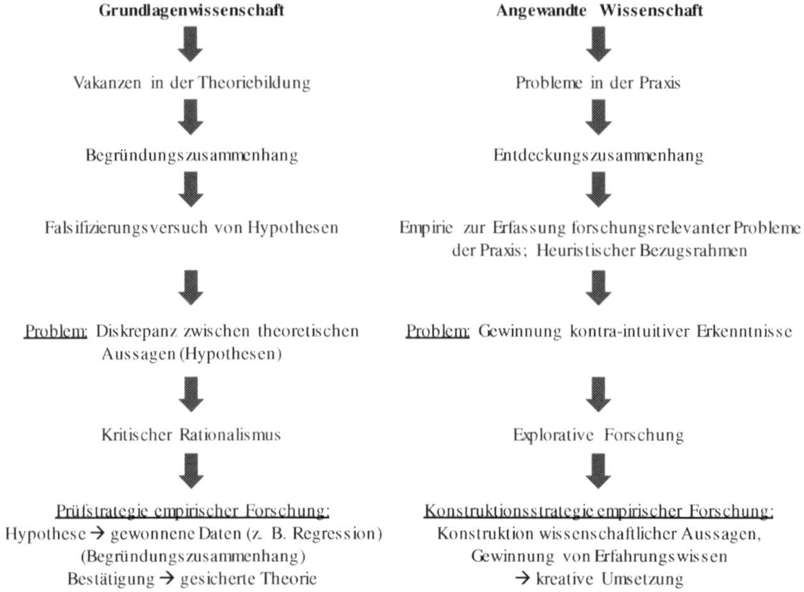

Abbildung 1-3: Gegenüberstellung von Grundlagen- und angewandten Wissenschaften[33]

Mit dem angestrebten Ziel dieser Arbeit ist der zugrunde liegende Wissenschaftstyp als anwenderorientiert zu bezeichnen. Aufgrund dessen orientiert sich der Aufbau der Arbeit an dem Forschungsprozess der angewandten Wissenschaften nach ULRICH.

ULRICH beschreibt den Forschungsprozess nicht beginnend aus der Theorie, sondern beginnend aus der Praxis heraus. D.h., dass der Forschungsprozess der angewandten Wissenschaften nicht mit einem Theoriezusammenhang beginnt und es auch nicht das Ziel ist, Theorien oder Gesetzeshypothesen aufzustellen. Vielmehr beginnt nach seiner Sicht die angewandte Forschung in der Praxis. In der Theorie ist das Hauptaugenmerk auf die Untersuchung des Anwendungszusammenhangs gerichtet, welches wiederum in der Praxis endet. Somit dient die Theorie überspitzt gesagt der Funktion des Informationslieferanten. Nach ULRICH verfolgen die angewandten Wissenschaften die Erfassung typischer Probleme aus der Praxis. Die Probleme aus der Praxis sollen mit Entscheidungsmodellen bzw. -Prozessen oder Gestaltungsmodellen im Anwendungszusammenhang entwickeln und so neue Realitäten schaffen.[34]

Der Forschungsprozess nach ULRICH läuft in Teilschritten ab, nach denen die hier vorliegende Arbeit aufgebaut ist. In Abbildung 1-5 in Kapitel 1.5 sind der Forschungsprozess nach ULRICH sowie die Gliederung der Arbeit dargestellt.

---

33 Vgl. Herbert Kubicek (1976) Forschungskonzeptionen in der Betriebswirtschaftslehre, S. 5-13; Ulrich, H. (1981) Betriebswirtschaft, S. 3-24

34 Vgl. Ulrich, H. (2001) Systemorientiertes Management, S. 183-185

1.4 Forschungsfrage

Nach der wissenschaftstheoretischen Einordnung sind nach KUBICEK grundlegende Forschungsfragen zu formulieren[35]. Die Forschungsfragen helfen dabei, das zuvor in Kapitel 1.2 definierte Ziel an einem Forschungsprozess auszurichten und zu erreichen. Aufgrund der Zielsetzung wird für die hier vorliegende Arbeit folgende leitende Forschungsfrage formuliert:

Welches Generative Fertigungsverfahren eignet sich für die Werkzeugherstellung und wie werden die mechanischen Eigenschaften des gedruckten Werkzeuges durch unterschiedliche Parametrisierungen des Druckers beeinflusst?

Zur Beantwortung der leitenden Forschungsfrage ist es sinnvoll, diese in weitere Teilfragen zu gliedern. Durch das Stellen und Beantworten der Teilfragen wird eine Struktur in der hier vorliegenden Arbeit vorgegeben und hilft bei der Beantwortung der leitenden Forschungsfrage. Weitere Teilfragen können wie in Abbildung 1-4 dargestellt und gegliedert werden:

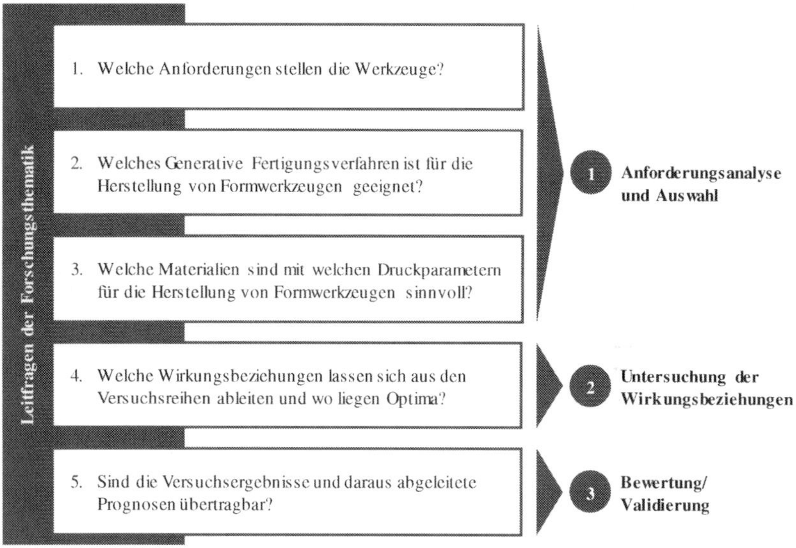

Abbildung 1-4: Teilforschungsfragen zur Leitforschungsfrage

1.5 Aufbau der Arbeit

Dieser Arbeit wird die grundlegende Forschungsmethodik nach ULRICH zugrunde gelegt. In diesem Forschungsansatz wird ähnlich dem explorativen Ansatz nach KUBICEK die angewandte bzw. praxisbezogene Forschung in den Fokus gestellt[36]. Die grundlegende Struktur und der Bezug zum angewandten Forschungsansatz ist in Abbildung 1-5 dargestellt.

[35] Vgl. Herbert Kubicek (1976) Forschungskonzeptionen in der Betriebswirtschaftslehre, S. 25-26
[36] Vgl. Hans Ulrich (1984) Management, S. 192-193

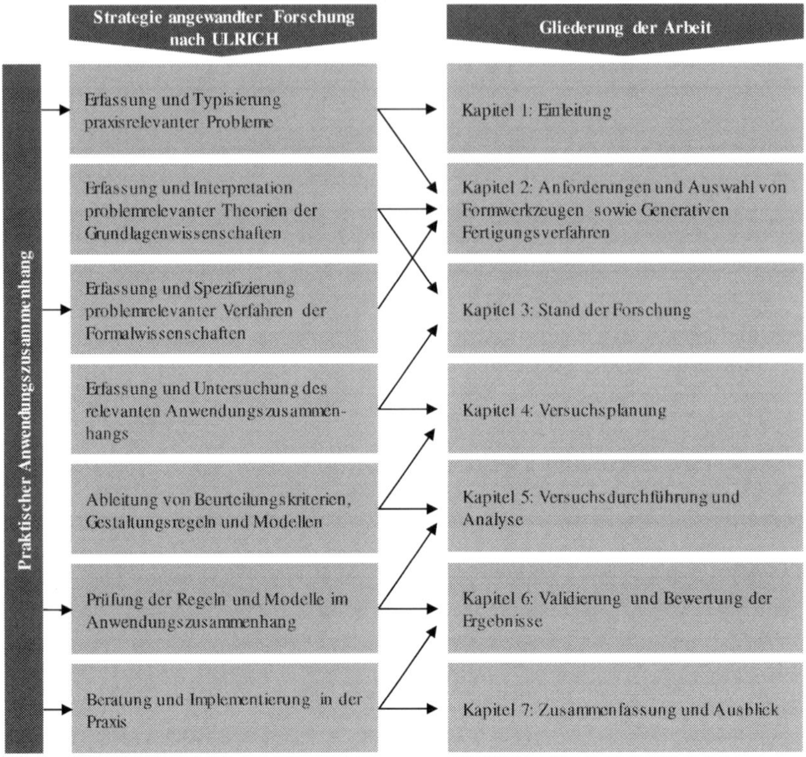

Abbildung 1-5: Aufbau der Arbeit[37]

Im ersten Kapitel wird die Ausgangssituation mit der Problemstellung erläutert sowie die angewandte Forschungsmethodik festgelegt.

Im folgenden zweiten Kapitel wird der Betrachtungsbereich grundlegend vorgestellt und ein einheitliches Verständnis der Grundlagen geschaffen. Zu Beginn werden hierzu die Grundbegriffe und die grundlegenden formgebenden Werkzeuge beschrieben. Anschließend erfolgt das Aufstellen von Anforderungen, die aus dem Werkzeugbau resultieren. Es folgt die Vorstellung der Generativen Fertigungsverfahren. Neben der Beschreibung der Generativen Fertigungsverfahren im Anhang wird ein einheitliches Begriffsverständnis geschaffen. Zudem wird ein Generatives Fertigungsverfahren zur Untersuchung in dieser Arbeit, aufgrund der Anforderungen der Werkzeuge, ausgewählt und im Detail vorgestellt. Werkstoffkundliche Grundlagen zur näheren Erläuterung der Vorgänge während des Druckvorgangs befinden sich im Anhang. Auf Basis der beschriebenen Grundlagen werden die zentralen Herausforderungen in der Praxis zum Druck von Werkzeugen mittels Generativer Fertigungsverfahren hergeleitet.

[37] Darstellung in Anlehnung an: Ulrich Hans (1984) Management, S. 193

In Kapitel drei werden bestehende Literatur- und vor allem Forschungsansätze analysiert. Da das zu untersuchende Generative Fertigungsverfahren bereits seit einigen Jahren existiert, sind die bestehenden Forschungsansätze präzise zu untersuchen. Unter Umständen kann auf bereits bestehenden Forschungsergebnissen aufgebaut werden.

Innerhalb des vierten Kapitels wird eine geeignete Versuchsmethodik zur Untersuchung der Problemstellung ausgewählt. Nachdem die geeignete Untersuchungsmethode gewählt wurde, wird diese erläutert und in einem zweiten Schritt angewandt. Die Anwendung beginnt im vierten Kapitel mit den versuchsvorbereitenden Maßnahmen, auch Versuchsplanung genannt. Der Versuchsplanung kommt dabei eine elementare Bedeutung zu, da hier das Untersuchungsziel und die zu untersuchenden Faktoren festgelegt werden. Zudem werden Qualitätsmanagementprozesse identfiziert, um ein statistisch abgesichertes Versuchsvorgehen sicherzustellen.

Im fünften Kapitel wird die Versuchsdurchführung und Auswertung beschrieben. Die Versuchsapparaturen und -maschinen sowie Messeinrichtungen werden dabei im Anhang beschrieben. Speziell die angewandten Messverfahren zur Untersuchung der Proben haben einen Einfluss auf die Art und Anzahl der Proben. Im Anschluss an die Versuchsdurchführung und die Vermessung der Proben können die Ergebnisse interpretiert und kritisch reflektiert werden. Ein Zusammenfassen und Auswerten der vermessenen Proben zeigt, ob sinnvolle Forschungsergebnisse erzielt werden können.

Kapitel sechs beschäftigt sich mit der Validierung der gewonnenen Erkenntnisse. Mit den aus den Versuchsreihen gewonnenen Daten können Prognosen über die Erreichbarkeit der definierten Ziele in einem Software-Modell erstellt werden. Durch Überprüfung der Prognosen aus dem Modell ist sicherzustellen, ob die abgeleiteten Erkenntnisse valide sind und das Prognosemodell funktioniert. Stimmt das Modell, so werden als Abschluss in diesem Kapitel weitere Forschungsbedarfe aufgezeigt, um die grundlegend gewonnenen Erkenntnisse in weiteren Forschungsfragestellungen weiterentwickeln zu können.

Im letzten Kapitel werden die Ergebnisse der vorliegenden Arbeit zusammenfassend dargestellt und der Kontext der gesamten Arbeit kritisch reflektiert.

2 Anforderungen und Auswahl von Formwerkzeugen sowie Generativen Fertigungsverfahren

Die Zusammenhänge der Generativen Fertigungsverfahren sind nicht hinreichend für eine gezielte Herstellung von Formwerkzeugen verstanden.[38] Im vorliegendem Kapitel werden die Grundlagen des Formwerkzeugbaus und der Generativen Fertigungsverfahren dargestellt. Im Anschluss werden Anforderungen der Werkzeuge an die Generativen Fertigungsverfahren hergeleitet, um im Weiteren eine Auswahl eines Generativen Fertigungsverfahrens zu ermöglichen. Nach der Auswahl eines Generativen Fertigungsverfahrens wird dieses im Detail vorgestellt. Diese Grundlagen bilden die Ausgangsbasis zur Untersuchung der Wirkungszusammenhänge zwischen der Druckerparametrisierung und den Anforderungen des Formwerkzeugbaus.

2.1 Begriffsbestimmung und Erläuterung von Formwerkzeugen

Die Definition des Begriffs Werkzeug im Werkzeugbau kann wie folgt beschrieben werden:

„Unter Werkzeugen werden nach VDI Fertigungsmittel verstanden, die auf ein bestimmtes Material unmittelbar zum Zweck der Form- oder Substanzveränderung mechanischer bzw. physikalisch-chemischer Art einwirken. Da diese Definition auch Standardwerkzeuge, z.B. Drehmeißel, Schneidplatten, Fräskopfe, Bohrer oder Schleifscheiben, umfasst, die vornehmlich bei den spanenden Bearbeitungsverfahren Drehen, Fräsen, Bohren oder Schleifen eingesetzt werden, ist es nötig, eine Abgrenzung von den Erzeugnissen des Werkzeugbaus vorzunehmen. Ferner sind auch Sonderwerkzeuge von dieser Definition auszugrenzen, deren Herstellung sehr spezifisches Know-how erfordert und bei entsprechenden Fachbetrieben durchgeführt wird, wie z.B. die Anfertigung spezieller Raumnadeln. Die im Werkzeugbau hergestellten Werkzeuge charakterisieren sich durch eine teilweise oder vollständige Abbildung der Werkstückform auf der Werkzeuggeometrie und werden daher häufig als Hohlformwerkzeuge bezeichnet.“[39]

Die Begriffsdefinition der Hohlformwerkzeuge oder kurz Formwerkzeuge soll dieser Arbeit im weiteren Verlauf zugrunde liegen. Auch in der DIN-Norm wird das formgebende Werkzeug einer speziellen Gruppe von Werkzeugen zugeordnet, welche die Bildung der Form, die Änderung der Form und Lage oder in Einzelfällen die Änderung der Stoffeigenschaften des Werkzeuges bewirkt[40].

EVERSHEIM teilt die Formwerkzeuge unabhängig von den Werkstoffen in die Kategorien Schmiede-, Spritz- und Druckguss-, Tiefzieh- sowie Schneidwerkzeuge ein[41]. Da in dieser Arbeit der Fokus auf kunststoffverarbeitenden Formgebungsverfahren liegt, scheiden Werkzeuge für das Schmieden oder Schneiden aus. Somit sind Spritzgießwerkzeuge, Extrusionswerkzeuge, Blasformwerkzeuge, Presswerkzeuge und Schäumwerkzeuge für diese Arbeit relevant.[42] Weitere Begriffsdefinitionen wie

---

[38] Vgl. Vorveröffentlichung: Kampker, A./Kreisköther, K./et al. (2017) Material and Parameter Analysis of the PolyJet Process, S. 1245

[39] Vgl. Eversheim, W./Klocke, F. (1998) Werkzeugbau mit Zukunft, S. 1-2

[40] Vgl. DIN 8580 - (2003) Fertigungsverfahren, S. 5

[41] Vgl. Eversheim, W./Klocke, F. (1998) Werkzeugbau mit Zukunft, S. 145

[42] Vgl. DIN 8580 - (2003) Fertigungsverfahren, S. 8-9; Eversheim, W./Klocke, F. (1998) Werkzeugbau mit Zukunft, S. 145; Eyerer, P./Hirth, T. et al. (2008) Polymer engineering, S. 429

diese nach EYERER wie beispielsweise Werkzeuge für In Mold Decoration, In mold Labelling und In mold Coation, Hinterspritzwerkzeuge, Hinterpresswerkzeuge, Hinterschäumwerkzeuge, Hinterblasformwerkzeuge, Mehrkomponentenspritzgießwerkzeuge (Umsetzwerkzeuge oder Schieberwerkzeuge), Werkzeuge für Einlegeteile wie Insert-Technik (Umspritzen oder Umpressen von Einlegern) oder Outsert-Technik (Anspritzen von Kunststoff(funktions-)elementen) sowie Hybridtechnik und Werkzeuge für kombinierte Kunststoffverarbeitungsprozesse (Spritzblasformwerkzeuge oder Spritzprägewerkzeuge) sind dabei mit einbezogen.

Diese Werkzeuge können zum kontinuierlichen oder diskontinuierlichen Formen einer Formmasse eingesetzt werden. Dabei wird unter kontinuierlichem Formen das Herstellen von Hohlprofilen (z.B. Rohre) oder Vollprofilen mittels Profilwerkzeugen verstanden. In dieser Arbeit ist der Fokus auf diskontinuierliche Formvorgänge gelegt, die zum Herstellen von Formteilen (z.B. durch Gießen, Blasformen, Spritzgießen, Schleudern, Pressen) genutzt werden.[43] Das Spritzgießverfahren gehört zu den urformenden Verfahren und ist das wichtigste Verfahren zur Herstellung von Kunststoffprodukten[44]. Die wesentlichen Funktionen und der Aufbau eines Formwerkzeuges werden anhand eines charakteristischen Spritzgießwerkzeuges zur Kunststoffverarbeitung erklärt (vgl. Abbildung 2-1). Neben dem Spritzgießen als Formgebungsverfahren für Kunststoffe vornehmlich für Interieurteile eignet sich für großflächige Karosseriebauteile vor allem das Thermoformen, welches unter die umformenden Verfahren fällt[45].

Ein typisches Spritzgießwerkzeug besteht aus zwei Hälften, die wiederum auf einer Aufspannplatte für die Einspannung in der verarbeitenden Maschine vorgesehen sind[46]. Dabei dient eine Hälfte als Schließeinheit und regelt das Öffnen und Schließen des Werkzeuges. Zudem nimmt sie die wirkenden Drücke und Kräfte auf. Ein Formwerkzeug besteht typischerweise aus den Elementen der an der Trennebene verbundenen Formplatten mit der Kavität (Formnest), dem Anguss- und Temperiersystem sowie dem Auswerfer- bzw. Entformungssystem[47]. Abbildung 2-1 zeigt den schematischen Aufbau eines Spritzgusswerkzeuges mit den in der DIN-Norm geläufigen Bezeichungen der Einzelkomponenten.

[43] Vgl. DIN 24450 - (1987) Verarbeiten von Kunststoff und Kautschuk, S. 4
[44] Vgl. Koltzenburg, S./Maskos, M. et al. (2014) Polymere: Synthese, S. 468
[45] Vgl. Engelmann, S. (2012) Advanced thermoforming, S. 61
[46] Vgl. Hagemann, F. (2009) Formflexible Werkzeuge, S. 7
[47] Vgl. Bonten, C. (2014) Kunststofftechnik, S. 278-279

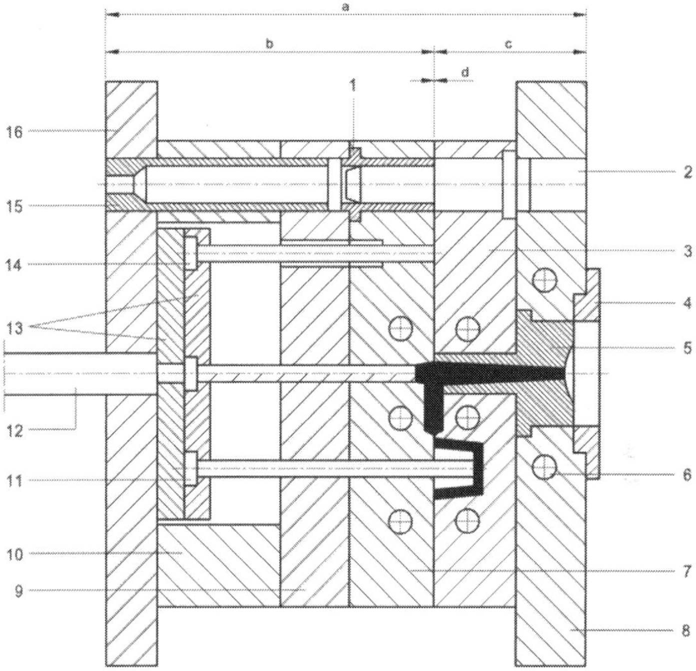

1) Führungsbuchse, 2) Führungssäule, 3) Formplatte (feste Seite), 4) Zentrierflansch, 5) Angießbuchse, 6) Kühlbohrung, 7) Formplatte (bewegliche Seite), 8) Aufspannplatte, 9) Zwischenplatte, 10) Leisten, 11) Auswerferstift, 12) Auswerferbolzen, 13) Auswerferplatten, 14) Rückdrückstift, 15) Zentrierhülse, 16) Aufspannplatte

a Einbauhöhe, b bewegliche Seite, c feste Seite, d Trennebene

Abbildung 2-1: Schematischer Aufbau eines Spritzgusswerkzeuges[48]

Die genaue Erläuterung diverser Werkzeugsysteme ist in DIN 87 spezifiziert, weshalb an dieser Stelle auf eine umfangreiche Erläuterung verzichtet wird. Beispielsweise soll hier der Angießkanal des Angusssystems genannt sein, der nach der DIN wie folgt definiert wird: „Kanal in einem Werkzeug, der von der Eintrittsstelle der plastifizierten Formmasse bzw. des Reaktionsgemisches in das Werkzeug, ggf. über einen Verteiler, zu dem Anschnitt bzw. zu den Anschnitten führt."[49] Der Anguss und die Kavität sorgen dabei für die Aufnahme, Verteilung und Formgebung der Schmelze des zu verarbeitenden Kunststoffes. Dieses Angusssystem muss nach der entsprechenden Rheologie des Kunststoffes ausgelegt sein, da sich Kunststoffe in ihrem Fließverhalten unterscheiden.[50] Das Temperiersystem gehört zur thermischen Auslegung eines Werkzeuges und stellt die Temperaturführung sicher. Dies stellt eine

[48] Darstellung in Anlehnung an: Hagemann, F. (2009) Formflexible Werkzeuge, S. 8; Heinrich Krahn/Dieter Eh et al. (2007) Konstruktionsbeispiele für die Praxis, S. 122; Johannaber, F./Michaeli, W. (2004) Spritzgießen, S. 1139; Rosato, D. V./Rosato, D. V. et al. (2000) Injection Molding, S. 231

[49] DIN 24450 - (1987) Verarbeiten von Kunststoff und Kautschuk, S. 1

[50] Vgl. Bonten, C. (2014) Kunststofftechnik, S. 280-281

gleichmäßige Verfestigung sowie eine schnelle Kühlung und Auswurf des Formteils sicher.[51] Es existieren viele verschiedene Varianten und Komplexitäten von Spritzgusswerkzeugen. In Abbildung 2-2 sind neben den unterschiedlichen Werkzeuggrundtypen die Besonderheiten dieser Werkzeuge aufgezeigt.

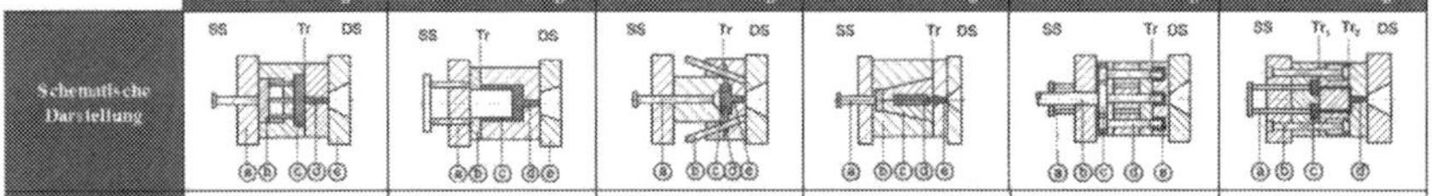

	Normalwerkeug	Abstreifwerkzeug	Schieberwerkzeug	Backenwerkzeug	Abschraubwerkzeug	Abreißwerkzeug
Wichtige Elemente	a Aufspannplatte SS b Entformungssystem c Formnest d Angusskanal e Aufspannplatte DS	a Aufspannplatte SS b Abstreifplatte c Formnest d Angusskanal e Aufspannplatte DS	a Entformungssystem b Steuerfinger c Formnest d Schieber e Angusskanal	a Entformungssystem b Backenführungsplatten c Backe d Formnest e Angusskanal	a Entformungssystem b Spindel c Zahnrad d Formkern e Formnest	a Entformungssystem b Zuganker c Formnest d Angusskanal
Charakteristische Beschreibung	Einfachste Bauweise: zwei Werkzeughälften, eine Teilungsebene; Öffnungsbewegung in eine Richtung. Entformung durch Schwerkraft, Hülse oder Stifte	Aufbau ähnlich dem Normalwerkzeug, jedoch Entformung durch Abstreifplatte	Aufbau ähnlich dem Normalwerkzeug, jedoch mit zusätzlichem Schieber und Steuerfinger für Seitenbewegung	Aufbau ähnlich dem Normalwerkzeug, jedoch mit zusätzl. Backen für Teile mit Hinterschneidung oder äußerem Gewinde sowie zur Kraftaufnahme	Drehbewegung des Gewindeformkerns durch eingebautes Getriebe mechanisch betätigt	Zwei Trennebenen; Betätigung der Zwischenplatte durch Klinkenzeug oder Zuganker; unterteilte Öffnungsbewegung
Formteile	Für Formteile aller Art ohne Hinter-schneidung	Für becherförmige Teile ohne Hinterschneidung	Für flache Teile mit Hinterschneidung o. äußerem Gewinde	Für längliche und breite teile mit Hinterschneidung	Für Teile mit innerem oder äußerem Gewinde	Für Teile mit automatischer Angußabtrennung

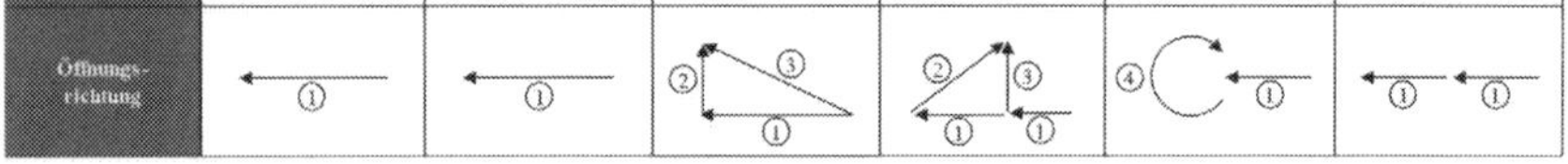

Abbildung 2-2: Übersicht der Werkzeuggrundtypen[52]

Neben den Werkzeugen für urformende Verfahren gibt es ebenso Werkzeuge für umformende Verfahren. Beide Werkzeugarten haben eine hohe Relevanz für diese Arbeit, da beides formgebende Werkzeuge sind und direkt mittels Generativer Fertigungsverfahren hergestellt werden können[53]. Neben verschiedenen Verfahren kann bei umformenden Werkzeugen zwischen Positiv- und Negativformen unterschieden werden[54]. Je nach Verfahren kann es notwendig sein, zusätzliche Kanäle zur Be- und Entlüftung in das Werkzeug zu konstruieren. Diese Kanäle können entweder durch Bohrungen, Schlitzdüsen oder einfache Schlitze realisiert werden.[55] Diese Entlüftungen können nach dem Abkühlen des Bauteils als Auswerfer verwendet werden, indem die Kanäle mit Druckluft beaufschlagt werden. Das Kühlsystem besteht ähnlich wie bei den Spritzgießwerkzeugen aus Kanälen unterhalb der Formfläche.[56] Wenn das Halbzeug mit einem Vorstreckstempel geformt wird, ist dieser ebenfalls Bestandteil des Werkzeuges[57]. Ein typisches Formwerkzeug kann dabei wie in Abbildung 2-3 dargestellt aussehen.

[51] Vgl. Bonten, C. (2014) Kunststofftechnik, S. 282-284
[52] Darstellung in Anlehnung an: Johannaber, F./Michaeli, W. (2004) Spritzgießen, S. 1107
[53] Vgl. Groß/Jürgen (2016) 3D Printing, S. 3-4
[54] Vgl. Schwarzmann, P. (2008) Thermoformen, S. 6
[55] Vgl. Schwarzmann, P. (2008) Thermoformen, S. 246
[56] Vgl. Schwarzmann, P. (2008) Thermoformen, S. 248-251
[57] Vgl. Schwarzmann, P. (2008) Thermoformen, S. 258-259

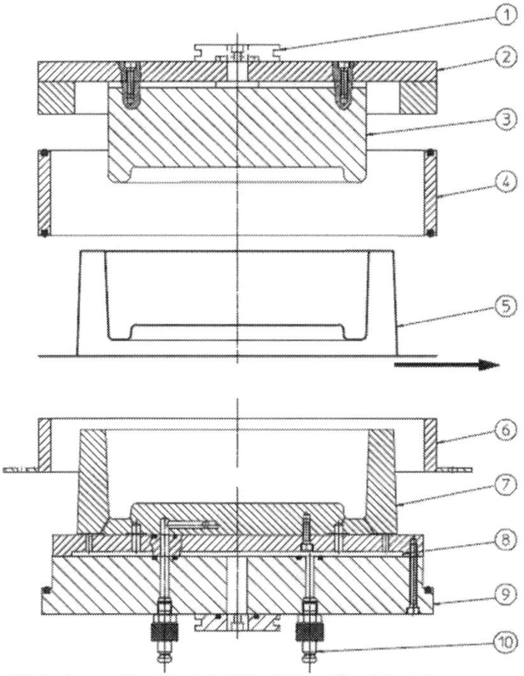

1) Halteplatte zum Maschinentisch, 2) Kopfplatte mit Formluftverteiler,
3) Vorstreckstempel, 4) Spannrahmen, 5) Ziehteil mit Folienband, 6) Spann- und Entformrahmen, 7) Formsegment, 8) Abluftverteiler, 9) Grundplatte,
10) Wasseranschluss

Abbildung 2-3: Schematischer Aufbau eines Formwerkzeuges[58]

Die Darstellung der typisch verwendeten Werkzeuge zeigt bereits die Komplexität dieser Systeme. In den folgenden Kapiteln werden nun die Herstellung solcher Formwerkzeuge sowie die Strategie der schnellen Werkzeugherstellung (Rapid Tooling) erläutert. Nach der Festlegung eines Anwenderspektrums können in Kapitel 2.3 die Anforderungen der Werkzeuge für die Generativen Fertigungsverfahren ermittelt werden.

2.1.1 Herstellung von Formwerkzeugen

Die Herstellung von Werkzeugen spielt in der Produktentwicklung und vor allem die TTM eine entscheidende Rolle. Bei der Entwicklung eines Produktes werden mehrere Phasen durchlaufen, die sich durch den fortschreitenden Grad der Detaillierung und Festschreibung auszeichnen. Ähnlich dem Produktentwicklungsprozess läuft die Werkzeugentwicklung ab. Zunächst werden Prototypen entworfen, die bis zur Einführung einer Serie weiterentwickelt werden.[59] Abbildung 2-4 zeigt die komplexe Prozesskette im Produkt- und Werkzeugentwicklungsprozess sowie deren Zusammehang.

---

58 Darstellung in Anlehnung an: Schwarzmann, P. (2008) Thermoformen, S. 264

59 Vgl. Eversheim, W./Klocke, F. (1998) Werkzeugbau mit Zukunft, S. 145-146

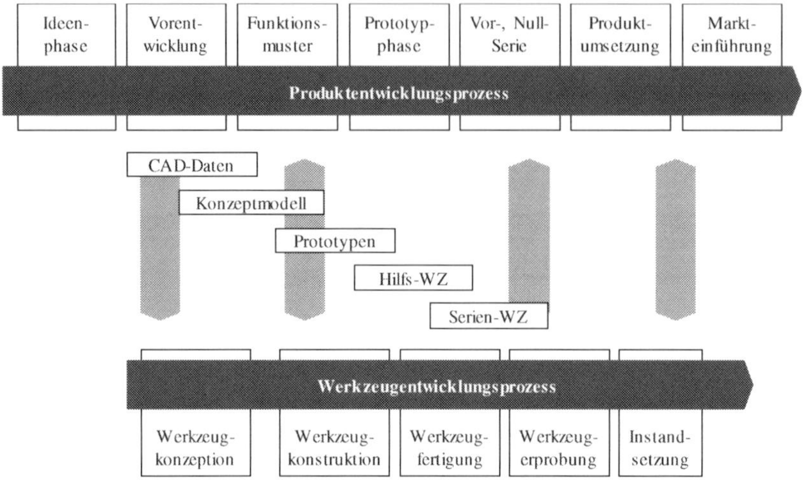

Abbildung 2-4: Prozesskette im Produkt- und Werkzeugentwicklungsprozess[60]

Abhängig vom Fortschritt des Werkzeugentwicklungsprozesses wird in verschiedene Werkzeugtypen (Prototyp-, Vorserien- und Serienwerkzeuge) unterschieden[61]. Dabei dienen Prototypwerkzeuge der Veranschaulichung und Verifikation der Konstruktion. Abhängig vom Anwendungsfall können auch Funktionstests dargestellt werden. Vorserienwerkzeuge werden zur Fertigung technischer Prototypen und Vorserien in kleinen Stückzahlen eingesetzt. Somit können sämtliche Anforderungen an das Werkzeug und das Produkt seriennah getestet werden. Das Serienwerkzeug dient ausschließlich der Serienproduktion des finalen Produktes. Werkzeuge für die Serienproduktion von Bauteilen und Komponenten werden heute vermehrt in eigenen Werkzeugbauinstitutionen der OEMs (interner Werkzeugbau) oder durch unabhängige Werkzeugbauinstitutionen (externer Werkzeugbau) angefertigt.[62] Der Produktentstehungsprozess eines Werkzeuges lässt sich allgemein in drei Hauptphasen beschreiben. Zunächst wird mit der Konzeption und Konstruktion der Werkzeuge begonnen, um anschließend die Anfertigung und Einarbeitung der Werkzeuge vorzunehmen. In einem letzten Schritt folgt die Inbetriebnahme der Werkzeuge. [63] In der hier vorliegenden Arbeit werden alle Werkzeugtypen (Prototyp-, Vorserien- und Serienwerkzeuge) betrachtet. Eine herkömmliche Werkzeugfertigung für Prototyp-, Vorserien-, und Serienwerkzeug durchläuft üblicherweise den nachstehenden Prozess.

---

[60] Darstellung in Anlehnung an: Eversheim, W./Klocke, F. (1998) Werkzeugbau mit Zukunft, S. 146

[61] Vgl. Eversheim, W./Klocke, F. (1998) Werkzeugbau mit Zukunft, S. 150-151

[62] Vgl. Eversheim, W./Klocke, F. (1998) Werkzeugbau mit Zukunft, S. 3

[63] Vgl. Hoffmann, H. (2012) Umformen, S. 738

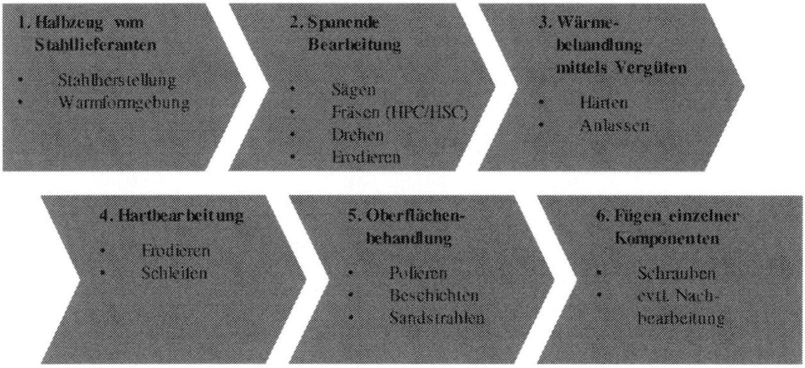

Abbildung 2-5: Herkömmlicher Fertigungsprozess für Formwerkzeuge[64]

Obige Abbildung 2-5 zeigt, dass die Herstellung eines konventionellen Werkzeuges mit vielen Einzelschritten verbunden ist. Je nach Komplexität ist es erforderlich, mehrere Halbzeuge von Lieferanten für unterschiedliche Komponenten zu beziehen. In einem weiteren Schritt müssen die Halbzeuge spanend bearbeitet werden. Neben Fünf-Achs-Fräsen ist ein weit verbreitetes abtragendes Fertigungsverfahren das Senkerodieren. Insbesondere bei der Herstellung von zylindrischen oder konischen Durchbrüchen hat sich das Verfahren in der Praxis durchgesetzt.[65] Abhängig vom Einsatzzweck des Werkzeuges kann ein Härteverfahren erforderlich sein. Zur Erreichung der geeigneten Oberflächenqualität wird eine Oberflächenbehandlung in Form von Schleifen oder Polieren angewandt. Im letzten Schritt ist unter Umständen ein Fügen der einzelnen Werkzeugteile notwendig.[66]

Durch neue Trends, eine hohe Wirtschaftsdynamik, kürzere Produktlebenszyklen und eine hohe Diversifikation befindet sich die Branche in einem Wandel[67]. Die oben genannten Gründe stellen die klassische Gestaltung der Fertigungsketten vor eine Herausforderung. Typisch für die Fertigung herkömmlicher Werkzeuge ist das mehrmalige Durchlaufen der Fertigungsschritte Fräsen, Schleifen, Bohren, Drehen und weitere. Auch die Nachbearbeitung zur Veredelung der Oberflächen nimmt dabei zusätzliche Zeit in Anspruch. Besonders die Fertigung von Werkzeugen, welche Endkonturnähe besitzen, ist sehr zeit- und kostenintensiv.[68] Auch ein Erodierverfahren beansprucht viel Zeit und Kosten. Der Fräsvorgang als solcher spielt dabei eine eher untergeordnete Rolle.[69]

Eine Studie zum Einsatz Generativer Verfahren im Werkzeugbau mit 35 befragten Experten aus dem Werkzeugbau und der Kunststoffverarbeitung hat ergeben, dass es im Schnitt 7,6 Wochen dauert, ein Werkzeug herkömmlich herzustellen. In diesem Prozess werden in der Regel 1,56 Vorserienwerkzeuge benötigt, die alleine 3,8 Wochen Herstellungszeit in Anspruch nehmen. Allein die Fertigungszeit macht laut Befragten 72 % des Entwicklungsprozesses aus. Zudem werden im Schnitt 2,6 unterschiedliche

---

64 Darstellung in Anlehnung an: Jansen, S. (2014) Generative Fertigung, S. 148
65 Vgl. Eversheim, W./Klocke, F. (1998) Werkzeugbau mit Zukunft, S. 146, S. 274
66 Vgl. Jansen, S. (2014) Generative Fertigung, S. 148-149
67 Vgl. Arntz, K. (2013) Werkzeugbau, S. 5; Hagemann, F. (2009) Formflexible Werkzeuge, S. 14
68 Vgl. Hanumaiah, N./Ravi, B. et al. (2006) Rapid hard tooling, S. 333
69 Vgl. Hagemann, F./Zäh, M. (2006) Wirtschaftliche Fertigung mit Rapid-Technologien, S. 153

Verfahren mit 9,4 Umrüstvorgängen und 4,8 Facharbeitern benötigt.[70] Aus diesem Grund öffnet sich der Werkzeugbau im Bereich der Prototypen und Kleinserien für neue Technologien wie der des Rapid Tooling.

2.1.2 Strategie des schnellen Werkzeugbaus (Rapid Tooling)

Bei der in Kapitel 2.1.1 vorgestellten herkömmlichen Fertigungskette für Formwerkzeuge sind oftmals verschiedene Fertigungsverfahren und auch Rüst- und Umspannvorgänge notwendig. Auch Liegezeiten und der Transport von Komponenten können bei der Entwicklungszeit eine Rolle spielen. Daher ist das wesentliche Ziel des Rapid Tooling (vgl. Kapitel 2.4.4.3), Werkzeuge zeit- und kostengünstiger herzustellen.[71] Durch die neue Technologie der generativen Fertigung sind zudem kaum Restriktionen im Herstellungsprozess zu erwarten[72]. In der oben genannten Studie sind 50 % der Befragten davon überzeugt, dass generative Verfahren schon heute Werkzeuge für Prototypen und Kleinserien abbilden können. Die laut den Befragten wichtigsten Eigenschaften sind dabei eine definierte Oberflächenqualität und die Maßhaltigkeit. Besonders in Bezug auf das PolyJet-Verfahren sind sich 85,7 % der Befragten einig, dass intensiver Forschungsbedarf zur Erreichung der nötigen Werkzeugeigenschaften besteht.[73] Durch den Einsatz Generativer Fertigungsverfahren können kürzere Fertigungszeiten im Werkzeugbau erzielt, der Produktentwicklungsprozess verkürzt und das Produkt zu einer früheren Markteinführung gebracht werden[74].

2.2 Herstellung formgebender Kunststoffprodukte

In diesem Kapitel werden die derzeit geläufigsten Verfahren vorgestellt, die formgebende Werkzeuge zur Herstellung von Produkten verwenden. Im Speziellen liegt auch hier, wie im Rest dieser Arbeit, der Fokus auf Kunststoffverarbeitungsverfahren, deren verwendete Werkzeuge bereits in Kapitel 2.1 vorgestellt wurden.

Nach DIN 8580 wird der Begriff *Fertigungsverfahren* wie folgt definiert: *„Alle Verfahren zur Herstellung von geometrisch bestimmten festen Körpern; sie schließen die Verfahren zur Gewinnung erster Formen aus dem formlosen Zustand, zur Veränderung dieser Form sowie zur Veränderung der Stoffeigenschaften ein.“*[75] Diese Begriffsdefinition gilt für die hier vorliegende Arbeit. Fertigungsverfahren der Produktionstechnik werden grundsätzlich in sechs Hauptgruppen eingeteilt (vgl. Abbildung 2-6)[76].

---

[70] Vgl. Vorveröffentlichung: Kampker, A./Kreisköther, K./et al. (2017) Material and Parameter Analysis of the PolyJet Process, S. 1245

[71] Vgl. Gebhardt, A. (2013) Generative Fertigungsverfahren, S. 10-11

[72] Vgl. Gebhardt, A. (2013) Generative Fertigungsverfahren, S. 379

[73] Vgl. Vorveröffentlichung: Kampker, A./Kreisköther, K./et al. (2017) Material and Parameter Analysis of the PolyJet Process, S. 1245

[74] Vgl. Flicke, F. (2017) 3D-Druck, S. 1-2

[75] DIN 8580 - (2003) Fertigungsverfahren, S. 4

[76] Vgl. DIN 8580 - (2003) Fertigungsverfahren, S. 4-5

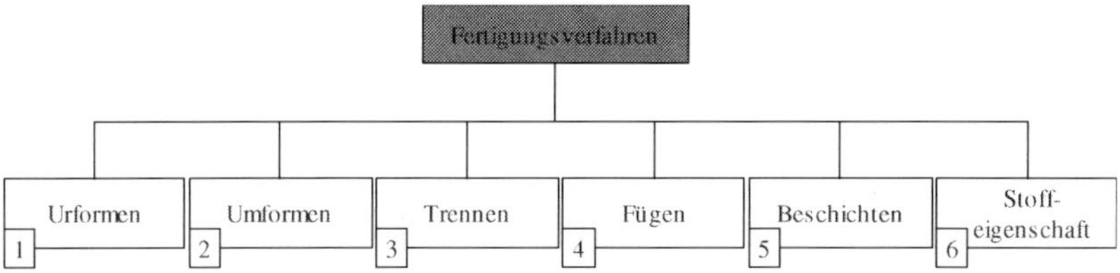

Abbildung 2-6: Einteilung der Fertigungsverfahren nach DIN 8580[77]

Aufgrund der geringen Umformkräfte sowie der niedrigen Verarbeitungstemperaturen sind im Besonderen die Ur- und Umformprozesse für diese Arbeit relevant[78]. Mit den restlichen vier Fertigungsverfahren können auch Kunststoffe verarbeitet werden. Allerdings werden hierfür keine aufwendigen Werkzeuge benötigt, weshalb diese Verfahren aus dem Betrachtungsbereich fallen.[79] Werkzeuge mit einfachen Konturen und geringer Komplexität können nach wie vor schnell und kostengünstig durch herkömmliche spanende Verfahren hergestellt werden.

2.2.1 Urformen von Kunststoffen

Das Urformen beschreibt die Herstellung von geometrisch festen Körpern aus formlosen Stoffen durch Schaffen eines Zusammenhaltes[80]. In DIN 8580 sind diverse Urformverfahren dargestellt, die sich im Laufe der Zeit zu eigenen Unterkategorien ausgebildet haben. In dieser Arbeit sollen die in Abbildung 2-7 gezeigten Verfahren näher erläutert werden, die jeweils einer der Gruppen des Urformens zugeordnet werden können.

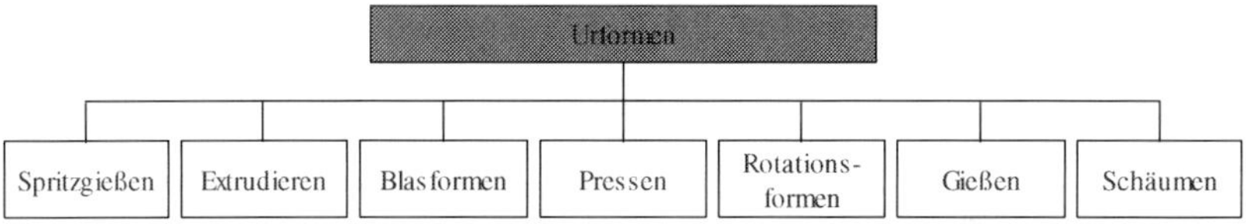

Abbildung 2-7: Urformverfahren für Kunststoffe[81]

2.2.2 Umformen von Kunststoffen

Die DIN 8580 definiert das Umformen als Fertigen durch plastisches Ändern der Form eines festen Körpers bei gleichbleibender Masse und Zusammenhalt des Materials[82]. Ebenso wie beim Urformen gibt es zahlreiche Untergruppen des Umformens, auf die in der DIN 8580 verwiesen wird[83]. Beispielhaft sollen hier Verfahren wie Druckformen, Zugdruckformen, Zugumformen und Biegeumformen genannt

[77] Darstellung in Anlehnung an: DIN 8580 - (2003) Fertigungsverfahren, S. 7
[78] Vgl. Baur/Saechtling, H. et al. (2013) Kunststoff Taschenbuch, S. 351
[79] Vgl. Baur/Saechtling, H. et al. (2013) Kunststoff Taschenbuch, S. 215-217
[80] Vgl. DIN 8580 - (2003) Fertigungsverfahren, S. 4
[81] Darstellung in Anlehnung an: DIN 8580 - (2003) Fertigungsverfahren, S. 8
[82] Vgl. DIN 8580 - (2003) Fertigungsverfahren, S. 4
[83] Vgl. DIN 8580 - (2003) Fertigungsverfahren, S. 2-3

werden[84]. In der industriellen Produktion haben sich zudem die Begriffe Massivumformen und Blechumformen etabliert, die keine expliziten eigenständigen Gruppen nach DIN 8580 bilden, dort aber ebenfalls erwähnt und den in der DIN angegeben Begriffen untergeordnet werden können[85].

Der Begriff Massivumformung wird verwendet, wenn große Formänderungen, mittlere Werkzeugkontaktzeiten sowie hohe thermische und mechanische Werkzeugbelastungen vorliegen[86]. Verfahren sind zum Beispiel Walzen, Gesenkformen und Freiformen, die nach der Systematik der DIN 8583 in die Untergruppe Druckumformen eingeteilt sind[87]. Die Druckumformprozesse sind wiederum in der DIN 8583 beschrieben[88]. Bei der Blechumformung sind die auf das Werkzeug bezogenen Belastungen im Allgemeinen wesentlich geringer[89]. Die zur Blechumformung gehörenden Verfahren stehen dabei in ständigem Wettbewerb zu Verfahren der Kunststofftechnik und deren Produkten[90]. Da anders als beim Urformen in diesem Bereich nur das Thermoformen für Kunststoffwerkzeuge in Betracht kommt, wird auf die Erläuterung weiterer Verfahren verzichtet. Zur besseren Einordnung des Thermoformverfahrens in die industriellen Begrifflichkeiten und die Systematik der DIN-Normen soll folgende Abbildung helfen:

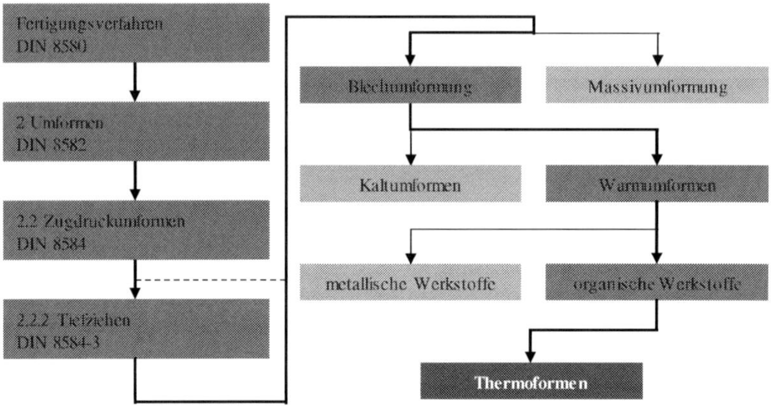

Abbildung 2-8: Eingliederung des Thermoformens in die Fertigungsverfahren

2.2.3 Zwischenfazit

Die Betrachtung des Werkzeugbaus für Kunststoffkomponenten zeigt eine große Vielfalt und eine hohe Komplexität der Werkzeuge und Herstellungsprozesse. Immer kürzer werdende Produktlebenszyklen stellen die Entwicklung der Werkzeuge durch aufwendige Fertigungsverfahren vor einen großen Zeitdruck. Die heutige Herausforderung des Werkzeugbaus ist es, der hohen Individualisierung der Produkte und den kürzeren Entwicklungszeiten gerecht zu werden. Die höhere Individualisierung führt zu-

[84] Vgl. DIN 8580 - (2003) Fertigungsverfahren, S. 9
[85] Vgl. Hoffmann, H. (2012) Umformen, S. 12
[86] Vgl. Klocke, F. (2006) Fertigungsverfahren, S. 37
[87] Vgl. Hoffmann, H. (2012) Umformen, S. 12
[88] Vgl. DIN 8583 - (2003) Fertigungsverfahren Druckumformen, S. 1
[89] Vgl. Hoffmann, H. (2012) Umformen, S. 12
[90] Vgl. Klocke, F. (2006) Fertigungsverfahren, S. 2

dem zu einer höheren Teilevielfalt und kleineren Produktionsserien. Aus diesem Grund ist die Anforderung zu erheben, dass eine alternative Technologie zur schnelleren Entwicklung von Werkzeugen bis hin zur Fertigung von kleinen Serien betrachtet werden muss. Eine mögliche alternative Technologie stellen Generative Fertigungsverfahren dar. In den folgenden Unterkapiteln werden diese Technologien näher betrachtet und es wird untersucht, ob diese den Anforderungen aus dem Werkzeugbau gewachsen sind. Hierfür werden zunächst die Anforderungen der Formwerkzeuge in Kapitel 2.3 für die in Kapitel 2.2 hergeleiteten kunststoffverarbeitenden Werkzeugverfahren erarbeitet.

2.3 Auswahl relevanter Anforderungen von Formwerkzeugen

Nachdem die ur- und umformenden Verfahren Spritzgießen, Extrudieren, Blasformen, Pressen, Rotationsformen, Schäumen und Thermoformen für den Betrachtungsbereich festgelegt wurden, können nun die speziellen Anforderungen abgeleitet werden. Es besteht die Herausforderung, dass es eine sehr große Anzahl an speziellen Werkzeugen für spezielle Anwendungsfälle gibt. Anwendungsfälle können in die Bereiche der Medizin-, Luftfahrt-, Elektronik- und Automobilindustrie sowie viele weitere Industriezweige fallen. Um ein möglichst großes Spektrum zu betrachten, wird in dieser Arbeit die Automobilindustrie betrachtet. Grund dafür ist, dass in der Automobilindustrie eine Vielzahl von Kunststoffkomponenten eingesetzt werden, die auf unterschiedlichste Weise (Spritzgießen, Thermoformen, weitere) hergestellt werden. Bevor die Anforderungen der Werkzeuge aufgenommen werden, müssen die Produkte, die mit ebendiesen hergestellt werden, betrachtet werden. Nur so ist eine weitere Eingrenzung der Werkzeuge möglich.

2.3.1 Auswahl und Anforderungen eines Produkt- und Anwenderspektrums

Anforderungen für die Herstellung von Formwerkzeugen mittels Generativer Fertigungsverfahren werden vom Endprodukt, also dem Bauteil selber, als auch vom Werkzeug gestellt[91]. Aus diesem Grund wird zunächst ein Anwenderspektrum festgelegt und die Anforderungen betrachtet. Anschließend wird der Formwerkzeugbau bzgl. der Anforderungen in einem weiteren Kapitel betrachtet. Da die Automobilindustrie sehr hohe Anforderungen an ihre Bauteile stellt und alle kunststoffverarbeitenden Verfahren einsetzt, wird die Automobilindustrie mit ihren Fahrzeugen als Anwenderspektrum ausgewählt.

Die Automobilindustrie stellt grundsätzlich sehr hohe Anforderungen an die für ihre Produkte eingesetzten Formwerkzeuge. Formwerkzeuge kommen primär für die Herstellung von Interieur- und Exterieurteilen zum Einsatz. Da es sich zumeist um Sichtteile (z.B. Armaturenbrett, Sitzschalen, Außenspiegel und weitere) handelt, müssen die Qualitätsrichtlinien der OEM hinsichtlich der optischen Oberflächeneigenschaften und Maßgenauigkeiten erfüllt werden.[92] Für die Massenproduktion werden herkömmliche Formwerkzeuge aus Stahl, entweder durch Grauguss oder Verschweißen einzelner Platten mit anschließender spanabtragender Feinbearbeitung, hergestellt, damit die hohen Standzeiten erfüllt werden können[93]. In dieser Arbeit liegt der Betrachtungsbereich, wie einleitend motiviert, auf einem

---

91 Vgl. Birkert, A. R./Haage, S. et al. (2013) Herstellung komplexer Karosserieteile, S. 7
92 Vgl. Birkert, A. R./Haage, S. et al. (2013) Herstellung komplexer Karosserieteile, S. 1-2
93 Vgl. Birkert, A. R./Haage, S. et al. (2013) Herstellung komplexer Karosserieteile, S. 362

schnelleren Prototypenbau und möglichen Vor- und Kleinserien. Hierbei erfordert speziell die Werkzeugentwicklung mit ihren Prototypen einen großen Zeitaufwand.[94]

Sichtbare Interieurkomponenten werden bereits heute überwiegend aus verschiedenen Kunststoffen gefertigt[95]. Exterieurkomponenten des Fahrzeuges inklusive der Karosserie bestehen hauptsächlich aus Stahlwerkstoffen, die ein großes Spektrum mechanischer Eigenschaften abdecken[96]. Allerdings werden auch hier zunehmend Aluminiumlegierungen und Kunststoffe eingesetzt, die bislang eher eine untergeordnete Rolle gespielt haben[97]. Ein Hauptgrund dafür ist, dass die Leichtbauweise für ein mögliches Downsizing für Motoren, Radaufhängungen und weitere Komponenten vorangetrieben wird[98]. Zum Beispiel resultieren aus der Entwicklung einer leichteren Karosserie und gewichtssparender Ausstattung ein leichteres Fahrwerk sowie ein Antriebsstrang mit kleinerem Energiespeicher[99]. Leichtbau ist damit der Schlüssel zur Umkehr einer Gewichtsspirale und zum weiteren Downsizing in der Automobiltechnik[100]. Abbildung 2-9 verdeutlicht die Gewichteinsparungen durch Materialwechsel im Automobil.

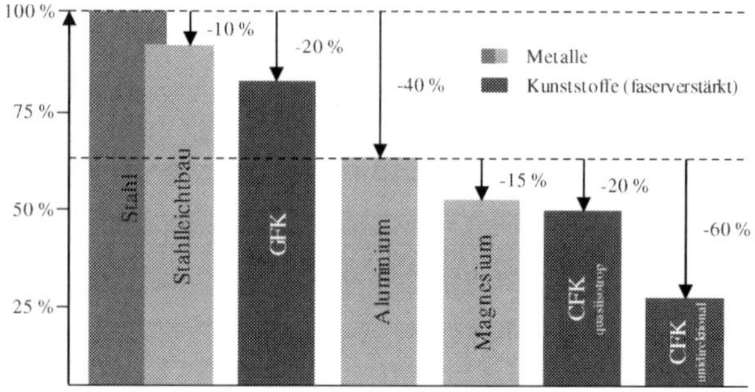

Abbildung 2-9: Gewichtsanteile von Kunststoff im Vergleich zu Stahlblech[101]

Die Abbildung unterstreicht das enorme Gewichteinsparungspotenzial von ca. 70 % beim Wechsel des Karosseriewerkstoffes von Stahl hin zu faserverstärkten Kunststoffen[102]. Es bleibt zu evaluieren, welche Mehrkosten durch Leichtbaumaßnahmen tatsächlich sinnvoll sind[103].

In der hier vorliegenden Arbeit werden technische Grundvoraussetzungen alternativer Fertigungstechnologien geprüft, weshalb eine wirtschaftliche Betrachtung nicht durchgeführt wird. Aus diesem Grund werden an dieser Stelle gestaltungsspezifische Forderungen betrachtet, die einen entscheidenden Einfluss auf den Fertigungsprozess und das Werkzeug vorweisen. Die in der Automobilindustrie häufig

---

[94] Vgl. Vorveröffentlichung: Kampker, A./Kreisköther, K./et al. (2017) Material and Parameter Analysis of the PolyJet Process, S. 1245
[95] Vgl. Friedrich, H. E. (2013) Leichtbau, S. 380
[96] Vgl. Birkert, A. R./Haage, S. et al. (2013) Herstellung komplexer Karosserieteile, S. 25
[97] Vgl. Friedrich, H. E. (2013) Leichtbau, S. 389
[98] Vgl. Friedrich, H. E. (2013) Leichtbau, S. 40-41
[99] Vgl. Wiedemann, J. (2014) Leichtbau und Aerodynamik, S. 19
[100] Vgl. Rohde-Brandenburger, K. (2012) Die Gewichtsspirale, S. 380
[101] Darstellung in Anlehnung an: Friedrich, H. E. (2013) Leichtbau, S. 54
[102] Vgl. Brecher, C./KERMER-MEYER, A. et al. (2010) Thermoplastische Organobleche, S. 28
[103] Vgl. Eckstein, L./Schmitt, F. et al. (2010) Leichtbau, S. 792

verwendeten Kunststoffe werden identifiziert, um Werkzeuganforderungen zu beachten, die beim Halbzeug erfüllt werden müssen.

Interieurkomponenten

Heutzutage werden bei PKW der Kompaktklasse Kunststoffe mit einer Masse von insgesamt bis zu 250 kg verbaut, wovon 62 % auf Interieurteile entfallen[104]. Zentrale Anforderungen für die Kunststoffe sind sicherheitstechnisch eine schwere Entflammbarkeit sowie ein gutes Crashverhalten, damit ein Personenschaden möglichst vermieden wird[105]. Auch Geruch und Akustik spielen eine zentrale Rolle, die hier allerdings aus dem Betrachtungsbereich ausgeschlossen werden, da diese vorerst eine untergeordnete Rolle spielen[106]. Nach DIN 75200 über die Bestimmung des Brennverhaltens von Werkstoffen der Kraftfahrzeuginnenausstattung sind ausschließlich schwer entflammbare Werkstoffe einzusetzen[107]. Durch den Einsatz von diversen Additiven (Flammschutzmittel) erfüllen Kunststoffe heute diese Anforderungen. Die vier meist gebräuchlichen Klassen von Flammschutzmitteln sind Halogenverbindungen, Metallhydroxide, Phosphorhaltige Flammschutzmittel und Intumeszenz Flammschutzmittelsysteme. Derzeit werden in der Regel halogenfreie Flammschutzmittel verwendet, die primär in den Kunststoffen PE, PP, ABS, PA und PC Anwendung finden.[108] Im Umkehrschluss bedeutet dies, dass die über Generative Fertigungsverfahren herzustellenden Werkzeuge genau diese Kunststoffe verarbeiten können müssen. Im weiteren Betrachtungsbereich werden Werkzeuge für diese Kunststoffarten weiter betrachtet.

Exterieurkomponenten

Da es derzeit keine vollständigen Kunststoffkarosserien gibt, werden die Anforderungen aus der konventionellen Stahlkarosserie übertragen und angewandt. Diese Anforderungen wurden von BIRKERT in der Literatur „Umformtechnische Herstellung komplexer Karosserieteile" bereits umfänglich ausgearbeitet. Abbildung 2-10 zeigt die Anforderungen aus Kunden- und Prozesssicht.

---

[104] Vgl. Friedrich, H. E. (2013) Leichtbau, S. 380
[105] Vgl. Friedrich, H. E. (2013) Leichtbau, S. 382-383
[106] Vgl. Friedrich, H. E. (2013) Leichtbau, S. 399
[107] Vgl. DIN 75200 - (1980) Brennverhalten von Werkstoffen, S. 1; Hündorf, J./Wunderwald, E. et al. (2017) Automotive Testing, S. 4
[108] Vgl. Bonnet, M. (2014) Kunststofftechnik, S. 147

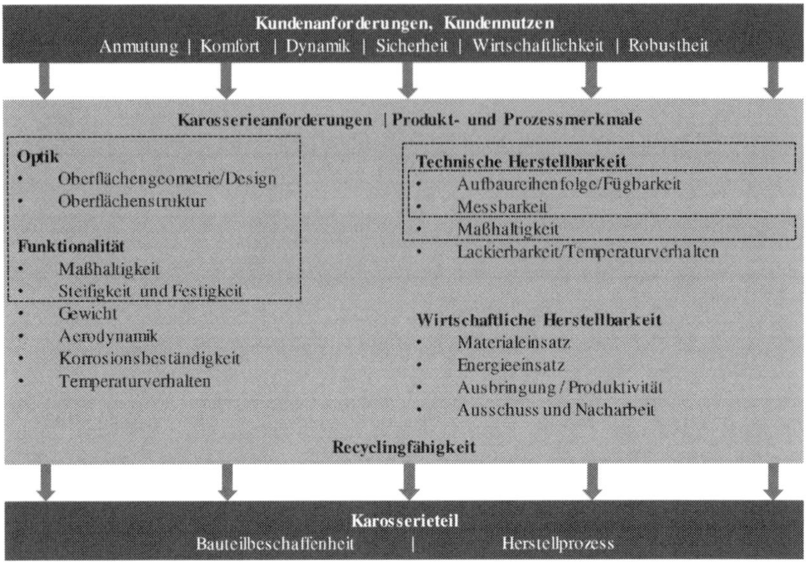

Abbildung 2-10: Anforderungen aus Kunden- und Prozesssicht[109]

Die in der Abbildung umrandeten Gruppen der Optik, Funktionalität und technischen Herstellbarkeit sind für die Anforderungen an Werkzeuge besonders interssant. Bei Exterieurteilen stehen optische und funktionale Anforderungen sowie eine technische Herstellbarkeit im Vordergrund. Um diese optischen und funktionalen Anforderungen zu erfüllen, müssen im Exterieurbereich möglichst sogenannte Class-A Oberflächen erreicht werden[110]. Class-A Oberflächen weisen dabei äußerst glatte Oberflächenstrukturen auf. Damit ein Fahrzeug optisch ansprechend ist und auch die gewünschte Funktionalität gegeben ist, kommt der Maßhaltigkeit eine besondere Bedeutung zu. Tabelle 2-1 zeigt verschiedene Toleranzvorgaben von diversen PKW-Herstellern für Karosserieblechteile.

[109] Darstellung in Anlehnung an: Birkert, A. R./Haage, S. et al. (2013) Herstellung komplexer Karosserieteile, S. 7

[110] Vgl. Birkert, A. R./Haage, S. et al. (2013) Herstellung komplexer Karosserieteile, S. 91

Tabelle 2-1: Toleranzvorgaben unterschiedlicher PKW-Hersteller für Karosserieblechteile[111]

		OEM A	OEM B	OEM C
Flächen				
Flächen ohne Funktion (Struktur)	Δ [mm]	± 1,5	± 0,5	± 1,0
Anschluss- und Funktionsflächen	Δ [mm]	± 0,5	± 0,5	± 0,5
Freiform- und Sichtflächen	Δ [mm]	± 0,5	± 0,5	± 1,0
Fugen				
Abkantung an fugenbildenden Kanten	Δ [mm]	± 0,25	± 0,5	± 0,5
Löcher				
Lochposition	Δ [mm]	± 0,5	± 0,5	± 0,5
Aufnahmelöcher				
Lochdurchmesser	Δ [mm]	+0 / -0,2	± 0,1	+0 / -0,1
Lochposition	Δ [mm]	± 0,25	± 0,1	± 0,1
Beschnitt/Kontur				
Geschnittene Kanten	Δ [mm]	± 0,5	± 1,0	± 1,0

Da die Karosserie in den meisten Fällen starken Temperaturschwankungen ausgesetzt ist, kommt der Maßhaltigkeit eine besondere Bedeutung zu[112]. Stahlkarosserien haben im Vergleich zu Kunststoffteilen eine wesentlich geringere Dehnung, weshalb bis heute vermehrt Stahlkarosserien im Einsatz sind[113].

Neben der Maßhaltigkeit spielen bei Karosseriekomponenten sicherheitsrelevante Anforderungen eine Rolle[114]. Hergestellte Organobleche erfüllen diese Anforderungen mit eingebettetem Fasergewebe sehr gut[115]. Diese sicherheitsrelevanten Anforderungen spiegeln sich im Crashverhalten mit der Schädigungsgrenze wider. In Abbildung 2-11 sind die kritischen Aufprallgeschwindigkeiten für irreversible Materialschädigungen mit diversen Karosseriewerkstoffen und Temperaturen dargestellt.

---

[111] Tabelle in Anlehnung an: Birkert, A. R./Haage, S. et al. (2013) Herstellung komplexer Karosserieteile, S. 61
[112] Vgl. Birkert, A. R./Haage, S. et al. (2013) Herstellung komplexer Karosserieteile, S. 7
[113] Vgl. Proff, H. (2013) Automotive Engineering & Management, S. 111
[114] Vgl. Friedrich, H. E. (2013) Leichtbau, S. 389
[115] Vgl. Friedrich, H. E. (2013) Leichtbau, S. 390

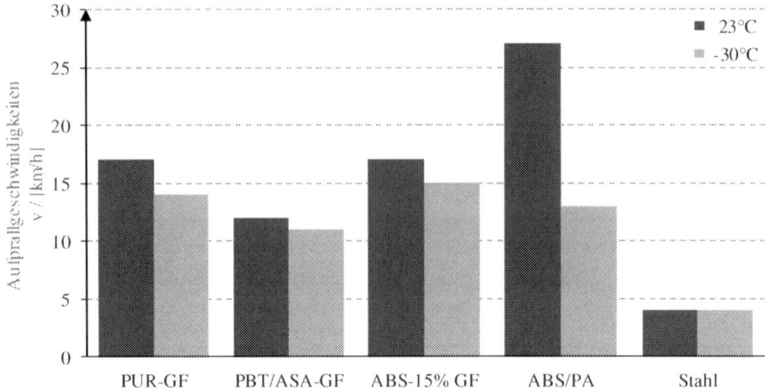

Abbildung 2-11: Kritische Aufprallgeschwindigkeiten unterschiedlicher Materialien[116]

Neben den oben im Speziellen aufgeführten Anforderungen vom Produkt formuliert die Automobilindustrie ihre Anforderungen mit internen Richtlinien, die an Normen angelehnt sind. Die Kategorien Materialqualität (Härte, Zugfestigkeit, Wärmeformbeständigkeit, Alterung, weitere), Oberflächenqualität (Rauhigkeit, Kratzbeständigkeit, weitere), Emissionsanalysen (Geruch, Gesamtkohlenstoffemission, weitere), Lichtechtheit und Witterungsbeständigkeit, Brennrate (Brenngeschwindigkeit, Schwerentflammbarkeit, weitere) und sonstige Prüfungen (Klimawechseltest, Langzeit-Alterungsverhalten, weitere) spielen in diesen Richtlinien eine besondere Rolle.[117]

Wie bereits in Kapitel 2.1 beschrieben und auch durch die produktseitige Sicht bestätigt, spielen die Materialqualitäten mit ihren mechanischen Eigenschaften sowie die Oberflächenqualität eine besondere Rolle. Aus diesem Grund werden im Weiteren diese Eigenschaften im Speziellen für die generative Hersellung betrachtet. Die hier genannten Eigenschaften stellen zudem die Anforderungen sowie eine wesentliche Grundlage für die Auslegung der entsprechenden Formwerkzeuge dar[118].

2.3.2 Anforderungen von Formwerkzeugen

Die für den Formwerkzeugbau relevanten ur- und umformenden Verfahren wurden bereits in den Kapiteln 2.2.1 und 2.2.2 hergeleitet und beschrieben. An dieser Stelle sollen nun prozessspezifische und dennoch allgemeine Anforderungen wie Drücke und Temperaturverhalten abgeleitet werden. Hierfür werden typische Verfahrensparameter der einzelnen Verfahren aufgezeigt und am Ende in einer Tabelle zusammengefasst. Im Fokus stehen dabei besonders die Werkzeug- und Materialtemperatur sowie der Werkzeuginnendruck. Diese drei Eigenschaften spielen bei den hier betrachteten ur- und umformenden Verfahren gleichermaßen eine Rolle. Eigenschaften wie beispielsweise Oberflächenqualitäten werden primär vom Produkt vorgegeben und wurden bereits in Kapitel 2.3.1 behandelt.

---

[116] Darstellung in Anlehnung an: Kessler, A./Jakobi, R. et al. (2002) Kunststofffolien, S. 1123

[117] Vgl. Hündorf, J./Wunderwald, E. et al. (2017) Automotive Testing, S. 2-4

[118] Vgl. Birkert, A. R./Haage, S. et al. (2013) Herstellung komplexer Karosserieteile, S. 60

2.3.2.1 Spritzgießen

Beim Spritzgießen können Werkzeugtemperaturen von 10 °C bis 200 °C anfallen, wobei 50 °C bis 80 °C üblich sind[119]. Die injizierte Massentemperatur beträgt zwischen 200 °C bis 400 °C je nach Material, welches verarbeitet wird. Durch Abkühlen des injizierten Materials sowie zusätzliche Kühlkanäle im Werkzeug ist die Werkzeugtemperatur deutlich geringer.[120] Der tatsächliche Werkzeuginnendruck fällt deutlich geringer aus als der Einspritzdruck[121]. Der maximale Werkzeuginnendruck entspricht etwa dem Nachdruck beim Gießen[122]. Der Nachdruck liegt bei PC-Kunststoffen typischerweise bei 600 bar[123].

2.3.2.2 Blasformen

Beim Blasformen bewegen sich Materialtemperaturen im thermoelastischen Temperaturbereich, wobei das Werkzeug eine Kühlfunktion übernimmt[124]. Daher wird der gleiche Wertebereich wie beim Thermoformen angenommen. Der Druckbereich ist bei diesem Verfahren gering und liegt zwischen 0 bar bis 10 bar[125].

2.3.2.3 Pressen

Bei diesem Verfahren werden Kunststoffe in temperierten Werkzeugen zwischen 40 °C und 80 °C verarbeitet[126]. Materialtemperaturen sind abhängig vom Werkstoff und weisen für Duroplaste einen Temperaturbereich von 150 °C bis 180 °C auf[127]. Thermoplaste hingegen werden heiß und fließfähig gepresst, weshalb die Schmelztemperatur von 200 °C bis 400 °C erreicht werden muss[128]. Der Pressdruck liegt bei Feuchtmassen bei ca. 50 bar und bei vorgewärmten Massen zwischen 150 bar und 400 bar[129].

2.3.2.4 Rotationsformen

Da beim Rotationsformen das Material im Werkzeug zur Schmelze gebracht wird, werden gleiche Temperaturen wie beim Spritzgießen angenommen[130]. Das Rotationsformen erfolgt drucklos[131].

2.3.2.5 Gießen

Duroplaste vernetzen beim Gießen bei 20 °C bis 120 °C in einer gleich temperierten Gießform[132]. Thermoplaste bilden eine dünnflüssige Schmelze und kühlen im Werkzeug ab[133]. Da der Prozess ähnlich

---

119 Vgl. Eyerer, P./Hirth, T. et al. (2008) Polymer engineering, S. 227
120 Vgl. Eyerer, P./Hirth, T. et al. (2008) Polymer engineering, S. 227
121 Vgl. Eyerer, P./Hirth, T. et al. (2008) Polymer engineering, S. 231
122 Vgl. Eyerer, P./Hirth, T. et al. (2008) Polymer engineering, S. 231
123 Vgl. Jaroschek, C. (2019) Spritzgießen, S. 207
124 Vgl. Bonten, C. (2014) Kunststofftechnik, S. 268; Eyerer, P./Hirth, T. et al. (2008) Polymer engineering, S. 274-275
125 Vgl. Baur/Saechtling, H. et al. (2013) Kunststoff Taschenbuch, S. 267
126 Vgl. Baur/Saechtling, H. et al. (2013) Kunststoff Taschenbuch, S. 327
127 Vgl. Eyerer, P./Hirth, T. et al. (2008) Polymer engineering, S. 361
128 Vgl. Baur/Saechtling, H. et al. (2013) Kunststoff Taschenbuch, S. 327
129 Vgl. Baur/Saechtling, H. et al. (2013) Kunststoff Taschenbuch, S. 326
130 Vgl. Eyerer, P./Hirth, T. et al. (2008) Polymer engineering, S. 323
131 Vgl. Eyerer, P./Hirth, T. et al. (2008) Polymer engineering, S. 323
132 Vgl. Eyerer, P./Hirth, T. et al. (2008) Polymer engineering, S. 367-368
133 Vgl. Baur/Saechtling, H. et al. (2013) Kunststoff Taschenbuch, S. 311

dem des Spritzgießens ist, werden gleiche Werte angenommen. Gießen ist wie das Rotationsformen ein druckloses Verfahren[134].

2.3.2.6 Schäumen

Beim Schäumen liegen maximale Materialtemperaturen bei Werten zwischen 110 °C und 120 °C[135]. Der Druck im Werkzeug liegt bei 10 bar bis 20 bar und ist somit auch eher gering[136].

2.3.2.7 Thermoformen

Das Thermoformen weist Materialtemperaturen abhängig vom Werkstoff zwischen 100 °C bis 200 °C auf[137]. Gängige Temperaturen liegen in der Praxis zwischen 60 °C und 85 °C[138]. Der Druckbereich liegt je nach Verfahren zwischen 0 bar bis 7,5 bar[139].

Zusammenfassend ergibt sich nachstehende Anforderungstabelle hinsichtlich Temperaturen und Drücken in den jeweiligen Prozessen. Die detaillierte Betrachtung macht deutlich, dass neben den Anforderungen an Maßhaltigkeiten und Oberflächenqualitäten auch Festigkeiten und Temperaturbeständigkeiten eine wesentliche Rolle für die Anforderungen an die Generativen Fertigungsverfahren spielen. Zudem wird aufgrund sehr hoher Drücke und auch Temperaturen deutlich, dass Werkzeuge aus Kunststoffen nicht in allen Bereichen eine Anwendung finden können.

Tabelle 2-2: Prozessparameter für unterschiedliche Kunststoffverarbeitungsverfahren

Verfahren	Werkzeugtemperatur [°C]	Materialtemperatur [°C]	Werkzeug-innendruck [bar]
Spritzgießen	50 – 80	200 – 400	600 – 800
Blasformen	60 – 85	100 – 200	0 – 10
Pressen	40 – 80	150 – 180	50 – 400
Rotationsformen	200 – 400	200 – 400	0
Gießen	50 – 80; 20 – 120	200 – 400; 80 – 120	0
Schäumen	110 – 120	110 – 120	10 – 20
Thermoformen	60 – 85	100 – 200	0 – 7,5

Neben der Temperatur- und der Druckanforderung gibt es noch eine Vielzahl von anderen Prozessanfoderungen, die im Weiteren aber nicht im Detail betrachtet werden sollen, da diese neben der Temperatur und dem Druck eine untergeordnete Rolle spielen. Anforderungen können sein, dass grundsätzlich die Produktion des vom Kunden gewünschten Formteils ermöglicht wird, weshalb Entformungsschrägen und Vakuumkanäle vorzusehen sind. Die Oberfläche soll bei Kontakt mit dem erwärmten Halbzeug dimensionsstabil sein, also ihre Form nicht verändern. Zudem soll entstehende Wärme möglichst kon-

[134] Vgl. Baur/Saechtling, H. et al. (2013) Kunststoff Taschenbuch, S. 311
[135] Vgl. Eyerer, P./Hirth, T. et al. (2008) Polymer engineering, S. 236
[136] Vgl. Eyerer, P./Hirth, T. et al. (2008) Polymer engineering, S. 236
[137] Vgl. Eyerer, P./Hirth, T. et al. (2008) Polymer engineering, S. 423
[138] Vgl. Eyerer, P./Hirth, T. et al. (2008) Polymer engineering, S. 424
[139] Vgl. Schwarzmann, P. (2008) Thermoformen, S. 7

tinuierlich und gleichmäßig abgeführt werden. Bei Verfahren mit Vakuum sind entsprechende Vorrichtungen zum Absaugen der Luft vorzusehen (Vakuumkanäle). Das Werkzeug sollte mehrere Formungen bei Druck und Temperatur aushalten.[140]

2.3.3 Auswahl relevanter Anforderungen für die Untersuchungen

Nachdem die produkt- und prozessseitigen Anforderungen näher betrachtet wurden, soll in diesem Kapitel eine Auswahl von Anforderungen für ein generativ gefertigtes Werkzeug getroffen werden. Die VDI-Norm 3405 hilft, die Anforderungen zu kategorisieren und nennt übergeordnete Kriterien. Die dunkel eingefärbten Bereiche spielen dabei für diesen Anwendungsfall eine besondere Rolle.

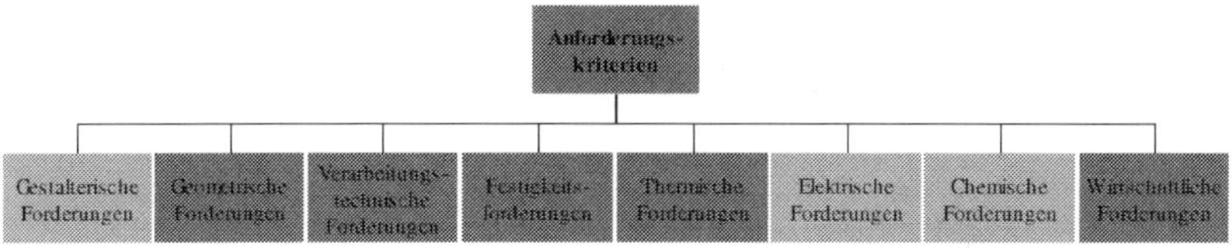

Abbildung 2-12: Unterteilung allgemeiner Anforderungskriterien an Werkzeuge[141]

Da in dieser Arbeit die grundsätzliche Eignung generativ gefertigter Werkzeuge für den Formwerkzeugbau im Vordergrund steht, werden gestalterische, elektrische und chemische Forderungen ausgeschlossen. Unter gestalterischen Forderungen sind Dichte, Maßstab, Haptik und Farben zu verstehen[142]. Verarbeitungstechnische, Festigkeits- und thermische Forderungen werden unter dem Begriff technologische Forderungen zusammengefasst. Diese drei Kategorien sind auch nach den einschlägigen Literaturwerken im Bereich des Werkzeugbaus nach EVERSHEIM und KLOCKE die wichtigsten Forderungen für die Auswahl eines geeigneten Fertigungsverfahrens für die Herstellung von Werkzeugen.[143]

2.3.3.1 Geometrische Forderungen

Geometrisch muss in erster Linie das Werkzeug die Formung des Produktes (Bauteil) gewährleisten. Sämtliche geometrischen Abweichungen eines Werkzeuges werden auf das Bauteil übertragen, weshalb geometrische Anforderungen unbedingt erfüllt werden müssen. Wie bereits in Kapitel 2.3.1 hergeleitet, spielt dabei die Maßhaltigkeit und -genauigkeit eine entscheidende Rolle. Dabei müssen die Maßhaltigkeit, die Gestaltung der Form und die Oberflächenqualität gemeinsam betrachtet werden, da diese einen direkten gegenseitigen Einfluss aufeinander haben. Beispielsweise hat beim Thermoformen die Seite, die Werkzeugkontakt hat, immer eine höhere Maßgenauigkeit als die werkzeugabgewandte Seite.[144] Bei Spritzgusswerkzeugen muss zudem auf Entformungsschrägen und bei Thermoformprozessen auf Abluftquerschnitte geachtet werden[145]. Aufgrund der Vielzahl von unterschiedlichen Verfahren und Werkzeugen ist es nicht möglich, alle Einzelheiten im Detail zu betrachten. Am Beispiel des Thermoformens sind Gestaltungsrichtlinien für die Werkzeuge im Detail aufgeführt, da diese Gestaltungsrichtlinien zum größten Teil auch auf die anderen Verfahren transferiert werden können. Bei Positivwerkzeugen sollten drei Grad Neigungswinkel nicht unterschritten werden, um das Auslösen aus der Form zu gewährleisten.

---

[140] Vgl. Kutz, M. (2011) Applied Plastics Engineering, S. 347-348
[141] Vgl. VDI 3405 - (2014) Additive Fertigungsverfahren, S. 32
[142] Vgl. VDI 3405 - (2014) Additive Fertigungsverfahren, S. 32
[143] Vgl. Eversheim, W./Klocke, F. (1998) Werkzeugbau mit Zukunft, S. 146
[144] Vgl. Schwarzmann, P. (2008) Thermoformen, S. 239
[145] Vgl. Schwarzmann, P. (2008) Thermoformen, S. 244

Diese sogenannten Entformungsschrägen müssen abhängig vom Bauteil auch bei den anderen beschriebenen Verfahren wie dem Spritzgießen oder Rotationsformen ebenfalls betrachtet werden. Bei hohen Positivwerkzeugen sollte ein Winkel von 0,4 Grad nicht unterschritten werden, um das Auslösen aus der Form und eine gewisse Stabilität zu gewährleisten. Bei Einfach-Negativwerkzeugen können auch Wandschrägen von 0 Grad gefertigt werden. Bei Mehrfach-Negativwerkzeugen sind die Werte gleichermaßen wie bei Positivwerkzeugen zu wählen, wobei bei strukturierten Negativformwerkzeugen die Winkel von der Narbungstiefe abhängen.[146] Ein weiteres Beispiel für die Maßhaltigkeit stellen Vakuumkanäle bei Thermoformprozessen dar. Dieses Beispiel wird gewählt, da diese Kanäle die höchsten Ansprüche in Bezug auf Genauigkeitem an Bohrungen und innenliegenden Kanälen über alle hier betrachteten Verfahren aufweisen. Damit die Öffnungen der Kanäle im späteren Halbzeug nicht zu Abformungen führen, müssen diese entsprechend klein gewählt werden. Im weiteren Verlauf der Kanäle im Werkzeug müssen diese größer konstruiert werden, damit der zunehmende Luftstrom von weiteren Oberflächenkanälen abgeführt werden kann.[147] Dies garantiert eine schnelle Evakuierung der eingeschlossenen Luft und stellt somit die Grundlage für einen gleichmäßigen Abformprozess dar. Abhängig vom Vakuumformverfahren werden folgende Durchmesser benötigt:

Tabelle 2-3: Geforderte Durchmesser in Abhängigkeit des Anwendungsfalls[148]

Durchmesser Vakuumbohrungen d / mm	Anwendungsfall
0,3 – 0,4	• Negativwerkzeuge mit sehr hoher Ausformschärfe • Flächen feiner Narbung PP • PE bei Druckluftformung oberhalb Kristallinschmelzbereich
0,5 – 0,6	• Druckluftformung allgemein • PP, PE bei Vakuumformung • Empfindliche Sichtflächen bei Vakuumformen
0,8	• Allgemein für Vakuumformen
1,0	• Dicke Platten ab 6 mm, aber nicht PE, PP
1,0 – 2,0	• Für Weichschäume

Neben Vakuumkanälen und Entformungsschrägen spielen zudem Formradien, Angusskanäle, Entlüftungskanäle und weitere Faktoren eine Rolle, die letzten Endes mit der Formgenauigkeit durch Maßhaltigkeit einhergehen.

2.3.3.2 Technologische Forderungen

Wichtige technologische Anforderungen an Werkzeuge stellen die Zug- und Druckfestigkeit, Härte und Abrieb (Verschleiß) dar. Die Werkzeuge werden beim Spritzgießen beispielsweise mit flüssigen und sehr heißen Materialien befüllt und müssen dabei Schließdrücken von Ober- und Unterhälfte von mehreren hundert bar standhalten. Hieran wird deutlich, dass neben den Festigkeitsanforderungen ebenso Anforderungen an die Hitzebeständigkeit und Wärmeleitfähigkeit gestellt werden. Zudem besteht ein Zusammenhang zwischen den genannten Anforderungen.

146 Vgl. Schwarzmann, P. (2008) Thermoformen, S. 244
147 Vgl. Mennig, G./Stoeckhert, K. (2013) Mold-making, S. 150-152
148 Tabelle in Anlehnung an: Schwarzmann, P. (2008) Thermoformen, S. 246

Am Beispiel der Verschleißmechanismen wird die Komplexität bei jedem einzelnen Verfahren klar. In der Umformtechnik müssen besonders die folgend aufgeführten Verschleißmechanismen Abrasion, Adhäsion, Oberflächenzerrüttung und der tribologische Verschleißangriff beachtet werden.[149] Die genannten Verschleißmechanismen beziehen sich dabei alle auf die Wechselwirkung zwischen dem Grundkörper (Werkzeug) und dem Gegenkörper (Halbzeug). Das Tribosystem (Abbildung 2-13) stellt die Verschleißkenngrößen in Abhängigkeit der Belastung dar.[150]

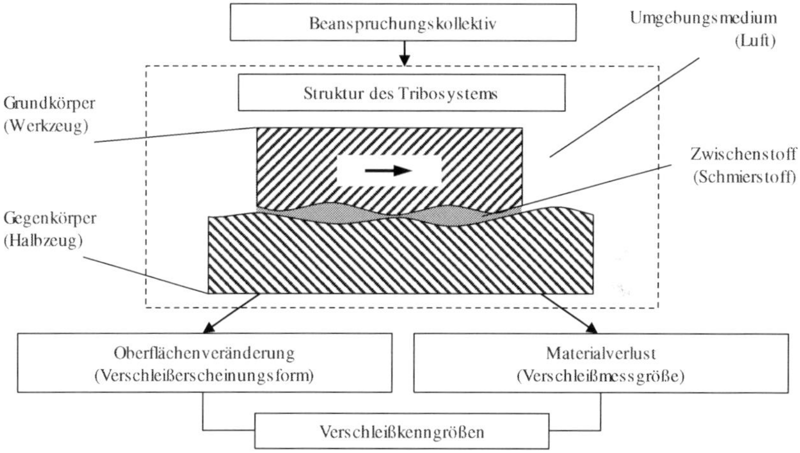

Abbildung 2-13: Schematische Darstellung des Tribosystems mit Werkzeug und Halbzeug[151]

Abhängig vom Verfahren spielt die Oberflächenrauheit eine besondere Rolle. In Spritzgussverfahren soll eine möglichst glatte Oberfläche erzielt werden, damit das flüssige Material keine Texturen in der Oberfläche aufweist. Beim Thermoformverfahren ist dies grundsätzlich anders. Hier wird eine gewisse Oberflächenrauheit gewünscht, damit das Halbzeug über das Werkzeug fließen und eingeschlossene Luft entweichen kann. Kann diese Luft nicht entweichen, so kann dies Einfluss auf die partielle Materialstärke haben und Beulenwurf im Halbzeug verursachen. Aus diesem Grund sollten Oberflächen von Thermoformwerkzeugen eine Mittenrauheit von $R_a = 25 - 30$ µm aufweisen.[152]

2.3.3.3 Wirtschaftliche Forderungen

Die Motivation dieser Arbeit ist, in kürzerer Zeit und mit weniger Aufwand Prototypen und Kleinserien herzustellen. Die herkömmliche Werkzeugherstellung ist durch den Bedarf von mehreren Bearbeitungszentren, viel Fachpersonal und langen Herstellzeiten geprägt. Ein Generatives Fertigungsverfahren hat den Vorteil, meist ohne eine Nachbearbeitung in einer separaten Maschine auszukommen. Beispielsweise können Bohrungen und Kanäle in einem Fertigungsschritt hergestellt werden.[153] Abbildung 2-14 zeigt qualitativ mögliche Fertigungsschritte der konventionellen und generativen Fertigung

---

[149] Vgl. Eyerer, P./Hirth, T. et al. (2008) Polymer engineering, S. 161-162
[150] Vgl. Klocke, F. (2006) Fertigungsverfahren, S. 129-130
[151] Darstellung in Anlehnung an: Klocke, F. (2006) Fertigungsverfahren, S. 130
[152] Vgl. Schwarzmann, P. (2008) Thermoformen, S. 245
[153] Vgl. Jansen, S. (2014) Generative Fertigung, S. 147-153

eines Werkzeuges. Es ist zu erkennen, dass Werkzeuge durch generative Verfahren mit weniger Ressourcen und Aufwand hergestellt werden können.

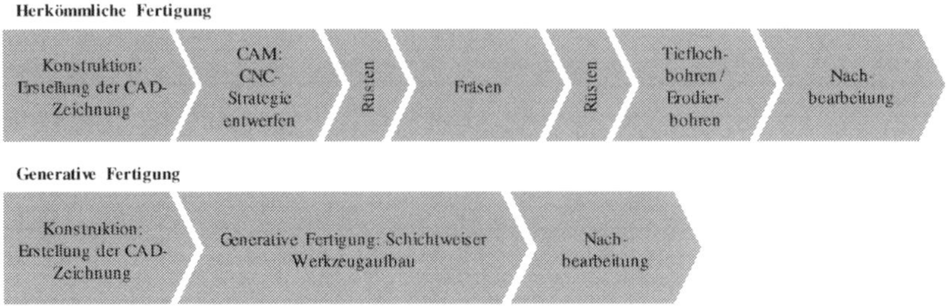

Abbildung 2-14: Qualitative Gegenüberstellung der Fertigungsketten[154]

Da eine wirtschaftliche Betrachtung den Rahmen dieser Arbeit überschreiten würde, werden die wirtschaftlichen Forderungen nicht näher erläutert. Es ist allerdings festzuhalten, dass die Kosten von Material und Maschinen sowie die Herstellzeit einen primären Einfluss auf die Wirtschaftlichkeit aufweisen.

2.3.4 Zusammenfassung relevanter Anforderungen des Formwerkzeugbaus

Die Anforderungen an Formwerkzeuge und Produkte für den Automobilbau sind sehr hoch, weshalb sich auch hohe Anforderungen an die Verfahren des Rapid Tooling ergeben. Besonders die Material- und Bauteileigenschaften wie die Formgenauigkeit, Strukturfestigkeit und Oberflächengüte spielen je nach Anwendungszweck eine bedeutende Rolle.[155] Zudem existieren neben den bereits genannten Anforderungen von Produkt und Werkzeug auch Anforderungen durch den Prozess selber. Eine Einteilung der Anforderungen erfolgte durch die VDI-Norm 3405. Primäre Anforderungen sind hier die Oberflächenqualität (möglichst glatte Oberflächen), Oberflächenstruktur (möglichst hohe Oberflächenhärte), Festigkeit (möglichst hoch), Maßhaltigkeit (möglichst keine Abweichungen) und Abnutzungsresistenz (möglichst hohe Festigkeit).[156] In verschiedenen Literaturwerken finden sich sowohl prozess- als auch produktseitig diverse Anforderungen für ur- und umformende Verfahren, die eine gemeinsame Schnittmenge vorweisen. In weiterer Literatur finden sich neben den oben bereits genannten Anforderungen beispielsweise die Ausformbarkeit, Formschrägen, Kernentfernung und Materialanhäufungen sowie eine einfache konstruktive und gießgerechte Gestaltung, Zugänglichkeit der mechanischen Bearbeitung und montagegerechte Ausführung der Bauteile als Anforderung.[157]

[154] Darstellung in Anlehnung an: Jansen, S. (2014) Generative Fertigung, S. 148-150
[155] Vgl. Karapatis, N./van Griethuysen, J./et al. (1998) Direct rapid tooling, S. 83-85
[156] Vgl. Fastermann, P. (2012) 3D-Druck/Rapid Prototyping, S. 114, 128; Stauber, R. C. (2010) Automobil der Zukunft, S. 21
[157] Vgl. Bast, J./Awiszus, B. et al. (2020) Fertigungstechnik, S. 40; Hoffmann, H. (2012) Umformen, S. 738

Zusammengefasst und übersichtlich dargestellt ergeben sich somit folgende Anforderungen:

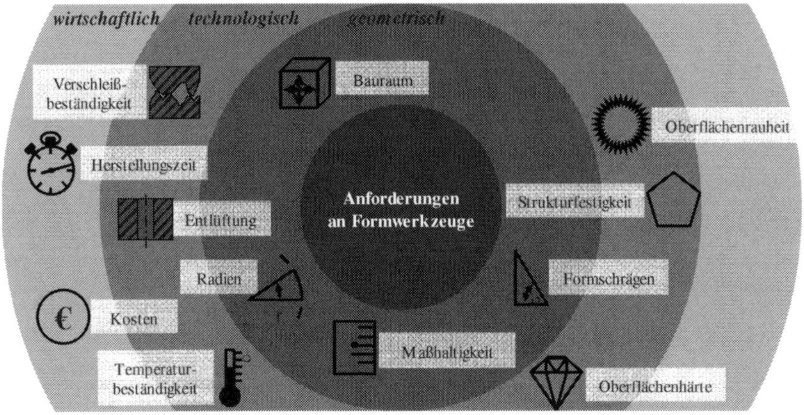

Abbildung 2-15: Zusammenfassende Anforderungen an Formwerkzeuge

In der hier vorliegenden Arbeit sollen die in der Literatur primär benannten und für den generellen Formwerkzeugbau relevanten und in den vorherigen Kapiteln hergeleiteten Kenngrößen betrachtet werden. Diese stellen die *Maßhaltigkeit*, die *Oberflächenqualität* in Form der Rauheit und Welligkeit, die *Oberflächenhärte*, die *Strukturfestigkeit* in Form von Zugfestigkeiten sowie relative *Temperaturbeständigkeit* einzelner Materialien dar. Somit stehen primär die technologischen Eigenschaften im Vordergrund. Die aus dem Formwerkzeugbau hergeleiteten Parameter sind zudem wichtige Messgrößen für die generativ hergestellten Werkzeuge. Wie im folgenden Kapitel 2.4 dargestellt, gibt es fertigungstechnische Restriktionen bei generativen Verfahren. Diese betreffen insbesondere die Oberflächenqualitäten und Maßhaltigkeiten aufgrund der sogenannten Treppenstufeneffekte. Zudem spielen die *Temperaturbeständigkeit* sowie die *Härte* und *Festigkeit* eine zentrale Rolle, da die Werkzeuge im Generativen Fertigungsverfahren nicht aus Stahl, sondern aus Kunststoff gedruckt werden. Somit sind die aus dem Werkzeugbau relevanten Anfoderungen gleichzeitig kritische Beurteilungsaspekte für die Generativen Fertigungsverfahren in Bezug auf den Formwerkzeugbau. Im folgenden Unterkaptitel werden die Grundlagen und Besonderheiten Generativer Fertigungsverfahren näher erläutert.

2.4 Grundlagen Generativer Fertigungsverfahren

Auch die Generativen Fertigungsverfahren oder 3D-Druck-Verfahren können nach DIN 8580 in die Systematik der Fertigungsverfahren eingeordnet werden. Zunächst wird daher die Wortherkunft erläutert und definiert, um im Weiteren die Systematik der Generativen Fertigungsverfahren zu erläutern.

Generative Fertigungsverfahren sind eine recht junge Technologie, deren Umsätze im Anlagenbau und bei Dienstleistern seit 1987 weltweit um durchschnittlich 26 % pro Jahr gestiegen sind[158]. Mit Generativen Fertigungsverfahren lassen sich 3D-gedruckte Prototypenformen direkt aus dem Zielwerkstoff herstellen, sodass die Homogenität und die Materialeigenschaften sehr nah an den Serienteilen liegen.

[158] Vgl. Fritz, A. H. (2012) Fertigungstechnik, S. 114

Zudem können Entwicklungszeiten und damit verbundene Kosten im Prototypenbau eingespart werden.[159] In Anbetracht der Tatsache, dass im Schnitt 70 % der späteren Herstellungskosten bei der Entwicklung und Konstruktion festgelegt werden, können Generative Fertigungsverfahren somit einen massiven Vorteil im Produktentstehungsprozess darstellen[160].

2.4.1 Begriffsbestimmungen und Einordnung in die Systematik der Fertigungsverfahren

Als *Generative Fertigungsverfahren* werden sämtliche Fertigungsverfahren betitelt, bei denen automatisiert durch Auf- oder Aneinanderfügen von Volumenelementen schichtweise ein Bauteil hergestellt wird[161]. Das Adjektiv „generativ" stammt aus dem lateinischen Verb „generare" und bedeutet übersetzt erzeugen, hervorbringen oder umformen[162]. Generative Fertigungsverfahren bedeutet übersetzt *„additive manufacturing"*, woher auch der deutsche Begriff *additive Fertigungsverfahren* stammt[163]. Der deutsche Begriff ist im industriellen Sprachgebrauch weniger verbreitet[164]. Dennoch können alle drei Bezeichnungen korrekterweise verwendet werden, da diese in der VDI-Richtlinie 3405 sowie in der amerikanischen Norm ASTM F2792, die als Vorläufer für eine entsprechende deutsche Norm gilt, definiert sind.[165] In der Umgangssprache ist der Begriff *„3D-Drucken"* oder *„3D-Printing"* ebenfalls geläufig, da dieser das Prinzip des dreidimensionalen Aufbaus einfach für jedermann vermittelt[166]. Allerdings bezeichnet das 3D-Drucken eine spezielle Verfahrensgruppe (Pulver-Binder-Verfahren) der Generativen Fertigungsverfahren und ist daher eine falsche allgemeine Bezeichnung[167].

Wird Abbildung 2-6 in Kapitel 2.2 betrachtet, so könnte das Generative Fertigungsverfahren unter die Kategorie „Urformen" fallen. In DIN 8580 wird das Urformen als Fertigen eines festen Körpers aus formlosem Stoff definiert, weshalb die Zuordnung naheliegend ist[168]. Werden die Generativen Fertigungsverfahren allerdings im Detail betrachtet, so ist die Zuordnung nicht mehr eindeutig. Beispielsweise werden beim selektiven Lasersintern Pulverpartikel miteinander verschmolzen, was nach der systematischen Einordnung und Definition der DIN 8580 zu der Kategorie „Fügen" gehört[169]. Somit kann der Oberbegriff Generative Fertigungsverfahren nicht pauschal in die DIN-Definition eingeordnet werden. Vielmehr muss jedes Verfahren einzeln betrachtet und den Kategorien der DIN zugeordnet werden. Die Gesamtheit der Fertigungsverfahren und somit eine mögliche Zuordnung der Generativen Fertigungsverfahren wird noch gröber unterschieden in subtraktive Fertigungsverfahren, formative Fertigungsverfahren und additive Fertigungsverfahren[170].

---

[159] Vgl. Den Haan, L. (2015) 3D-Druck, S. 8
[160] Vgl. Schmitt, R. (2013) Qualitäts- und Projektmanagment, S. 8
[161] Vgl. Gebhardt, A. (2013) Generative Fertigungsverfahren, S. 3
[162] Vgl. Breuninger, J./Becker, R. et al. (2013) Generative Fertigung mit Kunststoffen, S. 11
[163] Vgl. VDI 3405 - (2014) Additive Fertigungsverfahren, S. 3
[164] Vgl. Gebhardt, A. (2013) Generative Fertigungsverfahren, S. 3
[165] Vgl. ASTM 2792-12a - (2013) Additive Manufacturing Technologies, S. 1-3; VDI 3405 - (2014) Additive Fertigungsverfahren, S. 3
[166] Vgl. Gebhardt, A. (2013) Generative Fertigungsverfahren, S. 3
[167] Vgl. Gebhardt, A. (2013) Generative Fertigungsverfahren, S. 3; VDI 3405 - (2014) Additive Fertigungsverfahren, S. 3
[168] Vgl. DIN 8580 - (2003) Fertigungsverfahren, S. 4
[169] Vgl. DIN 8580 - (2003) Fertigungsverfahren, S. 5
[170] Vgl. Chua, C. K./Leong, K. F. et al. (2010) Rapid prototyping, S. 25; Gebhardt, A. (2013) Generative Fertigungsverfahren, S. 1; Noorani, R. (2006) Rapid prototyping, S. 34-36

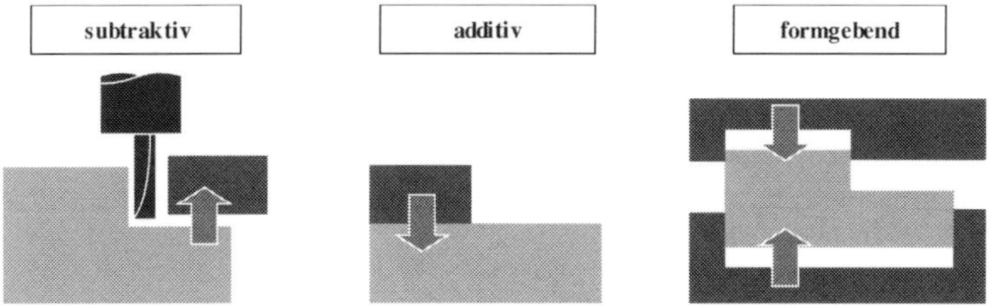

Abbildung 2-16: Grundlegende Fertigungsverfahren[171]

Als „additiv" werden Fertigungsverfahren bezeichnet, bei denen der Werkstoff schichtweise hinzugefügt wird[172]. Bei den subtraktiven Verfahren wird aus einem Block, welcher größer als die spätere Bauteilgröße ist, Material durch Bohren, Drehen oder Fräsen nach und nach entfernt, bis die gewünschte Form entsteht[173]. Beim formativen Verfahren wird unter mechanischen Kräften das Material in die gewünschte Form gebracht[174].

In Literatur wie beispielsweise nach BERGER wird die Einordnung grundsätzlich infrage gestellt, da die Generative Fertigung keine Formen oder Werkzeuge benötigt, die aus einer subtraktiven Erzeugung entstanden sind[175]. BERGER vergleicht weiter die Generative Fertigung mit der Wirkungsweise in der Natur, bei der Strukturen ohne Hilfe von Formen oder Werkzeugen, durch beispielsweise eine chemische Verbindung von Kohlenstoff- und Wasserstoffatomen, gebildet werden[176]. Für die hier vorliegende Arbeit soll allerdings die Einordnung, differenziert nach den einzelnen Verfahren, nach DIN 8580 gelten.

2.4.2 Verfahrenstechnische Grundlagen der Generativen Fertigungsverfahren

Im Grunde und unabhängig von den einzelnen Technologien funktionieren alle Generativen Fertigungsverfahren nach drei gleichen Prozessschritten. Bevor ein Bauteil generativ hergestellt werden kann, muss es mittels eines CAD-Programms modelliert werden (Abbildung 2-17 virtuelle Ebene)[177]. Dabei ist es von essenzieller Bedeutung, dass die Oberfläche des Bauteils im CAD völlig geschlossen ist und es keine Überschneidungen der Ebenen gibt[178]. Der Datensatz muss vollständig fehlerfrei sein[179]. Andernfalls kommt es zu Komplikationen beim Einlesen der Daten oder bei der Generierung der Schichten im physischen Modell[180]. Anschließend wird das modellierte 3D-CAD-Modell in eine STL-Datei exportiert. Die Abkürzung STL stammt von dem Verfahren STereoLithography.[181] Die Abkürzung wird aber aus dem Englischem mit „Standard Triangulation Language" übersetzt[182]. Bei diesem Schritt wird

---

171 Darstellung in Anlehnung an: Chua, C. K./Leong, K. F. et al. (2010) Rapid prototyping, S. 26
172 Vgl. Ensthaler, J./Grimm, T. et al. (2014) Additive Fertigungsverfahren, S. 4
173 Vgl. Gebhardt, A. (2013) Generative Fertigungsverfahren, S. 1; Chua, C. K./Leong, K. F. et al. (2010) Rapid prototyping, S. 25
174 Vgl. Chua, C. K./Leong, K. F. et al. (2010) Rapid prototyping, S. 25
175 Vgl. Berger, U./Hartmann, A. et al. (2013) Additive Fertigungsverfahren, S. 10
176 Vgl. Berger, U./Hartmann, A. et al. (2013) Additive Fertigungsverfahren, S. 8
177 Vgl. Chua, C. K./Leong, K. F. et al. (2010) Rapid prototyping, S. 10
178 Vgl. Chua, C. K./Leong, K. F. et al. (2010) Rapid prototyping, S. 10-11
179 Vgl. Gebhardt, A. (2013) Generative Fertigungsverfahren, S. 24
180 Vgl. Chua, C. K./Leong, K. F. et al. (2010) Rapid prototyping, S. 11
181 Vgl. Gibson, I./Rosen, D. W. et al. (2010) Additive manufacturing technologies, S. 44
182 Vgl. König, W./Klocke, F. (2015) Fertigungsverfahren, S. 157

das Volumenmodell in Einzelquerschnitte rechnerisch aufgeteilt (siehe Abbildung 2-17 virtuelle Ebene)[183]. Die Dateien müssen dabei abhängig von der Technologie nicht zwingend in einem STL-Format vorliegen[184]. Bevor die CAD-Daten nun an eine generative Technologie übermittelt werden, wird ihre Integrität mittels Reparaturprogrammen geprüft[185]. In einem letzten Schritt werden die rechnerisch erstellten Einzelquerschnitte physisch in Schichten umgesetzt und zusammengeführt[186]. Abhängig von der Fertigungstechnologie wird unterhalb von freitragenden Strukturen ein sogenanntes Stützmaterial platziert (siehe Abbildung 2-17 physische Ebene)[187].

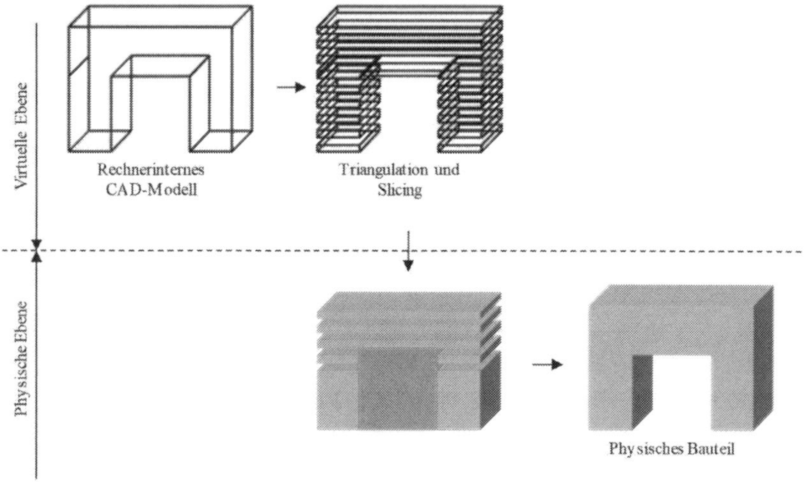

Abbildung 2-17: Prinzip der generativen Fertigung[188]

In der allgemeinen Fachliteratur wird die Vorgehensweise der generativen Fertigung in drei oder acht Schritten erläutert. Autoren wie KLOCKE oder GIBSON geben acht Schritte zur Herstellung eines generativ gefertigten Bauteils an[189]. Die VDI-Richtlinie sowie GEBHARDT beschreiben das Verfahren in drei Schritten[190]. In Abbildung 2-18 sind beide Untergliederungen mit einer entsprechenden Zuordnung zueinander dargestellt.

183 Vgl. Gebhardt, A. (2013) Generative Fertigungsverfahren, S. 25
184 Vgl. Chua, C. K./Leong, K. F. et al. (2010) Rapid prototyping, S. 11
185 Vgl. Gibson, I./Rosen, D. W. et al. (2010) Additive manufacturing technologies, S. 44
186 Vgl. Chua, C. K./Leong, K. F. et al. (2010) Rapid prototyping, S. 11
187 Vgl. König, W./Klocke, F. (2015) Fertigungsverfahren, S. 157
188 Darstellung in Anlehnung an: Gebhardt, A. (2013) Generative Fertigungsverfahren, S. 25
189 Vgl. Gibson, I./Rosen, D. W. et al. (2010) Additive manufacturing technologies, S. 42-43; König, W./Klocke, F. (2015) Fertigungsverfahren, S. 157
190 Vgl. Gebhardt, A. (2013) Generative Fertigungsverfahren, S. 297-298; VDI 3405 - (2014) Additive Fertigungsverfahren, S. 6-7

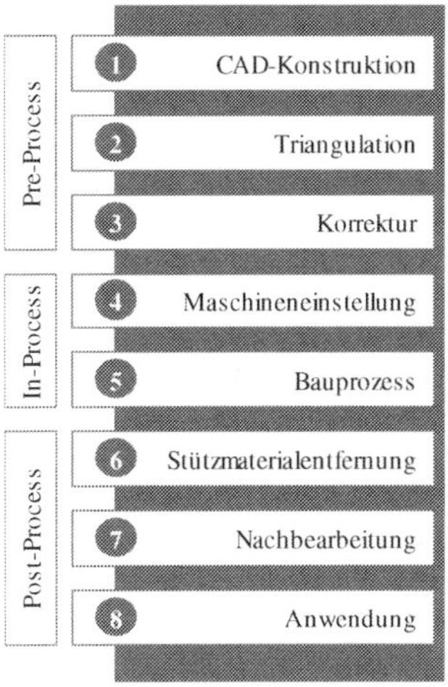

Abbildung 2-18: Prozesse der generativen Fertigung[191]

Es ist festzuhalten, dass beide beschriebenen Vorgehensweisen die Gesamtheit der generativen Fertigung darstellen und klar zugeordnet werden können. In den folgenden Unterkapiteln wird der Prozess anhand der dreischrittigen Untergliederung vorgestellt und erläutert.

2.4.2.1 Pre-Process

Jedes Generative Fertigungsverfahren benötigt als Datenbasis ein 3D-CAD-Modell. Der Begriff „CAD" leitet sich aus dem Englischen ab und bedeutet Computer Aided Design, was sinngemäß als rechnerunterstütztes Konstruieren verstanden werden kann[192]. Dabei werden in einem CAD-Modell die 3D-Volumeninformationen generiert[193]. Dieser 3D-Datensatz wird auch als digitales Produktmodell bezeichnet und enthält die Informationen zur Schichtgenerierung, die an die Maschine übertragen werden[194].

Die Triangulation beschreibt die Ausbildung der Modelloberfläche im CAD durch Dreiecke[195]. Durch diese Dreiecke wird die Bauteiloberfläche zunächst angenähert[196]. Wie bereits in Kapitel 2.4.2 beschrieben, muss die Oberfläche vollkommen geschlossen sein und darf keine Fehler aufweisen. Sogenannte Triangulationsfehler treten speziell bei Rundungen und stark gekrümmten Oberflächen auf, da diese nicht optimal durch Dreiecke angenähert werden können[197]. Die Ausbildung der Dreiecke und die

[191] Darstellung in Anlehnung an: Gibson, I./Rosen, D. W. et al. (2010) Additive manufacturing technologies, S. 43; VDI 3405 - (2014) Additive Fertigungsverfahren, S. 6-7
[192] Vgl. Eversheim, W./Klocke, F. (1998) Werkzeugbau mit Zukunft, S. 273
[193] Vgl. VDI 3405 - (2014) Additive Fertigungsverfahren, S. 25
[194] Vgl. Gebhardt, A. (2013) Generative Fertigungsverfahren, S. 26
[195] Vgl. Gebhardt, A. (2013) Generative Fertigungsverfahren, S. 35; Hagemann, F./Zäh, M. (2006) Wirtschaftliche Fertigung mit Rapid-Technologien, S. 16
[196] Vgl. Kalweit, A./Paul, C. et al. (2012) Technisches Produktdesign, S. 463
[197] Vgl. Hagemann, F./Zäh, M. (2006) Wirtschaftliche Fertigung mit Rapid-Technologien, S. 16

Annäherung an die Bauteiloberfläche haben dabei eine elementare Bedeutung für die spätere Genauigkeit des Bauteils[198]. Dieser Effekt ist vergleichbar mit der Bildbearbeitung, bei der die Anzahl der Pixel über die spätere Auflösung des Bildes entscheidet[199]. Abbildung 2-19 zeigt die Erstellung eines Kreises durch Dreiecke. Je kleiner die Dreiecke angenähert werden, desto besser kann zum Beispiel eine Rundung abgebildet werden. In diesem Zusammenhang kann auch von einer geringen und einer hohen Auflösung gesprochen werden.

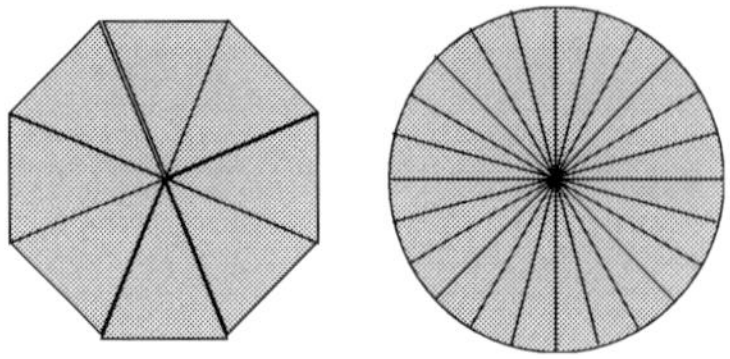

Abbildung 2-19: Darstellung mit geringer (links) und hoher Auflösung (rechts)[200]

Wird im CAD das Volumenmodell in die STL-Daten umgewandelt, so werden an dieser Stelle die erforderlichen Schichtinformationen für den generativen Prozess erzeugt[201]. Die Erzeugung der Schichtinformationen oder Aufbauschichten wird Slicen genannt[202]. Generative Verfahren sind in der x-y-Bauebene kontinuierlich konturiert. In der z-Koordinate werden die erzeugten Einzelschichten aufeinander gefügt. Aus diesem Grund weisen Generative Fertigungsverfahren in der x-y-Bauebene eine höhere Genauigkeit als in der z-Ebene auf.[203] Diese Genauigkeit wird wegen des Schichtaufbauprinzips auch Treppenstufeneffekt genannt und ist ein charakteristisches Merkmal generativ hergestellter Bauteile. Je nach Geometrie und Bauteillage im Bauraum kann die treppenförmige Struktur stärker oder schwächer ausgebildet sein.[204] Grundlegend kann festgehalten werden, dass bei größer werdenden Schichtdicken auch der Stufeneffekt verstärkt wird[205]. Abbildung 2-20 zeigt eine Bohrung, die je nach Lage und damit Schichtaufbau zu unterschiedlichen Ergebnissen bei der Qualität der Bohrung führt.

---

198 Vgl. Breuninger, J./Becker, R. et al. (2013) Generative Fertigung mit Kunststoffen, S. 56

199 Vgl. Breuninger, J./Becker, R. et al. (2013) Generative Fertigung mit Kunststoffen, S. 57

200 Darstellung in Anlehnung an: Breuninger, J./Becker, R. et al. (2013) Generative Fertigung mit Kunststoffen, S. 56

201 Vgl. Kalweit, A./Paul, C. et al. (2012) Technisches Produktdesign, S. 463

202 Vgl. König, W./Klocke, F. (2015) Fertigungsverfahren, S. 157; VDI 3405 - (2014) Additive Fertigungsverfahren, S. 26

203 Vgl. Gebhardt, A. (2013) Generative Fertigungsverfahren, S. 22

204 Vgl. Berger, U./Hartmann, A. et al. (2013) Additive Fertigungsverfahren, S. 9

205 Vgl. Hagemann, F./Zäh, M. (2006) Wirtschaftliche Fertigung mit Rapid-Technologien, S. 16

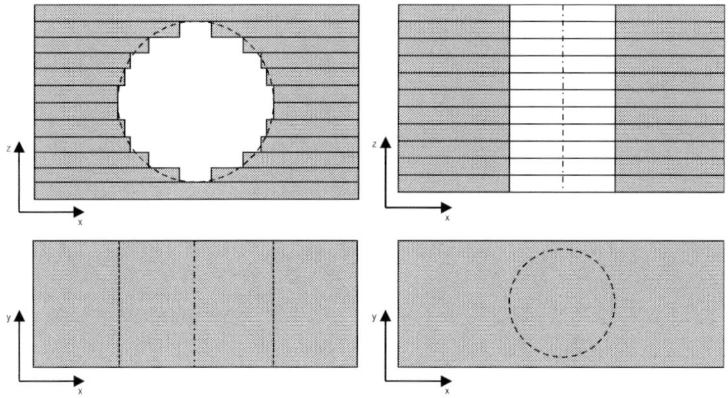

Abbildung 2-20: Treppenstufeneffekt in (links) und quer zur Schichtebene (rechts)[206]

Dieser Effekt macht deutlich, dass die Maßhaltigkeit sowie die Oberflächenqualität bei der Herstellung von Formwerkzeugen eine wichtige Rolle spielen. Abhängig vom Verfahren, der Bauteilgeometrie und der Orientierung des Bauteils muss eine Supportstruktur vorgesehen werden, die für das spätere Post-Processing zur Entfernung noch zugänglich sein muss[207]. Stützstrukturen sind i.d.R. bei flüssigen oder fließfähigen Materialien notwendig[208]. Bei Bauteilen mit Gehäuse-Charakter kann der Anteil des Stützmaterials mit über 90 % sehr hoch sein[209].

Sind alle Informationen ins STL-Format übergeben, erfolgen die Übermittlung an die Maschine und ggf. eine Korrektur[210]. Eine Korrektur bzw. Reparatur hat allerdings Grenzen, weshalb die Erstellung des CAD-Modells mit größter Sorgfalt erfolgen muss[211].

2.4.2.2 In-Process

Zur Maschineneinstellung zählt das Platzieren des Bauteils im Bauraum[212]. Hier werden grundsätzliche Baueinflüsse wie die richtige Größe, die richtige Position sowie die richtige Bauteilausrichtung festgelegt[213]. Über Prozessparameter, wie z.B. Baugeschwindigkeit und Schichtdicke, können Herstelldauer und Oberflächenqualität entscheidend beeinflusst werden[214]. Oftmals ist es sinnvoll, mehrere Bauteile nebeneinander zu platzieren[215].

Der Bauprozess läuft i.d.R. völlig automatisiert ab und kann unbeaufsichtigt vonstatten gehen[216]. Generative Fertigungsverfahren arbeiten in zwei Teilschritten, die je nach Verfahren sequenziell oder

---

206 Vgl. Gebhardt, A. (2013) Generative Fertigungsverfahren, S. 23
207 Vgl. Gebhardt, A. (2013) Generative Fertigungsverfahren, S. 57
208 Vgl. Berger, U./Hartmann, A. et al. (2013) Additive Fertigungsverfahren, S. 18
209 Vgl. Gebhardt, A. (2013) Generative Fertigungsverfahren, S. 238
210 Vgl. Gibson, I./Rosen, D. W. et al. (2010) Additive manufacturing technologies, S. 5
211 Vgl. Gebhardt, A. (2013) Generative Fertigungsverfahren, S. 39-40
212 Vgl. Gebhardt, A. (2013) Generative Fertigungsverfahren, S. 27; Hagemann, F./Zäh, M. (2006) Wirtschaftliche Fertigung mit Rapid-Technologien, S. 16-17
213 Vgl. Gibson, I./Rosen, D. W. et al. (2010) Additive manufacturing technologies, S. 5
214 Vgl. Kalweit, A./Paul, C. et al. (2012) Technisches Produktdesign, S. 463
215 Vgl. Gebhardt, A. (2013) Generative Fertigungsverfahren, S. 27
216 Vgl. Gibson, I./Rosen, D. W. et al. (2010) Additive manufacturing technologies, S. 5

simultan ablaufen. Als erstes wird eine einzelne Schicht in der x-y-Ebene generiert. Anschließend wird eine weitere neue Schicht mit der vorhergehenden in z-Richtung verbunden.[217] Die physikalischen Prinzipien zur Verbindung der Schichten werden in Kapitel 2.4.3 erläutert.

2.4.2.3 Post-Process

Nach dem Bauprozess muss das Bauteil dem Bauraum entnommen werden[218]. Abhängig vom Generativen Fertigungsverfahren ist eine Reinigung oder Nachbearbeitung erforderlich[219]. Im Allgemeinen wird auch von „finishing“ gesprochen[220]. In fast allen Fällen müssen anhaftendes Stützmaterial oder anhaftende Stützstrukturen entfernt werden[221]. In der VDI-Richtlinie 3405 sind mögliche Nachbearbeitungsschritte abhängig vom Generativen Fertigungsverfahren benannt. Fast alle generativ hergestellten Bauteile müssen von Rückständen gereinigt und von Supportmaterial befreit werden. Zudem kann ein Oberflächenfinish, also eine Art Nachbehandlung der Oberflächen für glattere Strukturen, erforderlich sein. Bei Generativen Fertigungsverfahren, die auf Sinterprinzipien beruhen, kann ein Infiltrieren sinnvoll sein. Beim Infiltrieren werden die einzelnen Pulverkörner durch eine Flüssigkeit nachvernetzt. Als weiterer Nachbearbeitungsschritt kann eine Wärmebehandlung des Bauteils in einem externen Ofen sinnvoll sein. Eine erneute Erwärmung kann zum Nachhärten des Bauteils führen.[222]

2.4.3 Physikalische Prinzipien zur Generierung von Einzelschichten

Generativ gefertigte Bauteile entstehen schichtweise durch Hinzufügen des zu verarbeitenden Materials und durch den Phasenübergang von flüssigen- oder pulverförmigen- zu einen festen Zustand[223]. Generell beruhen technische Realisierungsmöglichkeiten Generativer Fertigungsverfahren, abhängig vom Baumaterial, auf dem festen, flüssigen oder gasförmigen Zustand zum schichtweisen Aufbau[224]. Die einzelnen Aggregatzustände des Baumaterials können wie folgt erläutert werden:[225]

Generieren aus der festen Phase:

- An- oder Aufschmelzen und Verfestigen von Pulvern, deren Mischungen oder Granulaten
- Ausschneiden oder Ausfräsen aus Folien, Bändern oder Platten
- An- oder Aufschmelzen und Verfestigen von festen Materialien
- Verkleben von Granulaten oder Pulvern

Generieren aus der flüssigen Phase:

- Verfestigung durch Polymerisation flüssiger oder viskoser Materialien

---

217 Vgl. Gebhardt, A. (2013) Generative Fertigungsverfahren, S. 46
218 Vgl. Gibson, I./Rosen, D. W. et al. (2010) Additive manufacturing technologies, S. 5
219 Vgl. Gebhardt, A. (2013) Generative Fertigungsverfahren, S. 114; Gibson, I./Rosen, D. W. et al. (2010) Additive manufacturing technologies, S. 5; Kalweit, A./Paul, C. et al. (2012) Technisches Produktdesign, S. 463
220 Vgl. Gibson, I./Rosen, D. W. et al. (2010) Additive manufacturing technologies, S. 5-6
221 Vgl. Berger, U./Hartmann, A. et al. (2013) Additive Fertigungsverfahren, S. 18
222 Vgl. VDI 3405 - (2014) Additive Fertigungsverfahren, S. 22-23
223 Vgl. VDI 3405 - (2014) Additive Fertigungsverfahren, S. 6
224 Vgl. Berger, U./Hartmann, A. et al. (2013) Additive Fertigungsverfahren, S. 10; Hagemann, F./Zäh, M. (2006) Wirtschaftliche Fertigung mit Rapid-Technologien, S. 18
225 Vgl. Gebhardt, A. (2013) Generative Fertigungsverfahren, S. 47-77

Generieren aus der gasförmigen Phase:

- Physikalisches Abscheiden aus Aerosolen
- Chemisches Abscheiden aus der Gasphase

Die einzelnen Verfahren, die aus diesen physikalischen Grundprinzipien entstanden sind, werden im Anhang 8.2 näher erläutert.

2.4.4 Anwendungsfelder Generativer Fertigungsverfahren

Nachdem in den zvorherigen Kapiteln die allgemeine Technologie der Generativen Fertigungsverfahren beschrieben wurde, sollen diese nun auf Anwenderebene untergliedert werden. I.d.R. ist eine Unterteilung zwischen Technologie und Anwendung im Bereich der Fertigungsverfahren sinnvoll[226]. Generative Fertigungsverfahren finden derzeit hauptsächlich Anwendung in der Fertigung von Prototypen oder einzelne Stückzahlen bis kleinen Serien[227]. Prototypen werden grundsätzlich in Konzeptmodelle, Geometrieprototypen, Funktionsprototypen und technische Prototypen unterschieden.[228] In der hier vorliegenden Arbeit schließt der Begriff Prototyp diese vier Arten ein.

Abhängig vom Einsatzzweck bzw. der Anwendung der Generativen Fertigungsverfahren haben sich die drei Hauptbegriffe *Rapid Prototyping* (RP), *Rapid Tooling* (RT) und *Rapid Manufacturing* (RM) etabliert[229]. Neben diesen drei Hauptkategorien gibt es weitere gebräuchliche Begriffe, die in Abbildung 2-21 dargestellt sind und im Weiteren erläutert werden.

[226] Vgl. Gebhardt, A. (2013) Generative Fertigungsverfahren, S. 6
[227] Vgl. Kalweit, A./Paul, C. et al. (2012) Technisches Produktdesign, S. 464
[228] Vgl. Bonten, C. (2014) Kunststofftechnik, S. 418
[229] Vgl. König, W./Klocke, F. (2015) Fertigungsverfahren, S. 130

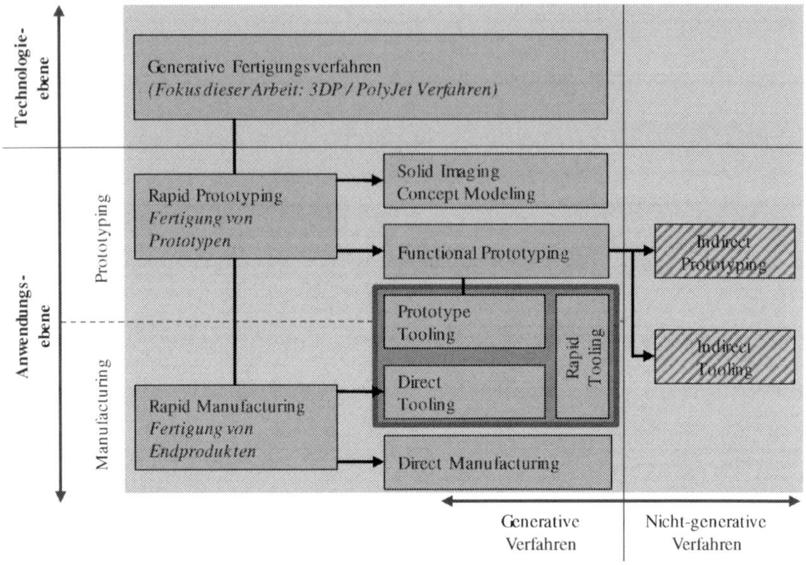

Abbildung 2-21: Anwendungsfelder der Generativen Fertigungsverfahren[230]

2.4.4.1 Rapid Prototyping

Wie der Name „Prototyping" bereits vermuten lässt, findet das Rapid Prototyping seine Anwendung im Prototypenbau[231]. Die Idee des Rapid (= schnell) Prototyping ist es, Prototypen oder Modelle schnell herzustellen[232]. Mit diesem Verfahren sind je nach Branche, Unternehmen und Bauteilspektrum Zeitersparnisse um das 20-fache möglich[233]. Diese Prototypen weisen dabei einzelne, für die jeweilige Anwendung besonders repräsentative Eigenschaften des späteren Produkts auf[234]. In der VDI-Norm wird der Begriff wie folgt definiert: „Additive Herstellung von Bauteilen mit eingeschränkter Funktionalität, bei denen jedoch spezifische Merkmale ausreichend gut ausgeprägt sind."[235] Somit kann das Haupteinsatzgebiet des Rapid Prototyping mit der Fertigung von Anschauungsobjekten bzw. Konzeptmodellen und Funktionsprototypen definiert werden[236]. Wird ein funktionaler Prototyp hergestellt, so wird an dieser Stelle auch vom *Functional Prototyping* gesprochen[237]. Ebenso ist diese Abhängigkeit der Prototypenarten auf die Begriffe *Solid Imaging* und *Concept Modeling* anwendbar[238]. Abhängig davon, ob ein

---

230 Darstellung in Anlehnung an: Gebhardt, A. (2012) Understanding additive manufacturing, S. 13

231 Vgl. Breuninger, J./Becker, R. et al. (2013) Generative Fertigung mit Kunststoffen, S. 3

232 Vgl. Gibson, I./Rosen, D. W. et al. (2010) Additive manufacturing technologies, S. 1

233 Vgl. Eversheim, W./Klocke, F. (1998) Werkzeugbau mit Zukunft, S. 166

234 Vgl. Gebhardt, A. (2013) Generative Fertigungsverfahren, S. 7

235 VDI 3405 - (2014) Additive Fertigungsverfahren, S. 4

236 Vgl. Noorani, R. (2006) Rapid prototyping, S. 5-6; Westkämper, E./Warnecke, H.-J. (2010) Fertigungstechnik, S. 262

237 Vgl. Gebhardt, A. (2013) Generative Fertigungsverfahren, S. 8

238 Vgl. Gebhardt, A. (2013) Generative Fertigungsverfahren, S. 119

Bauteil positiv oder negativ formend hergestellt wird, lautet der entsprechende Begriff *Indirect Prototyping* (negativ Formen) oder *Indirect Tooling*[239].

Durch den Einsatz des Rapid Prototyping ist es gelungen, Zeiten in der Produktentwicklung stark zu verkürzen[240]. Aufgrund dessen und vieler weiterer Vorteile wird das Rapid Prototyping als einer der größten technischen Fortschritte der Produktionsverfahren gewertet[241].

2.4.4.2 Rapid Manufacturing

Der Begriff *Rapid Manufacturing* leitet sich aus dem Begriff des Rapid Prototyping ab und wurde zur Abgrenzung zwischen der Verwendung der Generativen Fertigungsverfahren für den Prototypenbau und der Verwendung zur Herstellung eines Endproduktes gebildet[242]. Das Rapid Manufacturing oder auch *Direct Manufacturing* bezeichnet somit die additive Herstellung von Endprodukten[243]. Dabei werden i.d.R. Anforderungen dieser Endprodukte wie Geometrie, Festigkeit, Genauigkeit, Oberflächengüte und weitere erfüllt[244]. Unter wirtschaftlichen Gesichtspunkten ist das Rapid Manufacturing unter bestimmten Voraussetzungen und Rahmenbedingungen mittlerweile konkurrenzfähig zu konventionellen Fertigungsmethoden[245]. Beispielsweise wurde bereits 2004 die erste Rapid Manufacturing Prozesskette im Dentalbereich etabliert[246]. Weitere Beispiele lassen sich in der Luftfahrt finden. Das Verfahren kann aber auch zur Reparatur von Bauteilen eingesetzt werden[247]. Somit können mit dem Rapid Manufacturing schnell und kostengünstig einzelne komplexe Bauteile oder Kleinserien als marktfähige Produkte hergestellt werden[248]. Allerdings führen Einschränkungen der Generativen Fertigungsverfahren hinsichtlich Formgenauigkeit und Materialauswahl im Vergleich zum Rapid Tooling zu einer geringeren Anwendung in der Industrie[249].

2.4.4.3 Rapid Tooling

Der Begriff *Rapid Tooling* wird für die spezielle Anwendung für urformende und umformende Fertigungsverfahren zur schnellen Herstellung von Werkzeugen verwendet[250]. Auch die VDI-Norm definiert diesen Begriff ähnlich: „Anwendung der additiven Methoden und Verfahren auf den Bau von Endprodukten, die als Werkzeuge, Formen oder Formeinsätze verwendet werden.“[251] Der Begriff *Prototype Tooling* (PT) wird im Allgemeinen verwendet, wenn Werkzeuge, Formen, Matrizen oder Kavitäten als Prototypen oder Modelle gefertigt werden[252]. Für den speziellen Anwendungsfall, dass durch Abformen

---

239 Vgl. Gebhardt, A. (2013) Generative Fertigungsverfahren, S. 11
240 Vgl. Sachs, E./Cima, M. et al. (1992) Three Dimensional Printing, S. 481
241 Vgl. Ding, Y./Lan, H./et al. (2004) rapid tooling, S. 283
242 Vgl. Breuninger, J./Becker, R. et al. (2013) Generative Fertigung mit Kunststoffen, S. 12; Westkämper, E./Warnecke, H.-J. (2010) Fertigungstechnik, S. 266
243 Vgl. Gibson, I./Rosen, D. W. et al. (2010) Additive manufacturing technologies, S. 37; VDI 3405 - (2014) Additive Fertigungsverfahren, S. 4
244 Vgl. Dickens, P. M./Hague, R. J. M. et al. (2006) Rapid manufacturing, S. 1, 5; Westkämper, E./Warnecke, H.-J. (2010) Fertigungstechnik, S. 266
245 Vgl. Chua, C. K./Leong, K. F. et al. (2010) Rapid prototyping, S. 16
246 Vgl. Kalweit, A./Paul, C. et al. (2012) Technisches Produktdesign, S. 465
247 Vgl. König, W./Klocke, F. (2015) Fertigungsverfahren, S. 130
248 Vgl. Hagemann, F./Zäh, M. (2006) Wirtschaftliche Fertigung mit Rapid-Technologien, S. 10
249 Vgl. Mellor, S./Hao, L./et al. (2014) Additive Manufacturing, S. 196
250 Vgl. Hagemann, F./Zäh, M. (2006) Wirtschaftliche Fertigung mit Rapid-Technologien, S. 10; König, W./Klocke, F. (2015) Fertigungsverfahren, S. 130
251 VDI 3405 - (2014) Additive Fertigungsverfahren, S. 4
252 Vgl. Gebhardt, A. (2013) Generative Fertigungsverfahren, S. 309-310

des RP-Modells ein Formwerkzeug erzeugt wird, wird von *Indirect Tooling* gesprochen[253]. Der Begriff Indirect Tooling bezeichnet somit kein Generatives Fertigungsverfahren, sondern eine Prozesskette, die mit einem generativ gefertigten Bauteil arbeitet[254]. Im Gegensatz dazu wird das direkte Fertigen eines Formwerkzeuges als *Direct Tooling* bezeichnet[255]. Der Begriff Rapid Tooling wird nach MENNIG für drei artverwandte, aber unterschiedliche Belange im Werkzeugbau verwendet, die den oben genannten Begrifflichkeiten zuzuordnen sind.[256]

- Strategien, die einem schnelleren Entwerfen von Werkzeugen und Formen im Sinne der Methodik dienen
- Alle Verfahren und Prozesse sowie Kombinationen aus generativer und konventioneller Fertigung, die eine günstigere und schnellere Herstellung von Werkzeugen und Formen für kleinere Serien bieten, wie sie sonst nur durch Verwendung konventioneller Herstellungsmethoden möglich sind
- Direkte Herstellung von Werkzeugen und Formen durch Generative Fertigungsverfahren

Unabhängig von den verwendeten Begrifflichkeiten sind die Anforderungen an formgebende Werkzeuge generell sehr hoch und damit auch an Generative Fertigungsverfahren des Rapid Tooling[257]. Besonders an die Formgenauigkeit, Strukturfestigkeit und Oberflächengüte werden neben dem Material und den Bauteileigenschaften hohe Ansprüche gestellt[258].

2.4.5 Zwischenfazit

Das Unterkapitel zeigt, dass schon heute Generative Fertigungsverfahren in der Lage sind, Werkzeuge herzustellen. Die Untersuchung der Technologie zeigt, dass nur wenige Fertigungsschritte vonöten sind, um das Werkzeug herzustellen. Somit bietet diese Technologie eine gute Perspektive, um Werkzeuge in kürzerer Zeit zu entwickeln und herzustellen, wodurch die TTM reduziert werden kann. Um eine generelle Eignung festzustellen, müssen die Verfahren für das Direct Tooling näher betrachtet werden. Im Anschluss muss ein Abgleich mit den speziellen Anforderungen aus dem Werkzeugbau und den Herstellungsprozessen erfolgen. Mit dieser Vorgehensweise kann festgestellt werden, ob und welches Generative Fertigungsverfahren tendenziell gut für den Werkzeugbau geeignet ist. Im folgendem Unterkapitel werden daher die generativen Fertigungstechnologien für das Direct Tooling betrachtet. Die einzelnen Verfahren mit ihren Vor- und Nachteilen in Bezug auf den Werkzeugbau sind im Anhang 8.2 erläutert.

2.5 Betrachtung Generativer Fertigungsverfahren für das Direct Tooling

Wie bereits in Kapitel 2.4.3 angemerkt, kann das Ausgangsmaterial Generativer Fertigungsverfahren aus einem festen, flüssigen oder gasförmigen Zustand bestehen. Die einzelnen Generativen Fertigungsverfahren können anhand des Ausgangsmaterials sowie der Technologie, wie in Abbildung 2-22 dargestellt, zugeordnet werden[259]. Durch Verfahren wie beispielsweise das Aerosoldruckverfahren, die auf

[253] Vgl. Westkämper, E./Warnecke, H.-J. (2010) Fertigungstechnik, S. 266
[254] Vgl. Gebhardt, A. (2013) Generative Fertigungsverfahren, S. 11
[255] Vgl. Westkämper, E./Warnecke, H.-J. (2010) Fertigungstechnik, S. 266
[256] Vgl. Mennig, G./Stoeckhert, K. (2013) Mold-making, S. 582
[257] Vgl. Karapatis, N./van Griethuysen, J./et al. (1998) Direct rapid tooling, S. 80-85
[258] Vgl. Karapatis, N./van Griethuysen, J./et al. (1998) Direct rapid tooling, S. 83-85
[259] Vgl. Breuninger, J./Becker, R. et al. (2013) Generative Fertigung mit Kunststoffen, S. 25

dem Generieren aus der gasförmigen Phase basieren, können aufgrund eines geringen Materialauftrages nur Mikrostrukturen hergestellt werden[260]. Diese Verfahren sind daher für die Fertigung von größeren Werkzeugen ungeeignet und werden in der hier vorliegenden Arbeit nicht näher betrachtet.

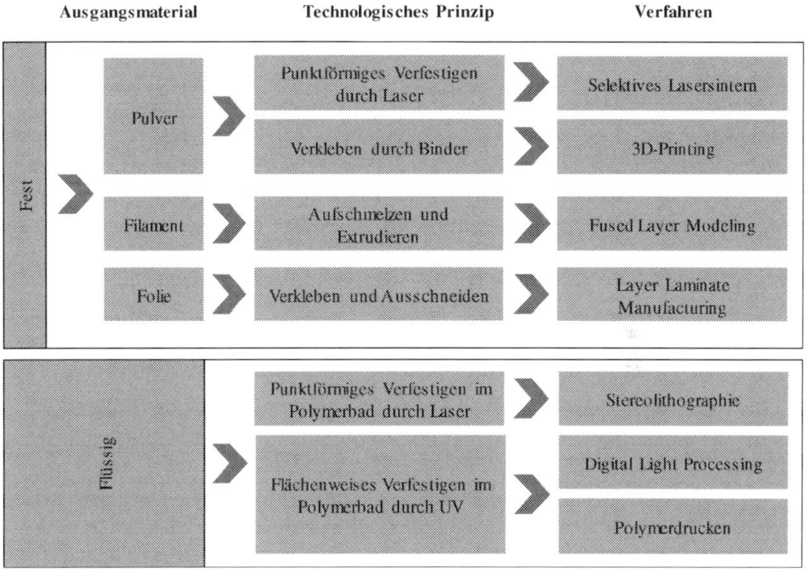

Abbildung 2-22: Einteilung der Generativen Fertigungsverfahren[261]

Die hier vorliegende Arbeit beschäftigt sich ausschließlich mit kunststoffbasierenden Generativen Fertigungsverfahren. Aus diesem Grund werden ausschließlich relevante kunststoffbasierende Verfahren für den Bereich des Direct Tooling betrachtet. Diese kunststoffbasierenden Verfahren sind in Abbildung 2-22 dargestellt und werden im Anhang 8.2 erläutert.

2.6 Auswahl eines geeigneten Generativen Fertigungsverfahrens für den Formwerkzeugbau

Nachdem in Kapitel 2.5 kunststoffbasierende Generative Fertigungsverfahren vorgestellt wurden und in Kapitel 2.3 relevante Parameter für den Werkzeugbau aufgeführt wurden, soll nun ein Generatives Fertigungsverfahren in Hinblick auf die Herstellung von Formwerkzeugen ausgewählt werden. Der Fokus liegt dabei ausschließlich auf den kunststoffbasierenden Generativen Fertigungsverfahren aus Kapitel 2.5. Tabelle 2-4 zeigt die für diese Arbeit verglichenen Hersteller und Drucker der jeweiligen Verfahren. Bei der Auswahl der Drucker wurde darauf geachtet, dass Drucker und Hersteller jeweils die

---

260 Vgl. Gebhardt, A. (2013) Generative Fertigungsverfahren, S. 75-76

261 Darstellung in Anlehnung an: Breuninger, J./Becker, R. et al. (2013) Generative Fertigung mit Kunststoffen, S. 26

größte Schnittmenge mit den definierten Anforderungen aus dem Werkzeugbau aufweisen. Beispielsweise wurden Drucker mit den größtmöglichen Oberflächenqualitäten und Genauigkeiten der jeweiligen Hersteller ausgewählt, um den Werkzeuganforderungen gerecht zu werden.

Tabelle 2-4: Ausgewählte Verfahren, Hersteller, Drucker sowie Materialien[262]

Verfahren	Hersteller	Drucker	Materialien	Materialbezeichnung
Selektives Lasersintern	3D Systems, EOS	P800	Pulverförmige Thermoplaste	PEEKHP3
Layer-Laminate Manufacturing	Cubic Technologies (Helisys)	LOM 2030H	Folien, Platten, Kleber	LOMPlastic
Fused Layer Modeling	Stratasys	Fortus 900mc	Filamentförmige Thermoplaste	ULTEM 1100
3D-Printing	3D Systems, ExOne, VoxelJet	VX1000	Pulver und Binder	PMMA Epoxy
Stereolithographie	3D Systems	ProX 950	Fotopolymere	Accura 48HTR
Digital Light Processing	Envisiontec	Xede 3SP	Fotopolymere	ABS 3SP Tough
Polymerdrucken	Stratasys (Objet), 3D Systems	Objet 1000 Plus	Fotopolymere	Digital ABS

Um ein geeignetes generatives Fertigungsverfahren zu identifizieren, werden die in Kapitel 2.3.4 herausgestellten relevanten Anforderungen von Produkt und Werkzeug (Maßhaltigkeit, Oberflächenqualität, Oberflächenhärte, Strukturfestigkeit, Temperaturbeständigkeit) sowie zusätzliche Besonderheiten der Generativen Fertigungsverfahren wie Bauraum und Nachbearbeitungsaufwände herangezogen. Die Auswahl eines geeigneten Generativen Fertigungsverfahrens zur Herstellung eines Werkzeuges ist unter der Berücksichtigung von geometrischen, technischen und wirtschaftlichen Gesichtspunkten zu treffen[263]. Abbildung 2-23 zeigt diese übersichtlich nach den entsprechenden Kritieren sortiert.

[262] Vgl. 3D Systems Corporation (2017) 3D Stereolithography Printers, S. 1-3; 3D Systems Corporation (2017) ProX SLA Serie, S. 4; EOS Manufacturing Solutions (2017) Kunststoff-Laser-Sinter-System EOSINT P 800, S. 3; EnvisionTEC GmbH (2017) System Properties, S. 1; Gebhardt, A. (2013) Generative Fertigungsverfahren, S. 573; Stratasys Inc. (2017) Fortus - 3D Production Systems, S. 3-5; Stratasys Inc. (2017) Objet1000 Plus, S. 2; voxeljet AG (2017) voxeljet 3D-Drucker, S. 1

[263] Vgl. Eversheim, W./Klocke, F. (1998) Werkzeugbau mit Zukunft, S. 146

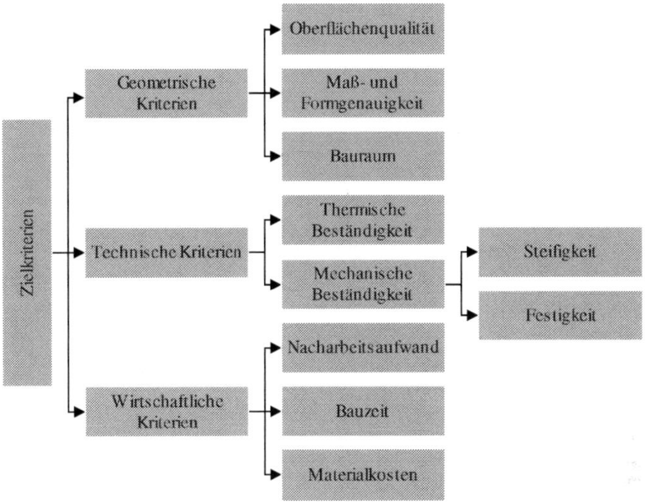

Abbildung 2-23: Unterteilung der Anforderungskriterien

Die meisten formgebenden Werkzeugverfahren haben gemeinsam, dass sie mit Temperaturen und Drücken umgehen müssen. Zudem sind in vielen Anwendungsfällen Lüftungs-, Kühl- oder auch Vakuumkanäle notwendig.[264] Generative Fertigungsverfahren, die auf das Prinzip des Sinterns ausgelegt sind, fallen aus der Betrachtung heraus, da gesinterte Bauteile, ohne aufwendige Nachbearbeitungen, nicht völlig dicht verschlossen werden können. Somit wird beispielsweise das Aufbauen eines Vakuums mit gesinterten Bauteilen schwierig (vgl. Kapitel 8.2.1).[265]

Ein weiterer wichtiger Aspekt ist der Umgang mit Temperaturen. Wie bereits in Kapitel 2.3 hergeleitet, müssen die Werkzeuge einer hoher Temperaturbelastung von mehreren hundert Grad standhalten und zudem eine gute Wärmeleitfähigkeit garantieren.[266] Werden Kunststoffbauteile mit Kunststoffformen hergestellt, so ist dies ein kritischer Aspekt, da die Kunststoffform (also das Werkzeug) selber schmelzen könnte. Wie in Kapitel 8.1 erläutert gibt es verschiedene Arten von Kunststoffen. Auch die Generativen Fertigungsverfahren verwenden unterschiedliche Kunststoffe. Dabei verwenden das Selektive Lasersintern, das 3D-Printing sowie das Fused Deposition Modeling Thermoplaste als Ausgangsbasis, welche wieder aufschmelzbar sind (vgl. Kapitel 2.5)[267]. Verfahren wie die Stereolithographie, das Digital Light Processing und Layer Laminate Manufacturing verwenden Kunstharze, welche teilweise Mischungen aus Duroplasten und Thermoplasten sind[268]. Das PolyJet-Verfahren verwendet Duroplaste,

---

264 Vgl. Eyerer, P./Hirth, T. et al. (2008) Polymer engineering, S. 469

265 Vgl. Gebhardt, A. (2013) Generative Fertigungsverfahren, S. 59-60

266 Vgl. Eyerer, P./Hirth, T. et al. (2008) Polymer engineering, S. 138, 469

267 Vgl. Breuninger, J./Becker, R. et al. (2013) Generative Fertigung mit Kunststoffen, S. 30, 33; Fastermann, P. (2012) 3D-Druck/Rapid Prototyping, S. 118, 120; Gibson, I./Rosen, D. W. et al. (2010) Additive manufacturing technologies, S. 159-160

268 Vgl. Eschl, J. (2001) Eigenschaften von Stereolithographiematerialien, S. 57, 70; Fastermann, P. (2012) 3D-Druck/Rapid Prototyping, S. 122; Gebhardt, A. (2013) Generative Fertigungsverfahren, S. 108, 116, 237; Gibson, I./Rosen, D. W. et al. (2010) Additive manufacturing technologies, S. 66-67; VDI 3405 - (2014) Additive Fertigungsverfahren, S. 9, 17

die anders als Thermoplaste Form und Zustand bei Temperatureinwirkung nicht verändern (siehe Anhang 8.1). Aus diesem Grund ist das PolyJet-Verfahren ein prädestiniertes Verfahren, um Kunststoffwerkzeuge herzustellen.

In der nachfolgenden Tabelle 2-5 sind die derzeit zu erreichenden Werte der Generativen Fertigungsverfahren in Hinblick auf die definierten Kriterien aus dem Werkzeugbau (vgl. Kapitel 2.3) dargestellt.

Tabelle 2-5: Übersicht der Kriterien und der Größeneinheiten der Druckverfahren[269]

Kriterium	Spezifische Benennung	Einheit	SLS	LLM	FLM	3DP	SL	DLP	PJ
Oberflächen-qualität	Schichtdicke	mm	0,12	0,127	0,254	0,15	0,05	0,075	0,016
Abbildungs-genauigkeit	x-y-Genauigkeit	mm	0,15	0,15	0,127	0,15	0,05	0,1	0,085
Bauraum	Bauvolumen	cm^3	148.960	230.585	509.703	300.000	618.750	95.443	400.000
Thermische Beständigkeit	HDT	°C	165	85	216	80	130	60	93,5
Festigkeit	Zugfestigkeit	MPa	90	85	37	25	64	75	55
Steifigkeit	Elastizitätsmodul	MPa	4.250	3.425	2.200	1.700	2.800	1.927	2.600
Nacharbeits-aufwand	Nacharbeits-aufwand	-	mittel	mittel	hoch	hoch	gering	mittel	gering
Bauzeit	Aufbaurate in Z-Richtung	mm/h	7	7	15	36	10	25	10
Materialkosten	Materialkosten	-	mittel	mittel	gering	mittel	mittel	mittel	hoch

Da beim formgebenden Werkzeugbau ein Bauteil aufgrund einer Werkzeuggeometrie in Form gebracht wird, werden auch die Oberflächentexturen und -qualitäten an das Bauteil weitergegeben. Bei der Betrachtung von Interieur- und Exterieurkomponenten in einem Fahrzeug ist festzustellen, dass die Oberflächen höchste Ansprüche aufweisen und daher ein Verfahren mit hoher Oberflächenqualität und hoher Abbildungsgenauigkeit erforderlich ist (vgl. Kapitel 2.3). Da diese Arbeit das Ziel verfolgt, Generative Fertigungsverfahren für einen schnelleren TTM einzusetzen, spielen ein geringer Nacharbeitsaufwand sowie eine schnelle Bauzeit neben der Oberflächenqualität eine übergeordnete Rolle. Wird Tabelle 2-5 betrachtet, so ist festzustellen, dass das PolyJet-Verfahren mit die besten Werte in diesen Bereichen erzielt. Die Oberflächenqualität gemessen an der Schichtdicke ist sogar die derzeit beste am Markt verfügbare. Somit sind die in Kaptiel 2.4 beschriebenen Treppenstufeneffekte bei Schrägen, Rundungen, Bohrung usw. am geringsten.

Aufgrund der Tatsache, dass das PolyJet-Verfahren Duroplaste verarbeitet und da die Oberflächenqualitäten, Baugeschwindigkeiten und Nacharbeitsaufwände im Vergleich mit am besten abschneiden, wird für die weitere Betrachtung in dieser Arbeit das PolyJet-Verfahren gewählt. In der Analyse zeigte

269 Vgl. 3D Systems Corporation (2017) 3D Stereolithography Printers, S. 1-3; 3D Systems Corporation (2017) ProX SLA Serie, S. 4; EOS Manufacturing Solutions (2017) Kunststoff-Laser-Sinter-System EOSINT P 800, S. 3; EnvisionTEC GmbH (2017) System Properties, S. 1; Gebhardt, A. (2013) Generative Fertigungsverfahren, S. 573; Stratasys Inc. (2017) Fortus - 3D Production Systems, S. 3-5; Stratasys Inc. (2017) Objet1000 Plus, S. 2; voxeljet AG (2017) voxeljet 3D-Drucker, S. 1

das PolyJet-Verfahren gegenüber den anderen Verfahren Schwächen im Bereich der hohen Materialkosten. Die hohen Materialkosten sind allerdings auf eine noch geschlossene Marktsituation durch Patente zurückzuführen. Laufen die Patente aus, so ist mit einer drastischen Preisreduktion zu rechnen. Mechanische als auch thermische Kennwerte liegen in einem guten Mittel. Besondere Stärken weist das PolyJet-Verfahren im Bereich der Oberflächenqualität, Abbildungsgenauigkeit und dem geringen Nachbearbeitungsaufwand auf. Darüber hinaus sind Duroplaste aufgrund ihrer Formstabilität, auch unter Einwirkung höherer Temperaturen, für den Formwerkzeugbau mit Kunststoffen sehr gut geeignet. Gestützt wird diese Entscheidung durch einige Vorversuche in der Industrie, Spritzgusswerkzeuge und Thermoformwerkzeuge mit dem PolyJet-Verfahren herzustellen[270].

2.7 PolyJet-Verfahren

Nachdem sich das PolyJet-Verfahren (vgl. Kapitel 2.6) als das am besten geeignete Verfahren herausgestellt hat, soll an dieser Stelle, aufbauend auf Kapitel 8.2.7, die Technologie näher beschrieben und Restriktionen und Anforderungen abgeleitet werden.

Das PolyJet-Verfahren ist ein Eigenname der israelischen Firma Objet Geometries Ltd., die 1998 gegründet wurde und dieses Verfahren entwickelt hat[271]. Das älteste Patent, welches dieses Verfahrensprinzip beschreibt, datiert vom 29. Februar 2000[272]. Da ein Patent maximal 20 Jahre geschützt werden kann, läuft dieses im Jahre 2020 aus. 2012 fusionierte Objet mit dem US-amerikanischen Unternehmen Stratasys Inc., die die Namensgebung der Drucker der Objet-Reihe weitestgehend beibehalten haben[273]. Die Anschaffung einer solchen Technologie der Firma Stratasys bewegt sich im Schnitt zwischen 20.000 bis zu 240.000 US-Dollar[274]. Das PolyJet-Verfahren ist eng verwandt mit dem Verfahren des Multijet-Modeling der Firma 3D-Systems, die beide gemeinsam der Gruppe der Thermojet-Printer zugeordnet werden können[275]. Beide Verfahren arbeiten mit flüssigen Fotopolymeren, die unter ultraviolettem Licht aushärten. Zudem arbeiten beide Verfahren bei komplexen oder feinen Strukturen mit einem Stützmaterial, welches aus einem anderen Material als dem Baumaterial besteht und nach dem Bauprozess entfernt werden kann.[276] Das PolyJet-Verfahren hat gegenüber vielen anderen Verfahren die Besonderheit, dass es sehr umweltverträglich ist und die Drucker in einer Büro-Umgebung betrieben werden können[277].

2.7.1 Verfahrenstechnologie

Das Fertigungsprinzip wird im Anhang in Kapitel 8.2.7 vorgestellt, weshalb an dieser Stelle darauf verwiesen wird. Vielmehr werden hier detaillierte Einzelheiten der Technologie vorgestellt, aus denen sich die Anforderungen für die folgende Untersuchung ergeben.

---

270 Vgl. Speedpart GmbH (2017) Vakuumgießen von Kunststoffen, S. 1-2
271 Vgl. Fastermann, P. (2012) 3D-Druck/Rapid Prototyping, S. 161
272 Vgl. Objet Geometries LTD./Weizmann, K. (1999) Aparatus and method for three dimensional printing, S. 1-28
273 Vgl. Fastermann, P. (2012) 3D-Druck/Rapid Prototyping, S. 161
274 Vgl. Wohlers, T. T. (2009) Wohlers report, S. 245
275 Vgl. Gebhardt, A. (2013) Generative Fertigungsverfahren, S. 116-117
276 Vgl. Breuninger, J./Becker, R. et al. (2013) Generative Fertigung mit Kunststoffen, S. 35
277 Vgl. Eichmann, M. (2007) PolyJet-Technologie, S. 2

Ergänzend zur Verfahrensbeschreibung in Kapitel 8.2.7 ist festzuhalten, dass das PolyJet-Verfahren eine sehr hohe Oberflächengüte direkt beim Fertigungsprozess erreicht. Die Oberfläche kann mit nur geringfügiger oder auch ganz ohne Nachbearbeitung für Folgeprozesse mit hohen Anforderungen, wie z.B. der Galvanik, verwendet werden.[278] Die Technologie von Stratasys ist in der Lage, insgesamt 22 Grundmaterialien zu verdrucken und diese z.B. farblich beliebig zu kombinieren[279]. Abhängig vom Druckertyp können verschiedene Materialien auch gleichzeitig verdruckt werden. Die Materialien (Fotopolymere) sind in flüssiger Ausgangsform in Materialkartuschen erhältlich. Ein Materialwechsel der gleichen Materialkartuschen ist dabei während des Druckvorgangs möglich, ohne den Druck zu stoppen. Werden Materialarten getauscht, so müssen die Druckköpfe vorher gespült werden, damit alle Restmaterialien aus dem Druckkopf entfernt werden[280].

Die Drucktechnologie von Stratasys ist in der Lage, Schichtdicken von nur 16 Mikrometer in Z-Richtung zu drucken. Zum Vergleich waren 3D-Druck-Technologien im Jahr 2000 lediglich imstande 100 Mikrometer-Schichten zu erzeugen.[281] Auch eine erreichbare Geschwindigkeit von bis zu 10 mm/h Aufbaurate war damals noch nicht realisierbar[282]. Dabei stehen die Druckgeschwindigkeit und die Genauigkeit in einem direkten und problematischen Zusammenhang durch die Schichtaufbaurate. Eine hohe Geschwindigkeit impliziert große Aufbauraten, aber auch gleichzeitig schlechte Genauigkeiten.

2.7.1.1 Druckköpfe und Stützmaterial

Abhängig vom Druckertyp besitzen die PolyJet-Drucker bis zu acht Druckköpfe, die direkt nebeneinander angeordnet sind (vgl. Abbildung 2-24). Jeder einzelne dieser Druckköpfe besitzt 96 Einzeldüsen mit einem Durchmesser von 50 Mikrometern.[283] Ähnlich wie beim Tintenstrahldrucker, der pro Düse einen Bildpunkt (Pixel) erzeugt, druckt der PolyJet-Drucker einen kleinen dreidimensionalen Volumenkörper (Voxel). Die Druckköpfe des PolyJet-Druckers sind dabei beheizt.

[278] Vgl. Fischer, F. (2015) FDM and PolyJet 3D Printing, S. 6; Grimm, T. (2002) Stereolithography, Selective Laser Sintering and PolyJet, S. 4-5

[279] Vgl. Stratasys Inc. (2015) PolyJet Materials, S. 2

[280] Stratasys Inc. (2017) Objet500 und Objet350 Connex3b, S. 1-2

[281] Vgl. Gebhardt, A. (2000) Rapid Prototyping, S. 4

[282] Vgl. Gebhardt, A. (2013) Generative Fertigungsverfahren, S. 145

[283] Vgl. Müller, J./Shea, K./et al. (2015) Mechanical properties of 3D printing, S. 906

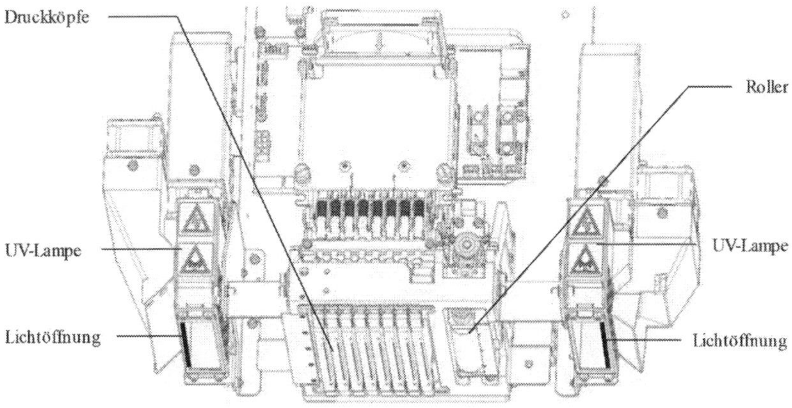

Abbildung 2-24: PolyJet-Druckkopf[284]

Wie in der Abbildung zu erkennen ist, befindet sich zwischen den Druckköpfen und den UV-Lampen ein sogenannter Roller, welcher das aufgetragene Polymer vor dem Aushärten mit der UV-Lampe glattzieht.

Beim PolyJet-Verfahren werden, anders als bei anderen Verfahren, die Stützkonstruktionen nicht extern zugeführt. Der Druckkopf verfügt über separate Düsen, mit denen das Stützmaterial verdruckt wird. Das Stützmaterial wird bei Stratasys unter dem Namen Supportmaterial geführt. Eine Besonderheit des Verfahrens und des Supportmaterials ist, dass es keine Verbindung mit dem Baumaterial eingeht, somit sehr einfach zu entfernen ist und Nachbearbeitungsaufwände stark reduziert.[285] Während bei vielen Verfahren filigrane Stützen gebaut werden, füllt das PolyJet-Verfahren den Raum zwischen der Bauplattform und dem eigentlichen Bauteil völlig mit Supportmaterial auf. Dies bedingt allerdings einen hohen Verbrauch an Supportmaterial, welches nach dem Druckvorgang nicht weiterverwendet werden kann.[286]

2.7.1.2 Druckertypen

Das Unternehmen Stratasys bietet diverse PolyJet-Drucker an und unterteilt diese in die drei verschiedenen Produktionsserien Dentalserie, Designserie und Production-Serie. Wie der Name bereits vermuten lässt, finden die Drucker der Dentalserie ihren Einsatzzweck bei der Fertigung von Zahnmodellen oder kieferorthopädischen Hilfsmitteln und weisen einen kleinen Bauraum auf. Die Designserie verfügt über mittelgroße Bauräume und ist für viele Designanwendungen speziell für Designprototypen geeignet. Auch diese Drucker lassen sich noch auf einem Tisch platzieren. Die Drucker mit den größten Bauvolumina findet sich in der Production-Serie wieder und müssen fest auf dem Boden aufgestellt werden. Da in dieser Arbeit die Herstellung von Werkzeugen thematisiert wird, werden Drucker der Production-Serie verwendet. Drucker dieser Serie sind beispielsweise der Objet1000, Objet500, Objet350 und der Objet260. Eine weitere Unterteilung der Drucker der Production-Serie findet sich in den

---

[284] Vgl. Stratasys Ltd. (2014) Objet1000 3D Printer System, S. 177
[285] Vgl. König, W./Klocke, F. (2015) Fertigungsverfahren, S. 139-140
[286] Vgl. Gebhardt, A. (2013) Generative Fertigungsverfahren, S. 57-58

Begriffen Connex1, 2 und 3. Die primären Unterschiede bestehen in der Verfügbarkeit und Verarbeitbarkeit der Materialien (vgl. Kapitel 2.8).[287] Nachstehende Tabelle fasst die primären Unterschiede zusammen:

Tabelle 2-6: Unterschiede der Connex-Familie[288]

Connex	• Verwendung von maximal zwei Materialien zur selben Zeit • Generierung digitaler Materialien aus zwei Materialien möglich
Connex1	• Verwendung von bis zu drei Materialien zur selben Zeit • Generierung digitaler Materialien aus zwei Materialien möglich
Connex2	• Verarbeitung von digitalen Materialien mit einem weiteren Grundmaterial in einem Bauteil
Connex3	• Kombinierung von drei Grundmaterialien zu einem digitalen Material • Verfügbarkeit der Materialien VeroYellow, VeroCyan und VeroMagenta.

2.7.2 Technische Daten des Objet500 Connex2

Für diese Arbeit steht ein Drucker der Connex Baureihe zur Verfügung. Die genaue Bezeichnung lautet Objet500 Connex2 und ist im primären auf den Bauraum zurückzuführen. Dieser Drucker ist der zweitgrößte Drucker der Firma Stratasys. Der größte Drucker ist der Objet1000, welcher ein Bauvolumen von 1000 mm x 800 mm x 500 mm (L x B x H) vorweist. Da beide Drucker die gleichen Druckköpfe verbaut haben und eine gleiche Parametrisierung vorweisen, ist von gleichen Ergebnissen und einer Übertragbarkeit auszugehen. In nachstehender Tabelle sind die technischen Daten des Druckers aufgeführt.

[287] Vgl. Stratasys Inc. (2015) PolyJet Materials, S. 11-13

[288] Tabelle in Anlehnung an: Stratasys Inc. (2015) PolyJet Materials, S. 12-13

Tabelle 2-7: Technische Daten des Objet500 Connex2[289]

Bauvolumen:	• 490 mm x 390 mm x 200 mm (L x B x H)
Schichtstärke:	• Horizontale Schichtstärke von 16 Mikrometer
Druckmodi:	• Digital Material (DM): 30 µm • High Quality (HQ): 16 µm • High Speed (HS): 30 µm
Auflösung:	• X-Achse: 600 dpi • Y-Achse: 600 dpi • Z-Achse: 1.600 dpi
Druckgeschwindigkeit:	• 12 mm pro Stunde und Streifen des Druckkopfs
Genauigkeit:	• 20 µm bis 85 µm für Merkmale, die kleiner als 50 mm sind; bis zu 200 µm für Modelle in Originalgröße (nur für feste Materialien, abhängig von Geometrie, Konstruktionsparametern und Modellausrichtung)
Druckköpfe:	• 8 Druckköpfe (4 für Baumaterial und 4 für Stützmaterial)
Materialkartuschen:	• vier versiegelte 3,6- oder 1,44-kg-Kartuschen • zwei Kartuschen für Stützmaterial • zwei Kartuschen für Baumaterial • Einsatz von zwei verschiedenen Modellmaterialien • Mögliches Austauschen während des Druckens
Modellmaterialien:	• Fest und lichtundurchlässig: Vero Familie • Gummiartig: TangoPlus und TangoBlackPlus • Lichtdurchlässig: VeroClear und RGD720 • Simuliertes Polypropylen (Endur)
Digitale Materialien:	• Digital ABS und Digital ABS2 • Großer Bereich an Lichtdurchlässigkeitswerten • Gummiartige Mischungen in einem Bereich von Shore-A-Härtegraden • Simulierte-Polypropylen-Materialien mit verbesserter Hitzebeständigkeit
Stützmaterial:	• Nicht toxisches, gelartiges Photopolymer SUP705
Maschinenabmessungen:	• 1.400 mm x 1.260 mm x 1.100 mm (L x B x H)
Umgebungsbedingungen:	• Temperatur 18 °C bis 22 °C • relative Luftfeuchtigkeit 30 % bis 70 %
Datenformat:	• STL-, OBJDF- und SLC-Dateien

2.7.3 Parametrisierungsmöglichkeiten des PolyJet-Verfahrens

Aus der Bedienungsoberfläche der Software können die Einstellmöglichkeiten und damit die Parametrisierung der Maschine abgeleitet werden. Eine genaue Herleitung der Einstellungsmöglichkeiten ist dem Anhang 8.3 zu entnehmen. Zu untersuchende Einstellungen bei der Fertigung eines Bauteils sind die Materialauswahl für den Druckauftrag, die Ausrichtung des Bauteiles im Bauraum, die Oberfläche *Matte* oder *Glossy*, die Supportstärke *Lite* oder *Heavy*, der Druckmodus *High Quality* oder *High Speed* und eine Nachbehandlung durch Temperieren im externen Ofen.

[289] Tabelle in Anlehnung an: Stratasys Inc. (2017) Objet500 und Objet350 Connex3a, S. 2-3

Parameter	Ausprägung
Oberflächenfinish	matte oder glossy
Ausrichtung	0° oder 90°
Support	lite oder heavy
Thermische Nachbehandlung**	keine oder Typ B nach Stratasys
Druckverfahren*	high speed oder high quality
Material	Digital ABS Ivory, VeroGray, Rigur, RGD720

*) Nur für Digital ABS Ivory
**) Nur für VeroGray, Rigur, RGD720

Abbildung 2-25: Einstellparameter und deren Ausprägungen

Die nachträgliche Behandlung des Temperierens ist allerdings nur mit den Materialien High-Temperature (RGD525) und Digital ABS möglich. Durch diese Wärmebehandlung soll das Verhalten bei thermischen Beanspruchungen verbessert werden. Um die Temperierung durchzuführen, müssen in einem Ofen für das Material High-Temperature folgende Verfahrensvorschriften von Stratasys eingehalten werden. Zunächst wird das Bauteil in 25 Minuten auf 250 °C bis 300 °C aufgeheizt, um es anschließend vier Minuten bei maximaler Hitze im Ofen zu belassen. In einem letzten Schritt wird es bei Umgebungstemperatur abgekühlt.[290]

Für Digital ABS muss nach Herstellervorschrift eine komplexere Temperaturkurve abgefahren werden, die in Abbildung 2-26 dargestellt ist. Hier wird das Material lediglich auf maximal 100 °C aufgeheizt, verbleibt dafür aber länger im Ofen und wird mit verschiedenen Temperaturen in einer Rampenfunktion abgefahren[291].

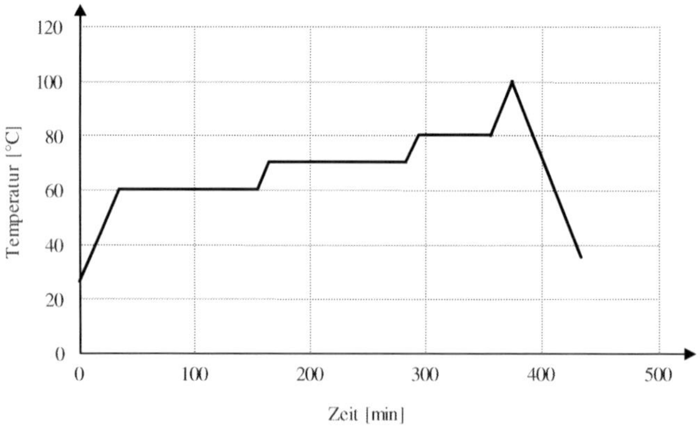

Abbildung 2-26: Temperaturverlauf der thermischen Nachbehandlung[292]

[290] Vgl. Stratasys Inc. (2013) Guide to Basic Post Process Applications, S. 17
[291] Vgl. Stratasys Inc. (2015) PolyJet Best Practice, S. 1-6
[292] Darstellung in Anlehnung an: Stratasys Inc. (2015) PolyJet Best Practice, S. 5

2.8 Materialien für das PolyJet-Verfahren

Werkstoffe, die in den 3D-Druck-Anlagen verarbeitet werden, werden zum größten Teil von den Anlagenherstellern selbst, meist in Kooperationen mit Subunternehmen, entwickelt und vorgegeben. Allerdings ist abhängig vom 3D-Druck-Verfahren festzustellen, dass sich der Markt hin zu Drittanbietern öffnet.[293] Für das PolyJet-Verfahren der Firma Stratasys ist Stratasys der einzige Materiallieferant und bietet 22 mögliche Grundharze an. Von diesen Grundharzen können abhängig vom Maschinentyp und dem Material selber zwei bis drei Materialien miteinander vermischt werden[294]. Dadurch können insgesamt 450 verschiedene Materialien, die sich in Farbton, Transparenz, Steifigkeit, Härte, Flexibilität und Zugfestigkeit unterscheiden, hergestellt werden[295]. Die Härte kann dabei beispielsweise von gummiartig bis fest auf einer Shore-Härte-Skala D von 30 bis 95 variieren[296]. Bei dem in dieser Arbeit eingesetzten Drucker (Objet 500 Connex2) können 140 verschiedene Materialien inklusive Digital ABS und 14 verschiedene Farben in einem Bauteil verdruckt werden[297].

2.8.1 Druckerspezifische Materialien und Familien

Die von Stratasys eingesetzten Materialien sind Fotopolymere und gehören zur Gruppe der Duroplaste[298]. Stratasys teilt die Materialien anhand der unterschiedlichen Eigenschaften in folgende Gruppen ein:

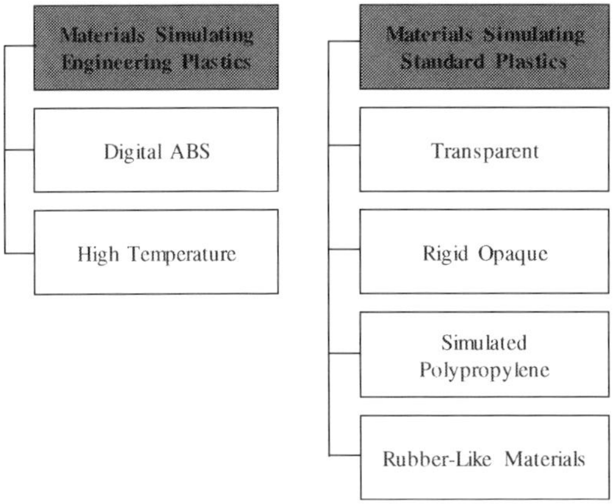

Abbildung 2-27: Einteilung der Materialgruppen von Stratasys[299]

In der Abbildung stellen die hinterlegten Kästen die drei Hauptgruppen der funktionalen Materialunterteilung mit den jeweils dazugehörigen Unterkategorien dar. Neben dieser funktionalen Einteilung

293 Vgl. Gebhardt, A. (2014) 3D-Drucken, S. 146
294 Vgl. Stratasys Inc. (2015) PolyJet Materials, S. 2
295 Vgl. Stratasys Inc. (2014) FDM and PolyJet 3D Printing, S. 4
296 Vgl. Fastermann, P. (2012) 3D-Druck/Rapid Prototyping, S. 123
297 Vgl. Stratasys Inc. (2015) PolyJet Materials, S. 12
298 Vgl. Stratasys Inc. (2015) PolyJet Materials, S. 2
299 Vgl. Stratasys Inc. (2015) PolyJet Materials, S. 5-13

werden die Materialien zudem nach gleichen Eigenschaften in Materialfamilien unterteilt.[300] Die Familien sind wiederum aus diversen Datenblättern zu entnehmen und in Abbildung 2-28 in Kapitel 2.8.2 dargestellt[301].

2.8.1.1 Material Simulating Engineering Plastics

In der Hauptgruppe Material Simulating Engineering Plastics befinden sich die fünf Materialien Digital ABS Ivory, Digital ABS Green, Digital ABS2 Ivory, Digital ABS2 Green und High Temperature[302]. Der Unterschied zwischen Digital ABS Ivory und Digital ABS Green liegt lediglich in der Farbe. Selbiges gilt auch für die Kategorie ABS2. Bei ABS2 handelt es sich um eine leichte Modifikation des ABS Materials, welches Unterschiede in der Festigkeit von Konstruktionen und Wandstärken kleiner als 1,2 mm verdrucken kann.[303] Stratasys widmet dieser Hauptgruppe Anwendungen für das Functional Testing, Manufacturing und Prototype Tooling[304]. Digital ABS2 eignet sich zudem für Bauteile, die sehr feine Konstruktionsmerkmale oder dünne Wandstärken aufweisen[305]. Mit den von Stratasys angegebenen Wertebereichen für Strukturfestigkeiten, Zähigkeiten und Wärmebeständigkeiten erreicht das gedruckte ABS die Werte herkömmlicher ABS Kunststoffe oder liegt sogar etwas darüber[306]. Das Material High Temperature ist, wie der Name bereits vermuten lässt, das Material mit der höchsten Wärmeformbeständigkeitstemperatur. Für High Temperature werden ABS und PS mit hoher Schlagzähigkeit als Vergleichskunststoffe angegeben[307]. Wie bereits in Kapitel 2.7.3 beschrieben, ist bei diesen Materialien grundsätzlich eine thermische Nachbehandlung möglich[308].

2.8.1.2 Material Simulating Standard Plastics

In der Gruppe Materials Simulating Standard Plastics befinden sich die meisten PolyJet-Materialien. Wie in Abbildung 2-27 dargestellt, unterteilen sie sich weiter in Rigid Opaque, Transparent, Simulated Propylene und Rubber-Like. Dabei sind die Materialien der Untergruppe Rigid Opaque die meist verwendeten Materialien bei PolyJet-Druckern. In dieser Untergruppe befinden sich sieben weitere und unterschiedliche Materialien, von denen sich sechs lediglich in ihrer Farbe unterscheiden. Diese sechs Materialien sind das VeroGrey, VeroBlackPlus, VeroWhitePlus, VeroYellow, VeroCyan und VeroMagenta.[309] Zu beachten ist, dass die Materialien VeroYellow, VeroCyan und VeroMagenta nur auf Druckern der Connex3 Baureihe zur Verfügung stehen. Neben diesen sechs Materialien ist das siebte VeroBlue. Die Materialeigenschaften von VeroBlue weichen gegenüber den anderen Vero-Materialien zu sehr ab, um diese mit zu den anderen sechs Materialien zu zählen. Tabelle 2-8 macht die Unterschiede deutlich, die im Besonderen in den Festigkeitskennwerten liegen. Die angegebenen Werte stammen von Stratasys und wurden nach amerikanischer ASTM-Norm ermittelt.

---

300 Vgl. Stratasys Inc. (2015) PolyJet Materials, S. 2-13

301 Vgl. Stratasys Inc. (2015) PolyJet Systems and Materials, S. 1; Stratasys Inc. (2015) PolyJet Material Data Sheet, S. 1-2

302 Vgl. Stratasys Inc. (2015) PolyJet Material Data Sheet, S. 1

303 Vgl. Stratasys Inc. (2015) PolyJet Materials, S. 10

304 Vgl. Stratasys Inc. (2015) PolyJet Materials, S. 9-10

305 Vgl. Stratasys Inc. (2015) PolyJet Materials, S. 10

306 Vgl. Stratasys Inc. (2015) PolyJet Material Data Sheet, S. 1; Stratasys Inc. (2015) PolyJet Materials, S. 10

307 Vgl. Stratasys Inc. (2015) PolyJet Material Selection Guide, S. 1-2

308 Vgl. Stratasys Inc. (2015) PolyJet Best Practice, S. 1-6

309 Vgl. Stratasys Inc. (2015) PolyJet Materials, S. 4

Tabelle 2-8: Herstellerangaben der Materialeigenschaften der Vero-Materialien[310]

Materialeigenschaft	Vero-Materialien ohne VeroBlue und VeroClear	VeroBlue
Zugfestigkeit [MPa]	50 – 65	50 – 60
Bruchdehnung [%]	10 – 25	15 – 25
Biegefestigkeit [MPa]	75 – 110	60 – 70
Biegemodul [MPa]	2.200 – 3.200	1.900 – 2.500
Wasseraufnahme [%]	1,1 – 1,5	1,5 – 2,2
Glasübergangtemperatur [°C]	52 – 54	48 – 50
Polymerisierte Dichte [g/cm³]	1,17 – 1,18	1,18 – 1,19
Aschegehalt [%]	0,23 – 0,26 (VeroGray, VeroWhitePlus) 0,01 – 0,02 (VeroBlackPlus)	0,21 – 0,22

Typische Anwendungen für die Vero-Familie sind der Prototypen- und Modellbau sowie Gussmodelle[311].

Neben der Gruppe Rigid Opaque existieren die sogenannten Transparent-Materialien. Zu dieser Gruppe zählen zwei Materialien namens VeroClear und RGD720. Beide Materialien sind für lichtdurchlässige, transparente Anwendungen gut geeignet[312]. Dabei ist VeroClear ein Material der Vero-Familie. Die Materialeigenschaften sind dem Großteil der Vero-Familie sehr ähnlich. Der Hauptunterschied liegt in der Dichte des verdruckten Materials. Während die Vero-Familie eine Dichte von 1,17 bis 1,18 g/cm³ erreicht, weist VeroClear eine etwas höhere Dichte mit 1,18 bis 1,19 g/m³ auf.[313] VeroClear lässt sich anhand der Materialeigenschaften am ehesten mit dem herkömmlichen Kunststoff PMMA, welcher in der Umgangssprache auch als Plexiglas bekannt ist, vergleichen. Einzig die Wärmeformbeständigkeit weist beim herkömmlichen PMMA höhere Werte auf. Zudem ist VeroClear den herkömmlichen Kunststoffen PS, PC und ABS sehr ähnlich.[314]

Neben den zwei bereits beschriebenen Untergruppen ist in Abbildung 2-27 in Kapitel 2.8.1 eine weitere Untergruppe namens Simulated Polypropylene zu finden. Zu dieser Gruppe gehören zwei Materialien namens Rigur und Durus White, die die Eigenschaften halbstarr, fest und zäh aufweisen. Mit diesen Eigenschaften finden sie Anwendungen für Prototypen bei Verpackungen, Batteriegehäusen, Fahrzeugausrüstungen und Scharnieren. Beide Materialien sind weiß, wobei Durus White eher etwas milchig ist und Rigur hell weiß. Im Vergleich besitzt Rigur gegenüber Durus White eine geringere Oberflächenrauheit und eine höhere Temperaturbeständigkeit.[315] Am ehesten vergleichbar sind diese Materialien mit herkömmlichen Kunststoffen wie PP, PS und PE[316].

---

310 Tabelle in Anlehnung an: Stratasys Inc. (2015) PolyJet Material Data Sheet, S. 1-2
311 Vgl. Stratasys Inc. (2015) PolyJet Materials, S. 4
312 Vgl. Stratasys Inc. (2015) PolyJet Materials, S. 4
313 Stratasys Inc. (2015) PolyJet Material Data Sheet, S. 1
314 Vgl. Stratasys Inc. (2015) PolyJet Materials, S. 5
315 Vgl. Stratasys Inc. (2015) PolyJet Materials, S. 6
316 Vgl. Stratasys Inc. (2015) PolyJet Material Selection Guide, S. 1

Die letzten Materialien der Gruppe Simulating Standard Plastics werden den Rubber-Like zugeordnet. Hier finden sich insgesamt die folgenden vier Materialien TangoGray, TangoBlack, TangoBlack-Plus und TangoPlus[317]. Diese Materialien simulieren elastische gummiartige Eigenschaften und variieren in der Shore-Härte D zwischen 27 und 75. Die Eigenschaften reichen von weichen Gummibändern bis hin zu Reifen oder Schuhsohlen. Anwendungen finden sich daher in den Bereichen Griffe, Dichtungen, Schläuche oder Ummantelungen.[318]

2.8.1.3 Bio-compatible and Dental Materials

In der letzten Hauptgruppe befinden sich Materialien, die besonders für medizinische oder biokompatible Anwendungen gedacht sind. Die Kunststoffe müssen besondere Eigenschaften im Bereich der Lebensmittelechtheit und Resistenz gegenüber chemischen Produkten aufweisen.[319] Aus diesem Grund fallen diese Materialien aus der Betrachtung der hier vorliegenden Arbeit.

2.8.2 Auswahl von Materialien für den Druck von Werkzeugen

Um den Versuchsplan sinnvoll zu gestalten und keine Materialien mit gleichen Eigenschaften zu prüfen, wird eine Auswahl an Materialien getroffen. Stratasys bietet Materialien, die gleichen Materialfamilien angehören, sich aber in der Farbe unterscheiden. Somit sind die Materialeigenschaften gleich, die Farbe aber unterschiedlich. Die Auswahl und Eingrenzung beginnt mit den Materialien, die generell auf dem verfügbaren Drucker gedruckt werden können. Da fast alle Materialien druckbar sind, wird eine weitere Einschränkung und Auswahl aufgrund der Datenblätter von Stratasys vorgenommen. In einem zweiten Schritt wird das Datenblatt über die Werkstoffkennwerte von Stratasys herangezogen[320]. Hieraus geht unter anderem hervor, welche Eigenschaften die Materialien im Vergleich in der Zugfestigkeit, dem Elastizitätsmodul, der Wärmeformbeständigkeit und der Shore-Härte-D aufweisen. Die genannten Kennwerte für die druckbaren Materialien wurden hierfür durch eine Mittelwertbildung in einem Wertebereich direkt miteinander verglichen. Somit kann aus jeder Materialfamilie das Material mit den besten Kennwerten ausgewählt werden. Die Auswahl begrenzt sich dadurch weiter auf die Materialien Digital ABS Ivory, VeroGray, TangoGray, RGD720, Rigur, RGD525 und MED610. In einem letzten Schritt kann mit dem Material Selection Guide von Stratasys eine weitere Eingrenzung vorgenommen werden. Der Material Selection Guide von Stratasys stellt in einem Bewertungssystem dar, welche Materialien für die unterschiedlichen Anwendungen gut geeignet sind[321]. Dabei werden die in Kapitel 2.3 aufgezeigten Anforderungen der Werkzeuge und Prozesse zugrunde gelegt. Im Material Selection Guide wird beispielsweise das Material Digital ABS für den Werkzeugbau empfohlen, gefolgt von VeroGray (Rigid Opaque), RGD720 (Transparent Rigid) und Rigur. Das hitzebeständige RGD525 sowie das gummiartige TangoGray eignen sich im Vergleich zu den anderen Materialien am wenigsten für den Werkzeugbau, weshalb sie im Rahmen dieser Arbeit keine weitere Betrachtung finden. Darüber hinaus wird

[317] Vgl. Stratasys Inc. (2015) PolyJet Materials, S. 7
[318] Vgl. Stratasys Inc. (2015) PolyJet Materials, S. 7
[319] Vgl. Stratasys Inc. (2015) PolyJet Materials, S. 8
[320] Vgl. Stratasys Inc. (2015) PolyJet Materials, S. 1-2
[321] Vgl. Stratasys Inc. (2015) PolyJet Material Selection Guide, S. 1-2

MED610 als Material nicht weiter betrachtet, da es hauptsächlich für medizinische und zahnmedizinische Anwendungen genutzt wird.[322] Abbildung 2-28 zeigt zusammengefasst die Auswahl der zu prüfenden Materialien mit der Begründung, warum andere mögliche Materialien ausgeschlossen sind. Die zu prüfenden Materialien sind Digital ABS Ivory, RGD720, VeroGray und Rigur.

Bioverträgliche und zahnmedizinische Kunststoffe		Technische Kunststoffe		Standardkunststoffe			
Bioverträglich	Zahnmedizinisches Material	Digital ABS Material	Hitzebeständig	Transparent	Fest, blickdicht	Simuliertes Polypropylen	Gummiartig
MED610	VeroDent	Digital ABS Ivory	RGD525[E]	RGD720	VeroGray	Durus	TangoPlus[D]
	VeroDent Plus	Digital ABS Green[A]		VeroClear[B]	VeroBlack Plus[B]	Rigur	TangoBlack[D]
	VeroGlaze	Digital ABS2 Ivory[A]			VeroPure-White[B]		TangoGray[D]
		Digital ABS2 Green[A]			VeroWhite Plus[B]		TangoBlack Plus[D]
					VeroYellow[B]		
					VeroCyan[B]		
					VeroMagenta[B]		
					VeroBlue[C]		

☒ = nicht verfügbar auf Objet500
▒ = ausgeschlossen
A = gleiche Eigenschaften wie Digital ABS Ivory
B = gleiche Eigenschaften wie VeroGray
C = schlechtere mech. Eigenschaften als VeroGray
D = unzureichende mech. Eigenschaften
E = schlechtere Bewertung als Digital ABS im PolyJet Material Selection Guide

Abbildung 2-28: Auswahl der Versuchsmaterialien nach Ausschlusskriterien[323] [324]

Im Vergleich zu anderen additiven kunststoffbasierten Verfahren ist festzuhalten, dass die durch das PolyJet-Verfahren erzeugten Kunststoffe über einen längeren Zeitraum nur sehr wenig Wasser aufnehmen[325]. Diese Eigenschaft qualifiziert die PolyJet-Materialien speziell für den Bereich des Werkzeugbaus mit Kühlkanälen für Flüssigkeiten. Generell eignen sich die Materialien Digital ABS und die Materialien aus der Vero-Familie am besten für Werkzeuge[326]. Im Formenbau und bei komplexen Geometrien eignet sich besonders das Digital ABS[327]. Stratasys hat dieses speziell für den Einsatz technischer ABS Kunststoffe entwickelt, die besonders in der Automobil- und Elektroindustrie ihre Anwendungen finden[328].

2.9 Herstellerbeschränkungen

Beim PolyJet-Verfahren gilt es zu beachten, dass das Verfahren an sich ein völlig geschlossenes System darstellt. Dem Anwender wird eine gewisse Parametrisierungsvielfalt am Drucker ermöglicht, allerdings ist ein Eingreifen in die Software der Maschine oder gar ein eigenständiges Programmieren

---

[322] Vgl. Stratasys Inc. (2016) Clear Bio-compatible, S. 1; Stratasys Inc. (2015) PolyJet Material Selection Guide, S. 1-2; Stratasys Inc. (2015) PolyJet Material Data Sheet, S. 2-8

[323] Darstellung in Anlehnung einer Vorveröffentlichung: Kampker, A./Kreisköther, K./et al. (2017) Material and Parameter Analysis of the PolyJet Process, S. 1247

[324] Vgl. Stratasys Inc. (2015) PolyJet Material Selection Guide, S. 1-2; Stratasys Inc. (2015) PolyJet Materials, S. 1-2

[325] Vgl. Eichmann, M. (2007) PolyJet-Technologie, S. 5

[326] Vgl. Dorothee Quitter (2013) 3D-Druck, S. 3

[327] Vgl. Tábi, T./Kovács, N./et al. (2015) Comparison of thermal, mechanical and thermomechanical properties, S. 355; Dorothee Quitter (2013) 3D-Druck, S. 3

[328] Vgl. alphacam GmbH (2016) Spritzgusswerkzeug aus dem 3D-Drucker, S. 1; Grote, K.-H./Feldhusen, J. (2007) Dubbel, S. E70

nicht möglich. Außerdem kann beim gestarteten Druckprozess nicht in diesen eingegriffen werden. Der Druckprozess kann lediglich gestoppt, weitergeführt oder abgebrochen werden. Über die Fahrgeschwindigkeiten der Druckachsen, den Materialdurchfluss an den Düsen und weitere Prozessparameter erhält der Anwender ebenfalls keine Informationen. Dieser kann lediglich die von der Software vorgegebenen Informationen auslesen.

Zudem können ausschließlich Materialkartuschen vom Hersteller selber bezogen werden. Ändert der Hersteller die Software oder die Zusammensetzung des Materials, so ist der Einfluss auf die hier vorgenommene Untersuchung zunächst nicht absehbar. Ebenso können Chargenunterschiede bei der Herstellung der Materialien auftreten. Die Materialien können mithilfe der chemischen Zusammensetzungen der Fotopolymere auf weitere Fotopolymere übertragen sowie mit konventionellen Standardkunststoffen dennoch verglichen werden. Stratasys gibt nicht die gesamte Zusammensetzung der Fotopolymere an und behält bestimmte Anteile der Zusammensetzung als Geschäftsgeheimnis zurück. Tabelle 2-9 gibt beispielsweise Aufschluss über die Zusammensetzung der in dieser Arbeit untersuchten Materialien RGD720, Rigur und VeroGray.

Tabelle 2-9: Zusammensetzung RGD720; Rigur; VeroGray[329]

RGD720	RGD450, Rigur	RGD850 VeroGray
< 30 %: Proprietary	< 45 %: Acrylatmonomer	< 30 %: Proprietary
< 30 %: Geschäftsgeheimnis	< 30 %: Acrylatmonomer	< 30 %: Exo-1,7,7-Trimethyl bicyclo[2.2.1]hept-2-ylacrylat
< 30 %: Exo-1,7,7Trimethylbicyclo [2.2.1]hept-2-ylacrylat	< 25 %: Acrylatoligomer	< 20 %: Geschäftsgeheimnis
< 20 %: Geschäftsgeheimnis	< 5 %: Exo-1,7,7Trimethylbicyclo [2.2.1]hept-2-ylacrylat	< 10 %: (Octahydro-4,7-methano-1Hindendiyl)bis(methylen)diacrylat
< 10 %: Geschäftsgeheimnis	< 3 %: Photoinitiator	< 10 %: Geschäftsgeheimnis
< 5 %: Geschäftsgeheimnis	< 2 %: Photoinitiator	< 5 %: Geschäftsgeheimnis
< 5 %: Geschäftsgeheimnis	< 0.8 % Titandioxid	< 1 %: Titandioxid
< 1 %: Geschäftsgeheimnis		< 1 %: Geschäftsgeheimnis
< 0,1 %: Geschäftsgeheimnis		< 0.1 % Industrieruße

Teilweise werden übergeordnete Bezeichnungen wie Acrylmonomer genutzt, teilweise die Angabe als Geschäftsgeheimnis deklariert. Allerdings sind bei einigen der nicht weiter spezifizierten Stoffen die REACH-Registrierungsnummern* angegeben. So enthalten alle drei Polymere das Polymer mit der Registrierungsnummer 01-0000016491-73-0000, dessen Zusammensetzung wiederum bekannt ist. Mit den genauen Zusammensetzungen der Materialien von Stratasys können über ein weiteres Design of Experiments die Zusammenhänge zwischen den Materialkennwerten und den Mengenanteilen der jeweiligen Bestandteile der Materialien ermittelt werden. Somit können weitere Materialien, basierend auf ihrer chemischen Zusammensetzung, klassifiziert werden. Es ist also möglich, durch eine weitere Methode die Wirkungszusammenhänge der verdruckten Materialien auf deren Bestandteile zu übertragen und die

329 Vgl. Stratasys Inc. (2016) Safety Data Sheet, S. 2-5; Stratasys Inc. (2016) Sicherheitsdatenblatt a, S. 2-9; Stratasys Inc. (2016) Sicherheitsdatenblatt b, S. 2-9

* **REACH** ist die Europäische Chemikalienverordnung zur Registrierung, Bewertung, Zulassung und Beschränkung chemischer Stoffe. Sie ist seit 2007 in Kraft und soll ein hohes Schutzniveau für die menschliche Gesundheit und die Umwelt sicherstellen.

Einflüsse der Bestandteile zu untersuchen. Werden Materialien der Firma Stratasys nur leicht modifiziert, so kann eine Statistische Versuchsplanung mit einem teilfaktoriellen optimalen Versuchsplan sinnvoll sein. Mit einem solchen Versuchsplan ist es möglich, mit geringem Zeit- und Kostenaufwand die in dieser Arbeit ermittelten Zusammenhänge zu bestätigen.

2.10 Handlungsbedarf aus der Praxis

Der formgebende Werkzeugbau beinhaltet eine große Anzahl an unterschiedlichen Verfahren. Dabei stellt jedes Verfahren komplexe Anforderungen an seine Werkzeuge. Auf der anderen Seite gibt es eine ebenso große Anzahl an unterschiedlichen Generativen Fertigungsverfahren. Jedes Verfahren hat spezielle Eigenschaften sowie Vor- und Nachteile. Um Werkzeuge mittels Generativer Fertigungsverfahren herstellen zu können, müssen die Anforderungen des Anwenderspektrums und der Werkzeuge selber verstanden sein. Nur mithilfe der Anforderungen ist es möglich, die Generativen Fertigungsverfahren hinsichtlich ihrer Eignung zu untersuchen. In dem hier vorliegenden Kapitel wurde ein Generatives Fertigungsverfahren für den Formwerkzeugbau gewählt. Auf dieser Basis ist es möglich, spezielle Eigenschaften des PolyJet-Verfahrens abzuleiten. Eine große Herausforderung der Generativen Fertigungsverfahren ist, dass zwar viele Produkte hergestellt werden, ihre genauen mechanischen Eigenschaften aber nur teilweise bekannt sind. Zudem werden diese Eigenschaften zumeist nur in einer Zahlenwertspanne und ohne die entsprechende Parametrisierung angegeben. Die Parametrisierung beeinflusst die mechanischen Eigenschaften des erzeugten Produktes allerdings maßgeblich. Damit Werkzeuge mit anforderungsgerechten mechanischen Eigenschaften hergestellt werden können, müssen die Wirkungszusammenhänge untersucht werden.

Experten des Werkzeugbaus geben an, dass Generative Fertigungsverfahren grundsätzlich für die Herstellung von Werkzeugen geeignet sind. Allerdings wird ebenso bestätigt, dass hier ein großes Forschungsdefizit vorherrscht.[330] Experten der Generativen Fertigungsverfahren bestätigen, dass es möglich ist, Werkzeuge zu drucken und zu verwenden. Allerdings sind hier die Herstellungsbedingungen und deren Wirkungszusammenhänge kaum bekannt. Somit existieren zwei Expertenbranchen, die das entsprechende Potenzial erkannt haben, dieses aber nur bei vereinzelten Beispielen zeigen konnten. Die hier vorliegende Arbeit soll einen grundlegenden Beitrag für die Eignung und Weiterentwicklung des PolyJet-Verfahrens für den Formwerkzeugbau leisten. Die erlangten Erkenntnisse werden transparent und für beide Expertenbranchen zugänglich aufbereitet, sodass Weiterentwicklungen möglich sind. Eine Kernherausforderung ist, die Wirkungszusammenhänge der Generativen Fertigungsverfahren hinsichtlich der Anforderungen aus dem Formwerkzeugbau zu verstehen. Hierzu muss ein systematisches Vorgehen erfolgen und es müssen Versuche mit geeigneten Versuchsmethoden durchgeführt werden. Nur mit einer umfassenden Untersuchung sind aussagekräftige Wirkungszusammenhänge erkennbar.

---

330 Vgl. Vorveröffentlichung: Kampker, A./Kreisköther, K./et al. (2017) Material and Parameter Analysis of the PolyJet Process, S. 1245

3 Stand der Forschung

Werkzeuge für den Formwerkzeugbau werden bereits heute häufig eingesetzt. Das Herstellen von Werkzeugen mittels Generativer Fertigungsverfahren wird allerdings nur in einigen wenigen Fällen erprobt und beschrieben. Aus diesem Grund werden die bestehenden Theorie- und Forschungsansätze hinsichtlich ihrer Eignung für die zugrunde liegenden Forschungsfragen näher betrachtet und bewertet.

3.1 Handlungsbedarf aus der Theorie

Ein Blick in die Fachliteratur zum Thema Werkzeugherstellung von Formwerkzeugen, Verarbeitung von Kunststoffen mit generativ gefertigten Werkzeugen sowie der Materialcharakterisierung des PolyJet-Verfahrens soll klären, ob die Wirkungszusammenhänge zwischen den Anforderungen der Formwerkzeuge und den Parametrisierungsmöglichkeiten der Generativen Fertigungsverfahren bereits betrachtet wurden und welche Zusammenhänge bestehen. Dabei werden Fachwerke aus allen drei Bereichen betrachtet und zusammenfassend bewertet.

3.1.1 Werkzeugherstellung von Formwerkzeugen

Die Herstellung von konventionellen Formwerkzeugen mittels ur- und umformenden Prozessen wird in Literaturwerken von KUTZ, MENNIG, SCHWARZMANN, und KLOCKE beschrieben. KUTZ widmet sich vor allem im dritten Kapitel speziell der Kunststoffverarbeitung mittels Gießen, Spritzgießen, Thermoformen, Blasformen, Extrudieren und weiteren. Der Fokus liegt dabei auf der Prozessführung der einzelnen Verfahren. Zusätzlich werden Details wie das Fließverhalten im Schneckenantrieb einer Spritzgussmaschine betrachtet. Somit hilft dieses Literaturwerk zum Prozessverständnis der einzelnen ur- und umformenden Fertigungsverfahren sowie deren Anforderungen während der Prozessführung, allerdings wird kein Zusammenhang zu Generativen Fertigungsverfahren hergestellt. Zudem werden nur bedingt konkrete Anforderungen an Werkzeuge formuliert.[331] Im Werk von MENNIG werden ebenfalls die geläufigen Verfahren des Werkzeugbaus inkl. die des Formwerkzeugbaus betrachtet. MENNIG betrachtet anders als KUTZ allerdings ebenfalls die Werkzeuge in einem sehr hohen Detaillierungsgrad. Bereits in Kapitel eins wird die Herstellung der Werkzeuge für die unterschiedlichen Verfahren des Werkzeugbaus wie dem Spritzgießen, Thermoformen, Blasformen und weitere im Detail beschrieben. Beispielsweise werden beim Thermoformen im Detail die erforderlichen Radien am Werkzeug sowie Oberflächenrauheiten, Materialstärken, Bohrungsdurchmesser für Vakuumkanäle und weitere beschrieben[332]. In einem weiteren zweiten Kapitel beschreibt MENNIG die Konstruktion solcher Werkzeuge[333]. Das Literaturwerk von MENNIG definiert somit sehr detailliert Anforderungen von Werkzeugen an die Herstellung solcher. Lediglich in einem kurzen Unterkapitel wird die Möglichkeit des Rapid Tooling, also der Einsatz Generativer Fertigungsverfahren erwähnt. In diesem Unterkapitel wird das Prinzip der Generativen Fertigung erläutert sowie zwei Beispiele für gedruckte Werkzeuge angeführt. Eine eingehende Betrachtung

331 Vgl. Kutz, M. (2011) Applied Plastics Engineering, S. 193-416
332 Vgl. Mennig, G./Stoeckhert, K. (2013) Mold-making, S. 145-155
333 Vgl. Mennig, G./Stoeckhert, K. (2013) Mold-making, S. 301-420

der Wirkungszusammenhänge zwischen den Anforderungen der Werkzeuge an die Generativen Fertigungsverfahren bleibt jedoch aus.[334] SCHWARZMANN ist ein Spezialist im Bereich des Thermoformens. In seiner Litertur werden die exakte Prozessführung sowie die Technologie des Thermoformens erläutert. Zusätzlich gibt er eine Übersicht über das Verhalten thermoplastischer Kunststoffe beim Thermoformen.[335] Ähnlich wie bei KUTZ wird hier keinerlei Zusammenhang oder Bezug zu Generativen Fertigungsverfahren hergestellt. KLOCKE hat eine Reihe mit fünf Bänden zum Thema Fertigungsverfahren veröffentlicht. In den ersten drei Bänden werden Themen wie Drehen, Fräsen, Schleifen, Honen und Abtragen sowie Lasermaterialbearbeitungen betrachtet. Im vierten Band erläutert KLOCKE die umformenenden Verfahren im Detail. Erst in seinem letzten Band fünf wird das additive Manufacturing als neue Technologie im Werkzeugbau betrachtet. Ähnlich wie im Werk von MENNIG erläutert auch KLOCKE die geläufigsten Generativen Fertigungsverfahren. Ab Kapitel 5.4 geht KLOCKE auf die Einbindung der Generativen Fertigungsverfahren in die Fertigung ein. Hier erläutert er, wie Generative Fertigungsverfahren zum Beispiel als Werkzeug genutzt werden können. So stellt er heraus, dass „[...] verfahrenstechnische Eigenheiten von Generativen Fertigungsverfahren dann besonders zum Tragen kommen, wenn komplexe Geometrien mit Hinterschneidungen, Gitterstrukturen oder Bauteile mit Funktionsintegration hergestellt werden sollen.“[336] Wie in dieser Arbeit einleitend motiviert unterstreicht KLOCKE die technologischen sowie betriebswirtschaftlichen Vorteile wie kürzere Durchlaufzeiten[337]. Somit zeigt KLOCKE die Potenziale Generativer Fertigungsverfahren im Formwerkzeugbau, betrachtet allerdings keine spezifischen Zusammenhänge zwischen dem Formwerkzeugbau und den Generativen Fertigungsverfahren.

Die Betrachtung der Literatur zur Werkzeugherstellung im Formwerkzeugbau hat gezeigt, dass die Anforderungen die Werkzeuge stellen, im Detail betrachtet und verstanden sind. Eine Verbindung dieser Anforderungen zu Generativen Fertigungsverfahren ist allerdings nicht betrachtet. Es werden in neueren Werken lediglich die Verfahrensprinzipien der Generativen Fertigungsverfahren vorgestellt und das zukünftige Potenzial dargestellt.

3.1.2 Verarbeitung von Kunststoffen mit generativ gefertigten Werkzeugen

In diesem Unterkapitel werden speziell Anwendungsfelder Generativer Fertigungsverfahren betrachtet und untersucht, ob bereits in einigen Anwendungsfällen eine genaue Parametrisierung der Generativen Fertigungsverfahren vorgenommen wurde. BREUNINGER gibt in seinem Werk „Generative Fertigung mit Kunststoffen“ einen guten Einblick in diese Thematik. Zunächst werden auch hier die Grundlagen Generativer Fertigungsverfahren in einem ersten und zweiten Kapitel erläutert, bevor in Kapitel drei auf die Produktentwicklung für generativ hergestellte Produkte eingegangen wird. In einem letzten Kapitel vier werden Anwendungsbeispiele vorgestellt. Im dritten Kapitel betrachtet BREUNINGER die Konstruktion und das Design generativ hergestellter Produkte. Er sagt, dass „Leitfäden und Richtlinien zur fertigungsgerechten Konstruktion momentan nur auf klassische Fertigungsverfahren ausgelegt sind, also zum Beispiel spanende, urformende und umformende Fertigung“.[338] Im Weiteren beschreibt BREUNINGER wie mittels Generativer Fertigungsverfahren die Produktentwicklung schneller gestaltet

---

[334] Vgl. Mennig, G./Stoeckhert, K. (2013) Mold-making, S. 582-606
[335] Vgl. Schwarzmann, P. (2008) Thermoformen, S. 5-64
[336] König, W./Klocke, F. (2015) Fertigungsverfahren, S. 163
[337] Vgl. König, W./Klocke, F. (2015) Fertigungsverfahren, S. 166
[338] Breuninger, J./Becker, R. et al. (2013) Generative Fertigung mit Kunststoffen, S. 113

werden kann und wie Generative Fertigungsverfahren zum Einsatz kommen können.[339] Im letzten Kapitel werden einige Anwendungen sehr detailliert erläutert. Allerdings ist auch in diesem Literaturwerk festzustellen, dass keinerlei Informationen über die Wirkungszusammenhänge zwischen den Anforderungen der Werkzeuge und die Parametrisierung der Generativen Fertigungsverfahren gegeben wird. Zwar werden auch an den Anwendungsbeispielen die Potenziale der Generativen Fertigungsverfahren verdeutlicht, allerdings ohne Informationen über die eigentliche Herstellung der Bauteile.[340] GIBSON, GEBHARDT und CHUA sind klassische Werke, die die Vielfalt Generativer Fertigungsverfahren darstellen und Verfahrensprinzipien erläutern. GIBSON erläutert ähnlich wie BREUNINGER in seinem elften Kapitel Designrichtlinien für generativ hergestellte Bauteile.[341] GIBSON geht noch einen Schritt weiter als GEBHARDT und CHUA und beschreibt eine Art Anleitung, wie das richtige Generative Fertigungsverfahren gewählt werden kann. Diese Anleitung bleibt allerdings auf einem sehr oberflächlichen Niveau und verknüpft die Auswahl nicht mit Anwendungen wie beispielsweise dem Werkzeugbau. Es werden vielmehr die Bauzeit, Bauraum und weitere Größen des Druckers betrachtet.[342] HOPKINS geht in seinem Werk „Rapid Manufacturing" neben den allgemeinen Erläuterungen zu Generativen Fertigungsverfahren auf den Einfluss von Kunde und Produkt ein. Hier wird unter anderem zwischen funktionalen, umwelttechnischen und ergonomischen Anforderungen sowie spezifischen Kundenanforderungen untergliedert. In der Beschreibung werden aber nur generelle übergeordnete Fragen formuliert und diese auch nicht mit den spezifischen Generativen Fertigungsverfahren verknüpft.[343] Hinzu kommt, dass der Fokus auf dem Bereich des Rapid Manufacturing liegt und nicht speziell auf dem des Rapid Tooling. Somit schneidet auch HOPKINS die relevanten Themengebiete an, ohne aber konkrete Untersuchungen und Zusammenhänge herauszustellen. GEBHARDT hingegen geht auf den für diese Arbeit relevanten Werkzeugbau (Rapid Tooling, Direct Tooling) ein und stellt die Generativen Fertigungsverfahren in diesem Zusammenhang detailliert mit ihren Vor- und Nachteilen vor, bleibt allerdings auch eher auf einer übergeordneten Ebene.[344] Dennoch widmet sich GEBHARDT in einem fünften Kapitel der Rubrik des Rapid Tooling und stellt die Eigenschaften generativ gefertigter Werkzeuge vor[345]. Zudem unterstreicht er den in dieser Arbeit verfolgten Einsatz, die TTM zu senken. So schreibt er: „mit der generativen Herstellung von Werkzeugen und Werkzeugeinsätzen werden vor allem die Ziele verknüpft, den Herstellprozess zu beschleunigen [...]"[346] Im Folgenden stellt GEBHARDT einige Beispiele aus dem Bereich des Formwerkzeugbaus vor, geht allerdings auch nicht auf die Wirkungszusammenhänge und die Parametrisierung der Drucker ein.

Die Betrachtung der Fachliteratur aus dem Bereich der Generativen Fertigungsverfahren mit speziellem Bezug zum Werkzeugbau zeigt auch, dass keine hinreichenden Untersuchungen zu den speziellen Anforderungen aus dem Werkzeugbau und zur Parametrisierung der Drucker durchgeführt wurden. Aus diesem Grund wird in einer letzten Lieteraturrecherche der Fokus speziell auf Materialien und die charakteristischen Eigenschaften des PolyJet-Verfahrens gelegt.

---

339 Vgl. Breuninger, J./Becker, R. et al. (2013) Generative Fertigung mit Kunststoffen, S. 113-208
340 Vgl. Breuninger, J./Becker, R. et al. (2013) Generative Fertigung mit Kunststoffen, S. 211-249
341 Vgl. Gibson, I./Rosen, D. W. et al. (2010) Additive manufacturing technologies, 283-214
342 Vgl. Gibson, I./Rosen, D. W. et al. (2010) Additive manufacturing technologies, S. 317-339
343 Vgl. Dickens, P. M./Hague, R. J. M. et al. (2006) Rapid manufacturing, S. 5-18
344 Vgl. Gebhardt, A. (2013) Generative Fertigungsverfahren, S. 101-307
345 Vgl. Gebhardt, A. (2013) Generative Fertigungsverfahren, S. 378-384
346 Gebhardt, A. (2013) Generative Fertigungsverfahren, S. 378

3.1.3 Materialcharakterisierungen im PolyJet-Verfahren

In Literaturwerken wie denen von GEBHARDT, FASTERMANN, BREUNINGER und GIBSON werden zwar die Materialien, die mittels der einzelnen Generativen Fertigungsverfahren verarbeitet werden können, vorgestellt, allerdings ohne mechanische Kennwerte der jeweiligen Materialien. In der allgemeinen Fachliteratur sind generell sehr wenige bis keine Angaben über mechanische Kennwerte gegeben. Aus diesem Grund muss die Literaturrecherche weiter auf die Datenblätter und Veröffentlichungen der Druckerhersteller ausgeweitet werden. Da in dieser Arbeit das PolyJet-Verfahren von Stratasys gewählt wurde, wird der Fokus auf deren Datenblätter und Angaben gelegt. Im Speziellen wird untersucht, ob die angegebenen Werte Zusammenhänge zu den Anforderungen aus dem Werkzeugbau darstellen.

Stratasys stellt für ihre Materialien Kennwerte in den Bereichen Zugfestigkeit, Bruchdehnung, Elastizitätsmodul, Biegefestigkeit, Biegemodul, Temperaturbeständigkeit nach dem HDT-Verfahren sowie der Shore Härte D zur Verfügung. Die angegebenen Werte sind dabei stets und ausschließlich in einem größeren Wertebereich und ohne die Parametrisierung des Druckers angegeben. Somit ist zwar abzuschätzen, welche Materialien welche Werte in etwa erreichen können, allerdings gibt es keine Information, welche Werte exakt erreicht werden können und vor allem mit welcher Parametrisierung am Drucker selber.[347] Zudem ist zu beachten, dass die gemessenen Werte nach amerikanischer ASTM-Norm gemessen wurden und sich somit Unterschiede zur DIN-Norm ergeben können (vgl. Kapitel 2.9). Stratasys bietet neben den Angaben mit Wertebereichen eine weitere Auswahlhilfe an. Im „PolyJet Material Selection Guide“ sind die mechanischen Kennwerte über die unterschiedlichen Materialien aufgetragen. Diese Auswahlhilfe ist allerdings sehr quantitativ, da hier nur ein Drei-Punkte Wertesystem von gut über besser bis zu am besten angegeben wird. Zudem ist die bereitgestellte Tabelle nicht vollständig ausgefüllt.[348] Mithilfe dieser Tabelle ist es also nur möglich zu vergleichen, wie gut die Materialien die unterschiedlichen mechanischen Kennwerte erreichen können. Eine Verknüpfung zum Werkzeugbau oder einem generellen Anwenderspektrum bleibt dabei aus. In weiteren Veröffentlichungen von STRATASYS finden sich Nachbehandlungsmethoden wie die thermische Nachbehandlung im Ofen oder ein Beschichten der Bauteile.[349] Da die thermische Nachbehandlung als einzige Nachbehandlung mit genauen Verfahrensanweisungen seitens Stratasys vorgeben wird, kann diese mit in die Untersuchung einbezogen werden. Auch in diesen Veröffentlichungen finden sich keine konkreten Materialcharakteritika oder Zusammenhänge zu den Anforderungen des Werkzeugbaus.

3.2 Zusammenfassung des Handlungsbedarfs aus der Theorie

Da die Technologien des Rapid Tooling im Vergleich zu konventionellen Werkzeugfertigungsverfahren noch eine recht junge Technologie sind, bestehen in der Literatur kaum einschlägige Werke, die die Herstellung von Formwerkzeugen mit Generativen Fertigungsverfahren darstellen. Da die Defizite gleich in mehrere Fachdisziplinen fallen, müssen diese hinsichtlich vollumfänglicher Lösungsansätze betrachtet werden. Die Fachdisziplinen bestehen aus dem Werkzeugbau sowie den Parameter- und Einstellungsmöglichkeiten der ausgewählten generativen Technologie des PolyJet-Verfahrens. Die bestehende Literatur beider Fachdisziplinen beschreibt und bestätigt die Möglichkeit für den Einsatz genera-

---

[347] Vgl. Stratasys Inc. (2015) PolyJet Material Data Sheet, S. 1-2
[348] Vgl. Stratasys Inc. (2015) PolyJet Material Selection Guide, S. 1-2
[349] Vgl. Stratasys Inc. (2013) Guide to Basic Post Process Applications, S. 3-10

tiver Technologien für die Werkzeugherstellung. Allerdings gibt es keine Richtlinien oder Beschreibungen, wie die Druckerparametrisierung in Hinblick auf die mechanischen Kennwerte der Werkzeuge im Detail ausgelegt werden müssen. Es werden lediglich und nur teilweise mechanische Kennwerte für gedruckte Bauteile genannt. Die spätere Verwendung der Werkzeuge für Produkte ist dagegen hinreichend erläutert. Auch die Hersteller der PolyJet-Technologien beschreiben nur teilweise und vage mechanische Kennwerte der später gedruckten Bauteile. Eine Übersicht und Bewertung der einschlägigen Literatur im Bereich Werkzeugbau und PolyJet-Verfahren gibt Abbildung 3-1.

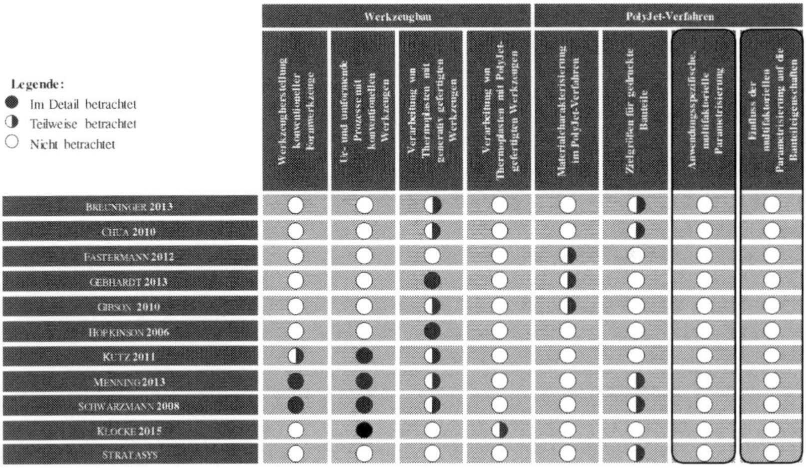

Abbildung 3-1: Bewertung bestehender Literaturansätze

Die Ansätze in der Literatur haben gezeigt, dass die konkreten Wirkungszusammenhänge zwischen den Generativen Fertigungsverfahren und der Parametrisierung der Drucker in Bezug auf die mechanischen Kennwerte und Anforderungen aus dem Formwerkzeugbau nicht verstanden sind (siehe Abbildung 3-1 schwarz umrandete Felder).

3.3 Handlungsbedarf aus Forschungsansätzen

Da die Technologie der Generativen Fertigungsverfahren noch recht jung und noch nicht im Werkzeugbau etabliert ist, spielt die forschungsseitige Betrachtung eine maßgeblichere Rolle als die einschlägige Fachliteratur. Um den Anforderungen des Werkzeugbaus gerecht zu werden, müssen verschiedene Kenngrößen und Einflüsse des PolyJet-Verfahrens untersucht werden. Um eine vollumfängliche, multifaktorielle Betrachtung des PolyJet-Verfahrens zu gewährleisten, müssen alle Bedingungen beim Druck der Werkzeuge betrachtet werden. Beispielsweise führt eine Aussage über die Oberflächenqualität in Abhängigkeit von nur einem oder zwei weiteren Faktoren zu keinem Erfolg, da auch andere Faktoren die Oberflächenqualität maßgeblich beeinflussen können. Eine solche Betrachtung ist lediglich unifaktoriell bzw. nicht vollständig. Zum Erreichen des Ziels dieser Arbeit muss eine multifaktorielle Betrachtung erfolgen. Aus diesem Grund wurden die Defizite bestehender internationaler Forschungsansätze untersucht. Der Fokus bei der Betrachtung der wissenschaftlichen Forschungsbeiträge liegt dabei auf dem PolyJet-Verfahren und darauf, ob die untersuchten Eigenschaften übertragen werden können.

Die Forschungsveröffentlichung von BARCLIFT untersucht ähnlich wie in dieser Arbeit verschiedene Einflüsse auf mechanische Eigenschaften des Bauteils mittels Statistischer Versuchsplanung. Es werden die Ausrichtung des Bauteils auf der Bauplattform des Druckers sowie der Abstand zwischen den Proben untersucht. BARCLIFT zieht allerdings nur die Zugfestigkeit sowie das Zugmodul als mechanische Kenngröße zur Auswertung heran, sodass hier eine klare unifaktorielle Auswertung vorliegt. Zudem werden die Parameter am Drucker selber nicht verändert, sondern konstant mit gleichen Parametrisierungen gedruckt. Das Ergebnis dieser Veröffentlichung weist nach, dass der Abstand der Proben im Bauraum des Druckers keinen Einfluss auf die untersuchten mechanischen Eigenschaften vorweist.[350] Eine ähnliche Forschungsveröffentlichung exisitert von MÜLLER, der ebenfalls mittels Statistischer Versuchsplanung Position und Abstand zwischen den Proben im Bauraum untersucht. In dieser Veröffentlichung wird neben der Zugfestigkeit die Oberflächenqualität auf mikroskopischer Ebene betrachtet. Das Ergebnis der Arbeit weist eine Anisotrophie der Bauteile abhängig von der Positionierung nach.[351] Diese Abhängigkeit wurde in einer weiteren Veröffentlichung von KESY anhand von einem Material nachgewiesen und bestätigt.[352] In weiteren Untersuchungen wie denen von KECHAGIAS und ITUARTE wird ebenso die Statistische Versuchsplanung zu Untersuchungszwecken angewandt. Die in den Veröffentlichungen beschriebenen Untersuchungen beziehen sich allerdings erneut nur auf einige wenige mechanische Kenngrößen wie die Rauheit oder Genauigkeit und stellen somit nur eine unifaktorielle Untersuchung dar. D.h., dass die Auswirkungen anderer Faktoren und Einstellungen nicht untersucht wurden und somit auch keine Aussagen möglich sind.[353] Der Forschungsbeitrag von ITUARTE ist besonders hervorzuheben, da hier die Anforderungen von einem konkreten Bauteil abgeleitet werden und die Zusammenhänge der Bauteilausrichtungen im Bauraum untersucht werden. Dieser Ansatz ist ähnlich wie in der hier vorliegenden Arbeit. ITUARTE betrachtet dabei nur die Ausrichtung im Bauraum und nicht die Druckerparametrisierung selber.[354] Werden die Druckeinstellungen am Drucker geändert, so ist zu vermuten, dass sich ebenfalls die Ergebnisse dieses Forschungsansatzes ändern. Weitere in Abbildung 3-2 aufgeführte Forschungsveröffentlichungen zeigen ebenso Untersuchungen im Bereich der mechanischen Eigenschaften in Verbindungen mit der Druckerparametrisierung. Wie in der Veröffentlichung von UDROIU werden allerdings auch hier nur einzelne mechanische Eigenschaften und einzelne Parametrisierungsmöglichkeiten betrachtet. UDROIU untersucht beispeilsweise die Auswirkung der Druckmodi „*Matte*“ oder „*Glossy*“ in Abhängigkeit zur mechanischen Eigenschaft der Rauheit.[355]

---

[350] Vgl. Barclift, M./Williams, C. (2015) Mechanical Properties Of Parts Manufactured, S. 876-890

[351] Vgl. Müller, J./Shea, K./et al. (2015) Mechanical properties of 3D printing, S. 902-912

[352] Vgl. KĘSY, A./KOTLIŃSKI, J. (2012) Mechanical properties, S. 37-50

[353] Kechagias, J./Iakovakis, V./et al. (2014) Surface roughness optimization, 2877-2888; Kechagias, J./Stavropoulos, P./et al. (2014) Dimensional Accuracy Optimization, S. 61-65; Vgl. Ituarte, I./Coatanea, E./et al. (2015) Additive Manufacturing in Production, S. 357-366

[354] Vgl. Ituarte, I./Coatanea, E./et al. (2015) Additive Manufacturing in Production, S. 357-366

[355] Vgl. Udroiu, R./Mihail, L. (op. 2009) Experimental determination of surface roughness, S. 283-286

3.4 Zusammenfassung des Handlungsbedarfs aus Forschungsansätzen

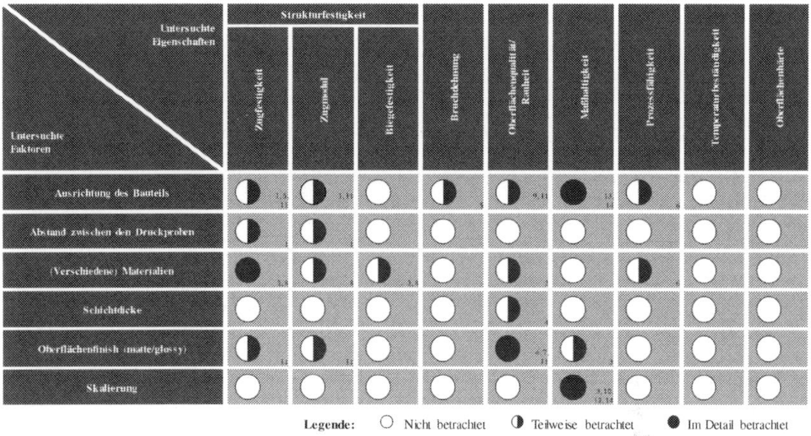

Abbildung 3-2: Bewertung bestehender Forschungsansätze[356]

Obige Abbildung zeigt die bereits betrachteten Forschungsbereiche. Zieht man die Nummerierung der einzelnen Forschungsberichte hinzu, so ist zu erkennen, dass keiner der Forschungsberichte eine multifaktorielle Betrachtung vorgenommen hat. Die Forschungsberichte zu PolyJet-Technologien weisen alle lediglich unifaktorielle Betrachtungen auf, sodass keine fundierte Aussage über multifaktorielle Zusammenhänge möglich ist. Zudem wurden diese Untersuchungen ohne das Ziel, Werkzeuge herzustellen, durchgeführt. Ebenso ist zu erkennen, dass die Bereiche Oberflächenhärte und Temperaturbeständigkeit gar nicht betrachtet sind, diese aber sehr wohl für den Formwerkzeugbau wichtig sind.

Zusammenfassend ist festzuhalten, dass die einschlägige Literatur eine klare Befähigung der generativen Technologien des Rapid Tooling für die Werkzeugherstellung ausspricht. Eine genaue Parametrisierung der Drucker zur Herstellung von Werkzeugen bleibt allerdings offen. Ebenso ist nichts über die Auswirkungen der verschiedenen Einstellmöglichkeiten am Drucker hinsichtlich der Änderungen der Materialeigenschaften bekannt. Auch im Forschungsumfeld wurden bisher nur unifaktorielle Untersuchungen durchgeführt. Diese unifaktoriellen Untersuchungen hatten zudem meistens keinen Bezug zu den Anforderungen aus dem Werkzeugbau. Aus diesem Grund ist es anzustreben, eine grundlegende und multifaktorielle Untersuchung des PolyJet-Verfahrens durchzuführen.

---

[356] Vgl. (1) Barclift, M./Williams, C. (2015) Mechanical Properties Of Parts Manufactured, 876-890; (2) Pilipović, A./Raos, P./et al. (2009) Experimental analysis, S. 105-115; (3) Kechagias, J./Stavropoulos, P./et al. (2014) Dimensional Accuracy Optimization, S. 61-65; (4) Kechagias, J./Iakovakis, V./et al. (2014) Surface roughness optimization, 2877-2888; (5) KĘSY, A./KOTLIŃSKI, J. (2012) Mechanical properties, S. 37-50; (6) Singh, R. (2011) Process capability, S. 1011-1015; (7) Udroiu, R./Mihail, L. (op. 2009) Experimental determination of surface roughness, S. 283-286; (8) Blanco, D./Fernandez, P./et al. (2014) Nonisotropic experimental characterization, S. 1876-1882; (9) Kechagias, J./Maropoulos, S. (2015) Sloped Surface Roughness, S. 150-153; (10) Brajih, T./Drstvensek, I./et al. (2006) Optimizing scale factors of the PolyJet, S. 101-106; (11) Cazon, A./Morer, P./et al. (2014) PolyJet technology for product prototyping, S. 1664-1675; (12) Kechagias, J./Giorgo, E./et al. (2015) optimization of the polyjet, S. 1-2; (13) Ituarte, I./Coatanea, E./et al. (2015) Additive Manufacturing in Production, S. 357-366; (14) Müller, J./Shea, K./et al. (2015) Mechanical properties of 3D printing, S. 902-912

4 Versuchsplanung

Nachdem in Kapitel 3 die Anforderungen aus dem formgebenden Werkzeugbau sowie die Parametrisierungsmöglichkeiten des 3D-Druck-Verfahrens identifiziert wurden, muss eine geeignete Methode zur Durchführung der Versuchsreihen gefunden werden. Die allermeisten Neu- und Weiterentwicklungen (beispielsweise Pilotversuche, Prototypenversuche, Baumusterprüfungen oder Produktionsversuchsreihen) durchlaufen einen „globalen Versuchsplan“ mit einer Vielzahl von Versuchen, um die einzelnen Versuchsschritte gezielt zu verbessern und wiederholbare Ergebnisse zu erzeugen[357]. Auch in der hier vorliegenden Arbeit müssen die komplexen multifaktoriellen Zusammenhänge erfasst und bewertet werden. Die Gestaltung und Auswertung der Versuchsreihen kann auf unterschiedliche Weise erfolgen. Grundlegend beeinflussen die Versuchsmethode und die Auswertung sowie etwaige Störgrößen maßgeblich die Ergebnisse[358]. Zunächst wird eine Übersicht über etablierte Versuchsmethoden gegeben, ehe eine dieser aufgrund der in dieser Arbeit vorliegenden Anforderungen ausgewählt und angewandt wird.

4.1 Auswahl einer geeigneten Versuchsmethodik

In der einschlägigen Literatur werden verschiedene Versuchsdurchführungsmethoden benannt. Eine erste triviale Unterteilung kann in Methoden, welche Wechselwirkungen untersuchen, und solche, die es nicht tun, stattfinden. Eine Wechselwirkung beschreibt dabei den Zusammenhang zweier Einflussgrößen.[359] Wird eine Einflussgröße geändert, so ändert sich der Einfluss der anderen Einflussgröße zwangsweise ebenso[360]. In Abbildung 4-1 sind die geläufigsten Versuchsdurchführungsmethoden, unterteilt nach der Betrachtung der Wechselwirkungen, dargestellt.

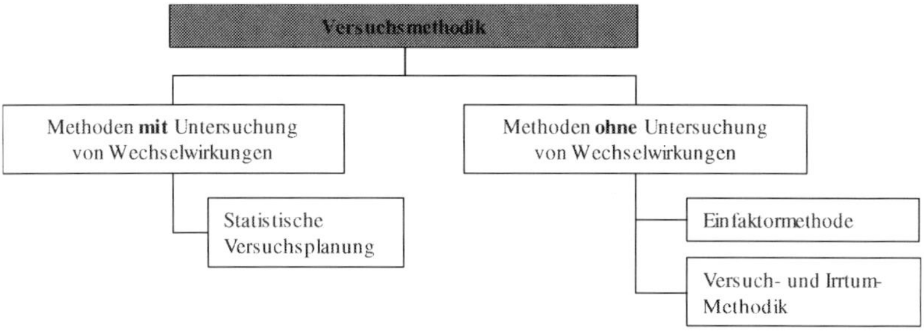

Abbildung 4-1: Einteilung von Versuchsdurchführungsmethoden

---

357 Vgl. Kleppmann, W. (2013) Versuchsplanung, S. 1
358 Vgl. Kleppmann, W. (2013) Versuchsplanung, S. 1-2
359 Vgl. Kleppmann, W. (2013) Versuchsplanung, S. 106-107
360 Vgl. Siebertz, K./van Bebber, D. et al. (2010) Statistische Versuchsplanung, S. 15-18

Untersuchung ohne Wechselwirkung

Bekannte Beispiele für Versuchsdurchführungsmethoden ohne die Untersuchung von Wechselwirkungen sind die Versuch- und Irrtum-Methodik (auch best-guess-approach oder trail-and-error) und die Einfaktromethode (auch one-factor-at-a-time-method)[361].

Bei der Versuchs- und Irrtum-Methodik werden vom Fachpersonal Lösungsansätze aufgrund des Wissenstandes festgelegt und untersucht. Erfüllt das Ergebnis nicht die Anforderungen, wird ein weiterer Lösungsansatz betrachtet und getestet. Durch diese Methode können auch Erkenntnisse gewonnen werden, ohne vorher ein genaues Ziel festzulegen. Diese Methode beinhaltet zwei primäre Schwachstellen. Zum einen sind die Lösungsansätze abhängig vom vorhergegangenen Experiment, was eine Abschätzung der benötigten Iterationsschleifen schwermacht. Zum anderen ist es ohne festgelegtes oder bekanntes Ziel nicht möglich zu wissen, ob die optimale Lösung bereits gefunden wurde.[362]

Die Einfaktormethode, die auch als one-factor-at-a-time (OFAT) Methode bezeichnet wird, stellt eine weitere Alternative für eine Untersuchung ohne Wechselwirkung dar. Bei dieser Methode wird immer nur ein Faktor verändert, während alle anderen konstant gehalten werden.[363] Dieses Vorgehen wiederholt sich für alle übrigen Faktoren. Aus diesem Grund ist dieses Verfahren für größere Versuchsreihen ungeeignet, da es zeit- und kostenintensiv ist und viele Versuche erfordert.[364] Zudem werden bei diesem Verfahren keine Wechselwirkungen zwischen den Faktoren betrachtet.

Untersuchung mit Wechselwirkung

Methoden ohne die Untersuchung von Wechselwirkungen sind zumeist für triviale Zusammenhänge und ohne eine Betrachtung von Wechselwirkungen von Interesse. Werden Wechselwirkungen mit einbezogen, so ergeben sich sehr komplexe Zusammenhänge, die nur durch eine gute Planung beherrscht werden können. Die Statistische Versuchsplanung (auch DOE = Design of Experiments) ist eine Methode zur effizienten Planung und Auswertung von ganzen Versuchsreihen[365]. Die Methode wurde 1935 durch R. A. Fischer erstmals in einem Fachbuch niedergeschrieben und setzte sich in 1980-er Jahren als Methode weltweit durch[366]. Der in dieser Arbeit vorliegende Fall muss eine Vielzahl von Faktoren berücksichtigen. Zum einen sind die Anforderungen aus dem formgebenden Werkzeugbau gesetzt. Zum anderen muss die Parametrisierung des Druckers selber beachtet werden. Vorangegangene Druckaufträge haben gezeigt, dass die Einstellungen der Parameter am Drucker das Verhalten des Bauteils (und somit die Anforderungen aus dem formgebenden Werkzeugbau) maßgeblich beeinflussen. Aus diesem Grund sind Wechselwirkungen zu beachten und die Statistische Versuchsplanung anzuwenden. Eine Untersuchung ist auch mit der One-factor-at-a-time-Methode möglich, allerdings würden die Versuche hierbei sehr viel Zeit beanspruchen und höhere Kosten verursachen. Ein kurzes Beispiel aus der Praxis soll die Wahl der Statistischen Versuchsplanung verdeutlichen.

---

[361] Vgl. Montgomery, D. C. (2001) Design and Analyses of Experiments, S. 3

[362] Vgl. Montgomery, D. C. (2001) Design and Analyses of Experiments, S. 3

[363] Vgl. Gundlach, C. (2004) Statistische Versuchsplanung, S. 33; Montgomery, D. C. (2001) Design and Analyses of Experiments, S. 3-4

[364] Vgl. Antony, J. (1998) experimental design, S. 386

[365] Vgl. Kleppmann, W. (2013) Versuchsplanung, S. 1; Siebertz, K./van Bebber, D. et al. (2010) Statistische Versuchsplanung, S. 1

[366] Vgl. Scheffler, E. (1997) Statistische Versuchsplanung und -auswertung, S. 1; Siebertz, K./van Bebber, D. et al. (2010) Statistische Versuchsplanung, S. 1

Soll eine übliche Standardabweichung erkannt werden, so sind acht Einzelversuche je Variante erforderlich. Angenommen es werden zwei Maschinen betrachtet, so müssen bereits 16 Einzelversuche erfolgen. Da die Zusammenhänge an einer solchen Maschine aber nicht trivial sind und zumeist ein Zusammenhang bei der Änderung einer Einflussgröße untersucht werden soll, steigt die Komplexität der Versuche stark an. In diesem Praxisbeispiel soll die Veränderung der Temperatur bei beiden Maschinen betrachtet werden und es wird davon ausgegangen, dass alle weiteren Faktoren konstant bleiben. Bei der One-factor-at-a-time-Methode darf immer nur ein Faktor verändert werden, damit die Beeinflussungen zu erkennen sind. Die Versuchsreihe für beide Maschinen mit der Veränderung beider Temperaturen hat also 4 x 8 = 32 Versuche zur Folge. Trotz dieser 32 Versuche ist nicht bekannt, ob gleiche Effekte bei Anlage eins und zwei vorliegen. Mit der Statistischen Versuchsplanung können hingegen mit weniger Versuchen mehr Informationen ermittelt werden. Der Versuchsplan schreibt 4 x 4 = 16 Versuche vor und betrachtet damit alle Abhängigkeiten. Trotz der geringen Anzahl an Einzelversuchen werden die vorgeschriebenen acht Einzelversuche berücksichtigt, da die Statistische Versuchsplanung acht Wertepaare zur Berechnung des Einflusses vornimmt. Somit sind mit nur 16 Versuchen (Statistische Versuchsplanung) mehr Erkenntnisse untersucht als in 32 Versuchen (One-factor-at-a-time).[367] Abbildung 4-2 verdeutlicht den Zusammenhang zu dem hier genannten Beispiel.

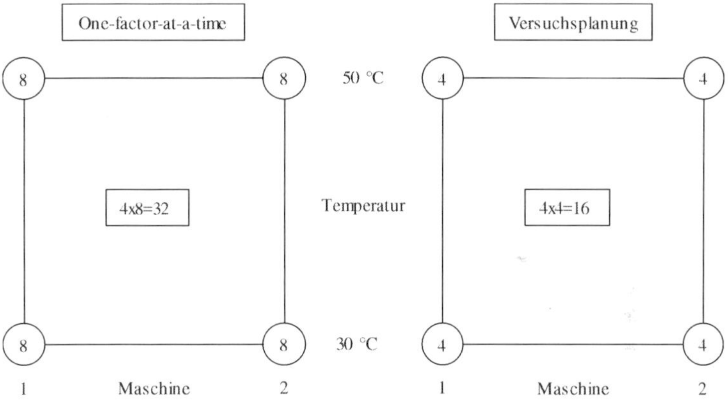

Abbildung 4-2: Vergleich der Methode One-factor-at-a-time und der Versuchsplanung[368]

Dieses Beispiel verdeutlicht, warum in der hier vorliegenden Arbeit die Statistische Versuchsplanung angewandt wird. Im Folgenden werden kurz die Grundlagen der Statistischen Versuchsplanung vorgestellt, um anschließend diese Methode anwenden zu können.

---

[367] Vgl. Kleppmann, W. (2013) Versuchsplanung, S. 4-5

[368] Darstellung in Anlehnung an: Kleppmann, W. (2013) Versuchsplanung, S. 4

4.2 Grundlagen der Statistischen Versuchsplanung

Wie bereits im vorherigen Kapitel kurz vorgestellt, ist die Statistische Versuchsplanung eine Methodik, um Versuche, deren Ausführungen und Auswertungen zu planen. Die Anwendung dieser Methodik führt zu einer Verkürzung von Projektlaufzeiten und geringeren Kosten für die Versuchsdurchführungen[369]. Das übergeordnete Ziel ist eine effektive und effiziente Untersuchung von Ursache-Wirkungs-Beziehungen und somit auch des gesamten Systemverhaltens[370]. Die Hauptbestandteile der Statistischen Versuchsplanung lassen sich in drei Ebenen aufteilen. Nachfolgende Abbildung zeigt diese drei Ebenen (Versuchspläne, Grundprinzipien und Auswertungsmethoden) mit den jeweils dazugehörigen Kategorien.

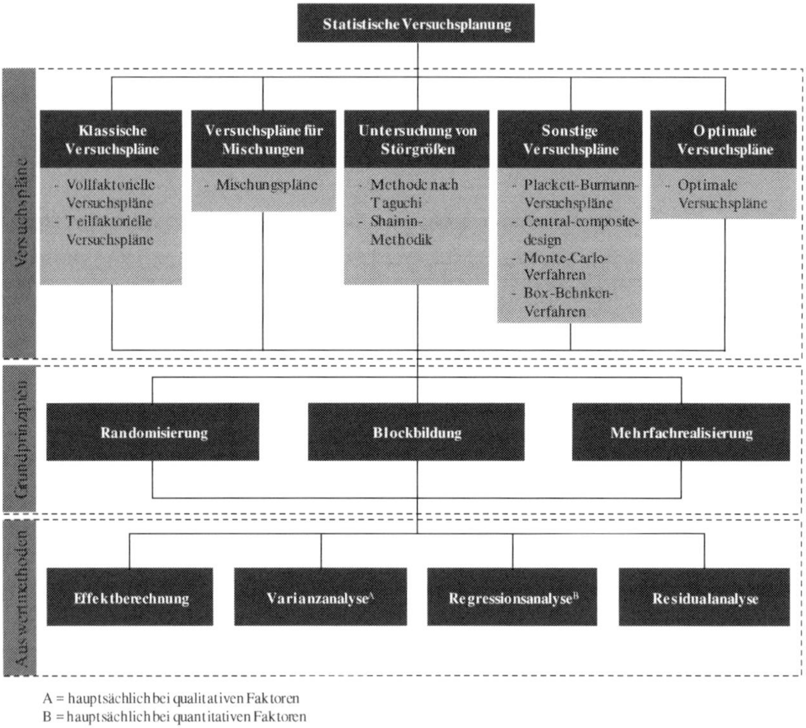

Abbildung 4-3: Übersicht der Statistischen Versuchsplanung

Die erste Ebene zeigt diverse Möglichkeiten, Versuchspläne zu erstellen. Nachdem der Versuchsplan aufgestellt ist, werden diverse Grundprinzipien zugrunde gelegt. Nachdem die Versuche durchgeführt wurden, wird eine Auswertungsmethode angewandt. Grundsätzlich lassen sich die verschiedenen Auswertungsmethoden auf alle Versuchspläne anwenden. In Kapitel 4.2.2 wird ein genaues Vorgehen zur

369 Vgl. Kleppmann, W. (2013) Versuchsplanung, S. 5

370 Vgl. Rath/Strong et al. (2008) Six Sigma, S. 121

Durchführung der Statistischen Versuchsplanung vorgestellt. Ebenso werden in den folgenden Kapiteln die wichtigsten Grundbegriffe sowie die einzelnen Kategorien näher erläutert.

4.2.1 Grundbegriffe in der Statistischen Versuchsplanung

Die Statistische Versuchsplanung arbeitet mit klaren Begriffsdefinitionen, die im Folgenden kurz vorgestellt werden und für diese Arbeit ebenso Gültigkeit haben.

System

Ein System betitelt grundlegend das zu untersuchende Gebilde. Die Definition des Systems und vor allem der Systemgrenzen ist von elementarer Bedeutung. Die Systemgrenzen legen fest, welche Größen zum System gehören und welche nicht.[371] Die Systemgrenzen müssen sinnvoll gezogen werden, da zu große Systemgrenzen den Aufwand schnell steigen lassen oder sogar eine Lösung des Problems unmöglich machen[372]. Das System kann dabei nicht isoliert betrachtet werden. Es existieren eine Vielzahl von Einfluss- und Zielgrößen, die nicht innerhalb des Systems liegen, dieses aber primär beeinflussen[373]. Abbildung 4-4 zeigt eine Systemdarstellung am Beispiel eines Tintenstrahldruckers. Der Tintenstrahldrucker stellt das System mit seinen Systemgrenzen dar. Einflussgrößen können diverse Druck- oder Farbmodi sein und eine Zielgröße kann die gewünschte Druckauflösung darstellen. Mit einer Versuchsplanung werden die Einflussgrößen systematisch variiert und die entsprechende Zielgröße ausgewertet, um die Ursache-Wirkung-Beziehungen des Systems zu verstehen. Die Größen innerhalb des Systems bleiben dabei konstant.[374]

Abbildung 4-4: Darstellung eines Systems am Beispiel eines Tintenstrahldruckers[375]

Zielgrößen beschreiben das Ergebnis eines Versuchs und können Messwerte sein oder Größen, die aus einem oder mehreren Messwerten errechnet werden[376]. Zielgrößen werden unter anderem auch als Ausgangsgrößen betitelt.

Einflussgrößen

Einflussgrößen sind alle Größen, die möglicherweise eine Wirkung auf die Zielgrößen oder das Ergebnis haben. Da es eine Vielzahl von Einflussgrößen geben kann, werden diese weiter unterteilt in Steuergrößen und Störgrößen.[377] Einflussgrößen werden oftmals in der etablierten Literatur auch als

---

[371] Vgl. Siebertz, K./van Bebber, D. et al. (2010) Statistische Versuchsplanung, S. 3
[372] Vgl. Gundlach, C. (2004) Statistische Versuchsplanung, S. 183
[373] Vgl. Montgomery, D. C. (2001) Design and Analyses of Experiments, S. 2
[374] Vgl. Siebertz, K./van Bebber, D. et al. (2010) Statistische Versuchsplanung, S. 3
[375] Darstellung in Anlehnung an: Scheffler, E. (1997) Statistische Versuchsplanung und -auswertung, S. 3; Siebertz, K./van Bebber, D. et al. (2010) Statistische Versuchsplanung, S. 3
[376] Vgl. Gundlach, C. (2004) Statistische Versuchsplanung, S. 39; Kleppmann, W. (2013) Versuchsplanung, S. 24
[377] Vgl. Kleppmann, W. (2013) Versuchsplanung, S. 12-13

Eingangsgrößen oder Parameter bezeichnet[378]. Abbildung 4-5 zeigt eine weitere Unterteilung der Einflussgrößen.

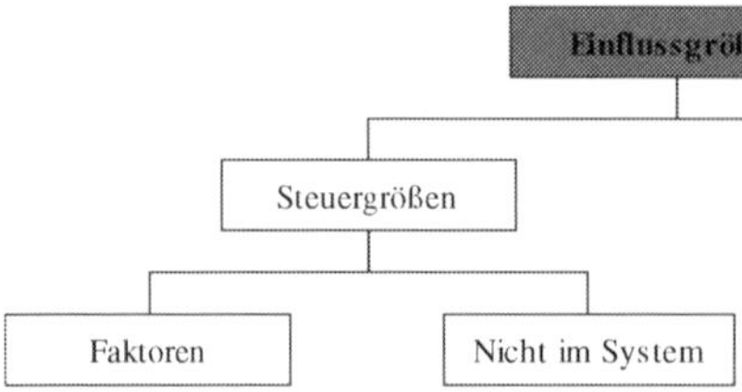

Abbildung 4-5: Unterteilung der Einflussgrößen[379]

Steuergrößen

Steuergrößen stellen eine Untergruppe der Einflussgrößen dar, welche sich gezielt auf einen Wert einstellen lassen und dort mit tolerierbaren Schwankungen gehalten werden können. Die Höhe der Toleranz wird relativ zum Wert der Steuergröße gemessen.[380]

Störgrößen

Da das System mit der Umwelt interagiert, kann es nicht vollkommen isoliert betrachtet werden. Zudem kommt es vor, dass trotz gleicher Versuchseinstellungen unterschiedliche Ergebnisse erzielt werden. In einem solchen Fall ist das System mit Störgrößen behaftet.[381] Eine Störgröße kann nicht eingestellt werden oder es ist aus wirtschaftlichen Gründen nicht realisierbar, diese einzustellen[382].

Faktoren

Für den Versuchsplan werden aus einer Vielzahl von Einflussgrößen die zu untersuchenden und relevanten Größen definiert. Diese ausgewählten oder definierten Einflussgrößen werden Faktoren genannt.[383] Faktoren können sowohl Steuergrößen als auch Störgrößen sein und werden in der Literatur auch als Steuerfaktoren oder Störfaktoren bezeichnet[384]. Faktoren werden primär nach der vermuteten Beeinflussung der Zielgrößen gewählt. Zusätzlich können auch andere Kriterien, wie Aufwand der Variation der Faktoren oder die Genauigkeit der Einstellung, die Auswahl der Faktoren beeinflussen.[385] Grundsätzlich lassen sich Faktoren in qualitative und quantitative Faktoren unterscheiden. Existieren die Faktorstufen als Messwerte auf einer Skala, so werden diese quantitative Faktoren genannt. Quantitative Faktoren besitzen somit auch Zwischenwerte. Von qualitativen Faktoren wird gesprochen, wenn keine Zwischenwerte existieren und somit nur vorbestimmte Werte, wie Namen, Bezeichnungen oder Beschreibungen, existieren.[386]

---

[378] Vgl. Siebertz, K./van Bebber, D. et al. (2010) Statistische Versuchsplanung, S. 3
[379] Vgl. Siebertz, K./van Bebber, D. et al. (2010) Statistische Versuchsplanung, S. 13-14
[380] Vgl. Kleppmann, W. (2013) Versuchsplanung, S. 13
[381] Vgl. Scheffler, E. (1997) Statistische Versuchsplanung und -auswertung, S. 2
[382] Vgl. Kleppmann, W. (2013) Versuchsplanung, S. 13
[383] Vgl. Kleppmann, W. (2013) Versuchsplanung, S. 14
[384] Vgl. Montgomery, D. C. (2001) Design and Analyses of Experiments, S. 2-3; Kleppmann, W. (2013) Versuchsplanung, S. 14
[385] Vgl. Kleppmann, W. (2013) Versuchsplanung, S. 25
[386] Vgl. Kleppmann, W. (2013) Versuchsplanung, S. 15

Faktorstufen

Nachdem die Faktoren festgelegt wurden, muss entschieden werden, welche Werte die Faktoren im Versuch annehmen sollen[387]. Diese festgelegten Werte bzw. Einstellungen der Faktoren werden als Stufen oder auch Level bezeichnet. Bei der Statistischen Versuchsplanung wird jeder Faktor auf mindestens zwei Stufen getestet. Die Faktorstufen sollten sich im Idealfall stark voneinander unterscheiden, damit der Effekt deutlich wird. Um Faktorstufen in einem Versuchsplan kompakt darzustellen, existieren bestimmte Schreibweisen, auch Kodierungen genannt. Häufige Konventionen für zwei Faktorstufen sind z.B. -/+, -1/1 oder 1/2. Mit steigender Faktorstufenzahl stiegt dabei auch die Komplexität der Kodierung.[388]

Effekt

Der Effekt beschreibt die Gegenüberstellung der Versuchsergebnisse und gibt Aufschluss, wie sich die Faktoren auf die Ergebnisse auswirken[389]. Aus diesem Grund sollten die Faktorstufen bei dem jeweiligen Anwendungsfall in großen Abständen gewählt werden[390]. Die Effekte können in der Versuchsauswertung berechnet werden. Dabei werden die Mittelwerte der Versuchsergebnisse mit den jeweiligen Vorzeichen der Kodierung multipliziert und anschließend addiert. Das Ergebnis muss noch durch die Anzahl der Paare dividiert werden, was allgemein der Hälfte der Faktorstufenkombinationen entspricht.[391] Die hier dargestellte Formel ist jene für Versuchspläne mit nur zwei Stufen.

Formel 4-1: Berechnung des Effekts[392]

$$Effekt = \frac{2}{m} \cdot \sum_{i=1}^{m} (Vorzeichen \cdot \bar{y}_i)$$

$m = Anzahl\ Faktorstufenkombination$

$\bar{y}_i = Mittelwert\ der\ Versuchsergebnisse$

$Vorzeichen = Vorzeichen\ der\ Kodierungsspalte$

Bei den Effekten kann weiter zwischen Haupteffekten und Wechselwirkungseffekten unterschieden werden.

Haupteffekt

Wenn von einem Haupteffekt gesprochen wird, so wurde nur der Einfluss einer einzigen Variablen bei der Variation über alle Stufen dieses Faktors auf die Zielgröße hin betrachtet[393]. D.h. es wird die Zielgrößenänderung, hervorgerufen durch die Änderungen eines einzelnen Faktors, betrachtet[394].

---

387 Vgl. Kleppmann, W. (2013) Versuchsplanung, S. 14
388 Vgl. Siebertz, K./van Bebber, D. et al. (2010) Statistische Versuchsplanung, S. 6
389 Vgl. Gundlach, C. (2004) Statistische Versuchsplanung, S. 39; Siebertz, K./van Bebber, D. et al. (2010) Statistische Versuchsplanung, S. 12
390 Vgl. Siebertz, K./van Bebber, D. et al. (2010) Statistische Versuchsplanung, S. 6
391 Vgl. Kleppmann, W. (2013) Versuchsplanung, S. 115
392 Vgl. Kleppmann, W. (2013) Versuchsplanung, S. 115
393 Vgl. Gundlach, C. (2004) Statistische Versuchsplanung, S. 39
394 Vgl. Rath/Strong et al. (2008) Six Sigma, S. 128

Wechselwirkungseffekt

Ein Wechselwirkungseffekt beschreibt die Abhängigkeit von zwei oder mehreren Faktoren. Dieser Effekt tritt auf, wenn durch die Veränderung eines Faktors ein anderer mit beeinflusst wird[395]. Eine Wechselwirkung zwischen zwei Faktoren wird auch als Zwei-Faktor-Wechselwirkung bezeichnet[396]. Existiert diese Wechselwirkung zwischen drei Faktoren, so werden diese als Dreifachwechselwirkung betitelt[397]. Wechselwirkungen sind auch von höherer Ordnung möglich.

4.2.2 Vorgehen der Statistischen Versuchsplanung

Nachdem grundlegende Begrifflichkeiten erläutert wurden, wird eine Vorgehensweise zur Durchführung der Statistischen Versuchsplanung vorgestellt. In diesem Vorgehen finden sich die in Kapitel 4.1 und 4.2 definierten Begrifflichkeiten wieder und es wird beschrieben, an welcher Stelle des Vorgehens diese relevant werden. Abbildung 4-6 zeigt ein Vorgehen, mit dessen Hilfe der Anwender die Einzelschritte planen und durchführen kann. Bei diesem Vorgehen wird nicht ausschließlich auf die Versuchsreihen eingegangen, sondern darüber hinaus auch intensiv auf die Vor- und Nachbereitung der Versuche[398].

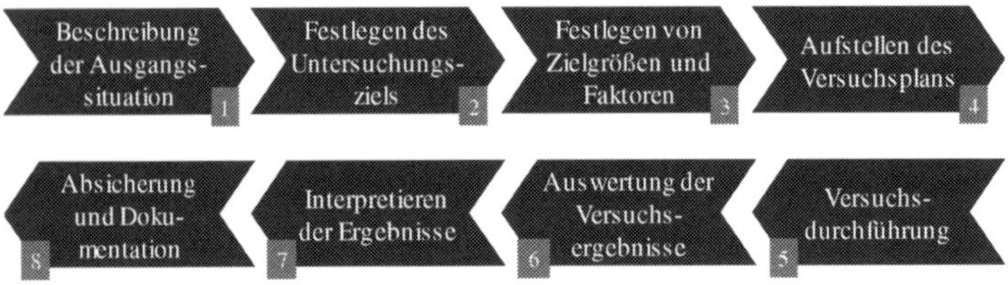

Abbildung 4-6: Vorgehen der Statistischen Versuchsplanung[399]

4.2.2.1 Beschreibung der Ausgangssituation

Die Beschreibung der Ausgangssituation kann als kritisches Reflektieren des Vorhabens verstanden werden. Insbesondere geht es darum, die äußeren Rahmenbedingungen wie Termine, Kosten und Ressourcen abzustecken.[400] Zudem wird das Problem näher beschrieben und der Nutzen der Versuche für diese Problemstellung erfasst. Im Grunde wird ein Projekt mit einem Projektmanagement für die Versuche aufgesetzt.[401]

4.2.2.2 Festlegung des Untersuchungsziels

Der Festlegung des Untersuchungsziels kommt eine besondere Bedeutung zu. Mit diesem Schritt wird die spätere Entscheidung, welche Untersuchungsmethode bzw. welcher Versuchsplan angewandt werden soll, maßgeblich geprägt[402]. In Abbildung 4-3 in Kapitel 4.2 über die Übersicht der Statistischen

---

395 Vgl. Gundlach, C. (2004) Statistische Versuchsplanung, S. 39; Rath/Strong et al. (2008) Six Sigma, S. 128
396 Vgl. Kleppmann, W. (2013) Versuchsplanung, S. 106
397 Vgl. Siebertz, K./van Bebber, D. et al. (2010) Statistische Versuchsplanung, S. 19
398 Vgl. Kleppmann, W. (2013) Versuchsplanung, S. 17-44
399 Vgl. Kleppmann, W. (2013) Versuchsplanung, S. 17-44
400 Vgl. Montgomery, D. C. (2001) Design and Analyses of Experiments, S. 8
401 Vgl. Gundlach, C. (2004) Statistische Versuchsplanung, S. 178-181; Kleppmann, W. (2013) Versuchsplanung, S. 17-18
402 Vgl. Gundlach, C. (2004) Statistische Versuchsplanung, S. 181; Kleppmann, W. (2013) Versuchsplanung, S. 19; Montgomery, D. C. (2001) Design and Analyses of Experiments, S. 11-12

Versuchsplanung wird mit der Festlegung des Untersuchungsziels die erste Ebene „Versuchspläne" in der Abbildung adressiert. Um die geeignete Versuchsmethode für das vorliegende Problem zu finden, können sechs primäre Untersuchungsziele unterschieden werden. Diese werden hier in Kürze beschrieben:

1. Optimale Lage des Mittelwerts

Bei dieser Untersuchungsform soll ermittelt werden, wie der Mittelwert einer Zielgröße durch verschiedene Faktoren beeinflusst wird. Das Ergebnis stellt also die Abhängigkeit der Zielgröße zu den Faktoren dar. Falls mehrere Zielgrößen und mehrere Faktoren betrachtet werden sollen, entstehen bei dieser Untersuchungsform Konflikte, da die optimale Einstellung eines Faktors für die eine Zielgröße möglicherweise nicht die optimale Einstellung für eine andere Zielgröße sein kann. Typische Untersuchungsformen für die optimale Lage des Mittelwerts stellen die optimale Versuchsplanung sowie die klassischen Methoden der Statistischen Versuchsplanung dar (ein- oder mehrfaktorieller Versuchsplan).[403]

2. Reduzierung der Streuung/Robustheit

Mit diesem Untersuchungsziel werden die Steuergrößen so festgelegt, dass die Störgrößen keinen oder nur einen sehr geringen Einfluss auf die Zielgrößen haben und diese somit eine geringe Streuung aufweisen. Ist ein Produkt oder ein Prozess kaum anfällig für Störgrößen, so kann dieser als robust bezeichnet werden. Für dieses Untersuchungsziel eignen sich Versuchspläne zur Untersuchung von Störgrößen wie beispielsweise die Taguchi- oder Shainin-Methodik (vgl. Abbildung 4-3 in Kapitel 4.2). Zudem können auch hier die klassischen Methoden der Statistischen Versuchsplanung (Ein- oder Mehrfaktorieller Versuchsplan) angewandt werden.[404]

3. Erkennen der wichtigsten Störgrößen in der Fertigung

Dieses Untersuchungsziel beschreibt sich vom Titel her selbst. Es soll mit geringem Aufwand und einfachen Mitteln festgestellt werden, welche (Stör-) Größen einen besonderen Einfluss auf den Prozess und die vorliegende Streuung haben. Für dieses Untersuchungsziel wird i.d.R. die Shainin-Methodik angewandt.[405]

4. Gleichzeitig fertigen und lernen

Werden in einem Prozess oder Produkt Neuerungen oder Modifikationen vorgenommen, so können bereits definierte Einstellungen veraltet sein oder abweichen. Durch eine systematische Änderung der Prozessparameter während der Fertigung besteht die Möglichkeit, optimalere Ergebnisse zu erzeugen. Dieses Untersuchungsziel wird am besten von der experimentellen Optimumsuche abgedeckt.[406]

---

[403] Vgl. Gundlach, C. (2004) Statistische Versuchsplanung, S. 181; Kleppmann, W. (2013) Versuchsplanung, S. 19-20

[404] Vgl. Gundlach, C. (2004) Statistische Versuchsplanung, S. 181; Kleppmann, W. (2013) Versuchsplanung, S. 20-21

[405] Vgl. Gundlach, C. (2004) Statistische Versuchsplanung, S. 181; Kleppmann, W. (2013) Versuchsplanung, S. 21

[406] Vgl. Gundlach, C. (2004) Statistische Versuchsplanung, S. 181; Kleppmann, W. (2013) Versuchsplanung, S. 22

5. Funktionen und Zuverlässigkeit nachweisen

Dieses Untersuchungsziel beschäftigt sich i.d.R. mit Produkten, bei denen in wenigen Einzelversuchen bewiesen werden muss, dass die definierten Randbedingungen eingehalten wurden. Um dies nachzuweisen, werden zumeist verschiedene Extremkombinationen getestet. Diese Extremkombinationen können am besten mit teilfaktoriellen Versuchsplänen aus der Kategorie der klassischen Versuchspläne abgebildet werden.[407]

6. Optimale Mischungsverhältnisse

Optimale Mischungsverhältnisse werden oftmals in der Verfahrenstechnik angewandt. Im Gegensatz zu allgemeinen Anwendungen ist hier der Faktorraum durch Randbedingungen eingegrenzt. Beispielsweise ergibt nicht jedes Mischungsverhältnis oder jede Einstellung Sinn. Für die Analyse von Mischungen eignen sich Mischungspläne am besten.[408]

Ist das Untersuchungsziel definiert, kann eine Versuchsmethode für den jeweils vorliegenden Anwendungsfall ausgewählt werden. Die Versuchsmethode verlangt anschließend immer die Festlegung von Zielgrößen und Faktoren, was im folgenden Kapitel beschrieben wird.

4.2.2.3 Festlegung von Zielgrößen und Faktoren

Abhängig davon, welche Versuchsmethode gewählt wurde, müssen anschließend Zielgrößen, Einflussgrößen, Faktoren und Faktorstufen bestimmt werden. Die Begrifflichkeiten wurden bereits in Kapitel 4.2.1 erläutert. KLEPPMANN definiert die vier Kriterien Kundenorientierung, Quantifizierung, Vollständigkeit und Verschiedenheit, die jede Zielgröße erfüllen muss.[409]

Die Kundenorientierung beschreibt Zielgrößen, die einen Zusammenhang mit dem Untersuchungsziel bzw. vorliegenden Problem vorweisen können. Zielgrößen sollten zudem quantifizierbar, also messbar sein. Bei qualitativen Zielgrößen muss ein Bewertungssystem festgelegt werden. Die Vollständigkeit besagt, dass die Zielgrößen wesentliche Produkt- oder Prozesseigenschaften erfassen. Die Verschiedenheit der Zielgrößen besagt, dass die Zielgrößen sich möglichst gut unterscheiden lassen und es wenig Überschneidungen gibt.[410] Bei mehreren Zielgrößen kann es hilfreich sein, den Zielgrößen Gewichtungsfaktoren zu geben[411].

Eine Einflussgröße, die nicht als Faktor in den Versuch einfließt, kann nicht erkannt werden und verfälscht somit unter Umständen die ganze Versuchsreihe. Aus diesem Grund dürfen diese Einflussgrößen bei der Bestimmung der Faktoren nicht vergessen werden.[412] Konstante Einflussgrößen (vor allem Störgrößen) und jene, die konstant gehalten werden können, müssen nicht als Faktoren aufgeführt werden, da diese nur eine geringe Zufallsstreuung bei der Zielgröße hervorrufen[413].

Sind die Zielgrößen und Einflussgrößen bestimmt, können die Faktoren und Faktorstufen betrachtet werden. Wichtig bei der Identifikation der Faktoren ist, dass die Anzahl der Faktoren für den Versuch

---

[407] Vgl. Kleppmann, W. (2013) Versuchsplanung, S. 22, 161
[408] Vgl. Siebertz, K./van Bebber, D. et al. (2010) Statistische Versuchsplanung, S. 50
[409] Vgl. Kleppmann, W. (2013) Versuchsplanung, S. 22-23
[410] Vgl. Kleppmann, W. (2013) Versuchsplanung, S. 22-23
[411] Vgl. Siebertz, K./van Bebber, D. et al. (2010) Statistische Versuchsplanung, S. 157
[412] Vgl. Kleppmann, W. (2013) Versuchsplanung, S. 24; Siebertz, K./van Bebber, D. et al. (2010) Statistische Versuchsplanung, S. 5
[413] Vgl. Kleppmann, W. (2013) Versuchsplanung, S. 28

händelbar gehalten wird und eine gewisse Genauigkeit sowie Reproduzierbarkeit der Faktoren gewährleistet sind. Zudem müssen die Faktoren unabhängig voneinander veränderbar sein.[414] Bei den Faktorstufen sind zwei primäre Aspekte zu beachten. Zum einen muss der Anwender die einzelnen Werte der Stufen und zum anderen die Anzahl der Faktorstufen definieren. Die Anzahl der Faktorstufen ist davon abhängig, ob der Versuchsplan zwei oder mehrere Faktorstufen enthält. Bei Versuchsplänen mit vielen Faktoren werden die Stufen üblicherweise auf zwei begrenzt, da so bestimmt werden kann, welche Faktoren wichtig sind, wie groß ihr linearer Effekt auf jede der Zielgrößen ist und welche Stufe eines jeden Faktors für jede der Zielgrößen günstig ist. Bei quantitativen Faktoren kann die Anzahl der Stufen beliebig gewählt werden. Bei qualitativen hingegen ist die Anzahl der Faktorstufen durch die Art des Faktors meistens determiniert. Eine Definition der Stufenwerte erfolgt bei den quantitativen Faktoren anhand bekannter Zusammenhänge. Bei qualitativen Faktoren sind diese von Beginn an nicht veränderbar und können somit vom Anwender nicht definiert werden. [415]

4.2.2.4 Aufstellen des Versuchsplans

Nachdem alle erforderlichen Größen für den Versuchsplan definiert sind, kann eine Liste mit allen durchzuführenden Einzelversuchen erstellt werden. Dabei ist der optimale Versuchsplan, wie bereits zuvor behandelt, von dem Untersuchungsziel, der Faktoranzahl, der Faktorstufenanzahl, der gewünschten Genauigkeit der Ergebnisse und der Größe der Zufallsstreuung abhängig.[416] In einem weiteren genaueren Schritt muss der Anwender entscheiden, ob lineare Zusammenhänge oder Zusammenhänge höherer Ordnung und zudem Wechselwirkungen untersucht werden sollen. In den Versuchsplan fließen diese Informationen (Faktoren, Faktorstufen) ein, sodass wie in Abbildung 4-7 dargestellt ein Versuchsplan für einen Einzelversuch erstellt werden kann.

Syst. Nr.	Faktoren	
	A	B
1	-	-
2	+	-
3	-	+
4	+	+

Abbildung 4-7: Exemplarischer Versuchsplan mit zwei Faktoren[417]

Somit wird für jeden Einzelversuch festgelegt, mit welcher Faktorstufenkombination der Versuch durchgeführt wird[418]. Der exemplarische Versuchsplan in Abbildung 4-7 zeigt die beiden Faktoren A und B sowie zwei Faktorstufen („+“ und „-“). Insgesamt werden hier vier Einzelversuche durchgeführt, um alle Faktorstufenkombinationen abzubilden.

Die Versuche können nun, wie in Abbildung 4-3 in Kapitel 4.2 über die Übersicht der Statistischen Versuchsplanung bereits beschrieben, mit drei verschiedenen Grundprinzipien (Randomisierung,

---

[414] Vgl. Kleppmann, W. (2013) Versuchsplanung, S. 25-26; Siebertz, K./van Bebber, D. et al. (2010) Statistische Versuchsplanung, S. 5-6
[415] Vgl. Kleppmann, W. (2013) Versuchsplanung, S. 26-27
[416] Vgl. Kleppmann, W. (2013) Versuchsplanung, S. 29; Rath/Strong et al. (2008) Six Sigma, S. 121
[417] Darstellung in Anlehnung an: Kleppmann, W. (2013) Versuchsplanung, S. 101
[418] Vgl. Rath/Strong et al. (2008) Six Sigma, S. 121

Blockbildung oder Mehrfachrealisierung) durchgeführt werden. Bei der Randomisierung werden die Einzelversuche in jedem Block in einer zufälligen Reihenfolge durchgeführt, um so unerkannten Änderungen der Ergebnisse vorzubeugen[419]. Die Blockbildung soll ebenso eine Zufallsstreuung minimieren. Dazu werden die Einzelversuche in Gruppen eingeteilt, um zufällige Unterschiede klein zu halten und jede Faktorstufenkombination möglichst gleich häufig auftreten zu lassen.[420] Auch mit der Mehrfachrealisierung sollen eine Streuung bzw. zufällige Unterschiede minimiert werden. Es wird von Mehrfachrealisierung gesprochen, da abhängig von den Faktorstufenkombinationen die Anzahl der durchzuführenden Einzelversuche berechnet werden kann.[421] Je nach Auswertungsmethode ist allerdings sehr genau darauf zu achten, ob z.B. eine Blockbildung oder Randomisierung erlaubt ist. Manche mechanischen Messverfahren setzen beispielsweise voraus, dass keine Durchmischung oder Randomisierung der Proben stattfindet.

4.2.2.5 Versuchsdurchführung

Sind die erforderlichen Details geklärt und die Rahmenbedingungen klar definiert, so können die Versuche durchgeführt werden. Dabei kommt der Versuchsvorbereitung sowie der eigentlichen Durchführung eine große Bedeutung zu. Die Sorgfalt, mit der die Versuche vorbereitet und durchgeführt werden, ist dabei elementar, um Fehler frühzeitig zu erkennen und zu vermeiden. So ist bei der Vorbereitung beispielsweise das Einrichten und Eichen der Gerätschaften sowie ein genauer Versuchsablauf unerlässlich.[422] Die Messdatenerfassung muss wiederholbar sein und die erforderliche Genauigkeit besitzen[423].

4.2.2.6 Auswertung der Versuchsergebnisse

Die Auswertung der Ergebnisse kann auf unterschiedliche Weise (meist durch grafische oder numerische Analyseverfahren) erfolgen. Die bekanntesten Methoden sind die Effektberechnung, die Varianzanalyse, die Regressionsanalyse und die Residuenanalyse (vgl. Kapitel 4.2.4).[424]

Unter Anwendung der Statistischen Versuchsplanung werden meistens die Mittelwerte der Versuchsergebnisse berechnet. Durch einen Vergleich der einzelnen Ergebnisse der Faktorstufenkombinationen lassen sich abweichende Ergebnisse erkennen. Bei einer solchen Abweichung muss kritisch hinterfragt werden, ob das abweichende Ergebnis durch einen falsch eingestellten Faktor, durch falsches Ablesen eines Messgerätes oder durch einen Übertragungsfehler oder Ähnliches zustande gekommen ist. Ist das abweichende Ergebnis als nicht normal zu interpretieren, so kann dieses für die weitere Interpretation ausgeschlossen oder durch eine Versuchswiederholung erneuert werden.[425]

Trotz größter Sorgfalt bei der Versuchsdurchführung können die Ergebnisse durch zufällige Einflüsse streuen. Dies hat zur Folge, dass auch die berechneten Effekte einer gewissen Streuung unterlie-

---

[419] Vgl. Kleppmann, W. (2013) Versuchsplanung, S. 31-32; Rath/Strong et al. (2008) Six Sigma, S. 122; Siebertz, K./van Bebber, D. et al. (2010) Statistische Versuchsplanung, S. 87-88

[420] Vgl. Kleppmann, W. (2013) Versuchsplanung, S. 32; Siebertz, K./van Bebber, D. et al. (2010) Statistische Versuchsplanung, S. 93-94

[421] Vgl. Kleppmann, W. (2013) Versuchsplanung, S. 30-31; Montgomery, D. C. (2001) Design and Analyses of Experiments, S. 12

[422] Vgl. Kleppmann, W. (2013) Versuchsplanung, S. 35-36

[423] Vgl. Gundlach, C. (2004) Statistische Versuchsplanung, S. 218

[424] Vgl. Gundlach, C. (2004) Statistische Versuchsplanung, S. 220

[425] Vgl. Kleppmann, W. (2013) Versuchsplanung, S. 37

gen. Große Abweichungen sind allerdings nur selten der Fall. Die zu erkennenden Abweichungen werden als signifikant bezeichnet. Liegt die Abweichung in einem vertrauenswürdigen Bereich, so ist bestätigt, dass der auftretende Effekt real ist.[426]

4.2.2.7 Interpretation der Ergebnisse

Nachdem die Versuchsreihen ausgewertet wurden, liegen diverse Zahlenwerte für die Größe der Effekte und somit Aussagen über die Signifikanz vor. Eine Wechselwirkung ist dann signifikant, wenn der Wert eines Faktors von dem Wert eines anderen Faktors abhängig ist.[427] Da Abhängigkeiten der gewählten Zielgrößen der untersuchten Faktoren vorliegen, lassen sich hieraus Antworten auf die Problem- bzw. Fragestellung ableiten[428].

4.2.2.8 Absicherung und Dokumentation

Zur Absicherung der Ergebnisse ist ein Bestätigungsversuch zwingend durchzuführen. Dieser stellt sicher, dass die aus dem Versuchsplan ermittelten Optimalkombinationen der Faktoreinstellungen tatsächlich zum erwünschten Ergebnis führen. Sollten erhebliche Abweichungen auftreten, so können die Gründe in einer falschen Faktorenauswahl, einer falschen Stufenwahl und weiteren Fehlern liegen[429]. Neben der Absicherung müssen die Ergebnisse hinreichend dokumentiert und somit nachvollziehbar gemacht werden. Hierzu ist die Darstellung der Ausgangslage, der durchgeführten Versuche und Ergebnisse, daraus abgeleiteten Maßnahmen, Darstellung des erreichten Zustands und ggf. die Kosten der Versuche und Einsparungen durch diese empfehlenswert[430]. Führen die Versuche nicht zum gewünschten Ziel oder Ergebnis, so kann ein weiteres Vorgehen (z.B. Wahl anderer Stufen für die Faktoren, anderer Faktoren, anderer Versuchsumfänge, Erweiterung der Zielgrößen) definiert werden[431].

4.2.3 Versuchspläne und Methoden der Statistischen Versuchsplanung

Das Aufstellen eines Versuchsplans ist ein grundlegender und elementarer Bestandteil der Statistischen Versuchsplanung[432]. Der Versuchsplan enthält eine Übersicht zu allen durchzuführenden Einzelversuchen mit den jeweiligen Faktoreinstellungen, über die Reihenfolge der Versuche sowie Informationen über Einfluss- und Störgrößen[433]. Wie bereits in Kapitel 4.1 mithilfe eines kleinen Beispiels aufgezeigt wurde, gibt es verschiedene Methoden, die sich in der Komplexität sowie in der Tiefe der Informationen und Ergebnisse unterscheiden. In den folgenden Kapiteln werden die unterschiedlichen Methoden der Versuchspläne kurz vorgestellt und erläutert. Wie bereits in Abbildung 4-3 in Kapitel 4.2

---

[426] Vgl. Kleppmann, W. (2013) Versuchsplanung, S. 40
[427] Vgl. Antony, J. (1998) experimental design, S. 387, 389; Kleppmann, W. (2013) Versuchsplanung, S. 40; Siebertz, K./van Bebber, D. et al. (2010) Statistische Versuchsplanung, S. 143-144
[428] Vgl. Gundlach, C. (2004) Statistische Versuchsplanung, S. 243
[429] Vgl. Gundlach, C. (2004) Statistische Versuchsplanung, S. 243-244
[430] Vgl. Kleppmann, W. (2013) Versuchsplanung, S. 42
[431] Vgl. Kleppmann, W. (2013) Versuchsplanung, S. 43
[432] Vgl. Siebertz, K./van Bebber, D. et al. (2010) Statistische Versuchsplanung, S. 25
[433] Vgl. Gundlach, C. (2004) Statistische Versuchsplanung, S. 38-39

aufgezeigt, sind grundlegend die Methoden einfaktorielle Versuchspläne, faktorielle Versuchspläne erster, zweiter oder höherer Ordnung, optimale Versuchspläne, Mischungspläne, Robustes Design, Shainin-Methodik und die experimentelle Optimumsuche zu unterscheiden.

4.2.3.1 Grundlegende Prinzipien

Generell gibt es grundlegende Prinzipien, die bei der Statistischen Versuchsplanung und somit bei allen in Kapitel 4.2.3 genannten Methoden zu beachten sind[434]. Dabei ist es möglich, dass einige der Prinzipien automatisch durch die Auswahl einer Versuchsstrategie und damit Versuchsmethode determiniert sind[435]. Neben der Randomisierung und der Blockbildung, die bereits in Kapitel 4.2.2.4 beschrieben wurden, spielen die Orthogonalität, die Vermengung sowie die Anzahl der Einzelversuche eine wichtige Rolle[436].

Die Orthogonalität wird mit der Konstruktion des Versuchsplans festgelegt und stellt sicher, dass die Wirkungen der jeweils gewählten Faktoren getrennt voneinander untersucht werden können. Ein Versuchsplan ist also dann orthogonal, wenn keine Kombination aus jeweils zwei Spalten miteinander korreliert. Vereinfacht ausgedrückt bedeutet dies, dass die Einstellungsmuster aller Faktoren voneinander unabhängig sind.[437]

Mit einer Vermengung können Einzelversuche eingespart und somit die Anzahl der Gesamtversuche reduziert werden. Bei einer Vermengung werden relevante Haupteffekte und irrelevante Wechselwirkungseffekte systematisch überlagert. In diesem Fall werden die Versuchspläne auch teilfaktorielle Pläne genannt.[438]

Der Festlegung der Anzahl der Einzelversuche kommt eine sehr bedeutende Rolle zu. Hiermit wird festgelegt, wie viele Einzelversuche mindestens erforderlich sind, um den gesamten Versuchsplan statistisch abzusichern. Beispielsweise liefern viele Versuchswiederholungen bessere Mittelwerte und genauere Ergebnisse. Allerdings steht dies im Konflikt zu der Statistischen Versuchsplanung, die den Aufwand von Versuchen reduzieren möchte. In einigen Fällen ist es aber so, dass spätere Auswertungsmethoden die Anzahl der Einzelversuche vorschreiben. Beispielsweise sind für Zugversuche auf einer Zugprüfmaschine mindestens fünf Proben eines Typus erforderlich. D.h., dass der Einzelversuch fünf Mal mit der gleichen Einstellung wiederholt werden muss. Grundlegend ist festzuhalten, dass bei einer erhöhten Versuchsstreuung mehr Versuche durchgeführt werden sollten. Zudem sinkt das Fehlerrisiko (auch α-Risiko genannt) mit steigender Anzahl an Versuchen[439]. Für den Fall, dass spätere Auswertungsmethoden die Anzahl der Einzelversuche nicht vorschreiben, können diese mit einer Daumenregel berechnet werden[440].

---

434 Vgl. Gundlach, C. (2004) Statistische Versuchsplanung, S. 40
435 Vgl. Gundlach, C. (2004) Statistische Versuchsplanung, S. 214
436 Vgl. Gundlach, C. (2004) Statistische Versuchsplanung, S. 40
437 Vgl. Siebertz, K./van Bebber, D. et al. (2010) Statistische Versuchsplanung, S. 7
438 Vgl. Gundlach, C. (2004) Statistische Versuchsplanung, S. 40; Kleppmann, W. (2013) Versuchsplanung, S. 140-141
439 Vgl. Gundlach, C. (2004) Statistische Versuchsplanung, S. 214; Siebertz, K./van Bebber, D. et al. (2010) Statistische Versuchsplanung, S. 122
440 Vgl. Gundlach, C. (2004) Statistische Versuchsplanung, S. 214; Kleppmann, W. (2013) Versuchsplanung, S. 30

4.2.3.2 Einfaktorielle Versuchspläne

Einfaktorielle Versuchspläne betrachten nur einen Faktor. Durch eine gut gewählte Versuchsanordnung (Randomisierung, Blockbildung) ist es möglich, den Einfluss von Störgrößen auszugrenzen und unverfälschte Versuchsergebnisse zu erlangen. Somit kann der Zusammenhang zwischen Einflussgröße und Zielgröße bestmöglich analysiert werden[441]. Durch diese Besonderheit ist der Versuchsplan für die hier vorliegende Arbeit nicht relevant und fällt aus der Betrachtung.

4.2.3.3 Faktorielle Versuchspläne erster Ordnung

Bei faktoriellen Versuchsplänen erster Ordnung wird jeder Faktor jeweils nur auf zwei Faktorstufen betrachtet. Die Faktorstufe wird in der meisten Literatur mit „-" für die untere Faktorstufe und mit „+" für die obere Faktorstufe gekennzeichnet (siehe auch Kapitel 4.2.1). In Abbildung 4-8 ist ein Versuchsplan erster Ordnung dargestellt. Würden ein weiterer Faktor und zwei Faktorstufen hinzukommen, so würde eine Dimension hinzukommen und sich die grafische Abbildung als ein Würfel darstellen.[442] Die Faktoren sind mit „A" und „B" gekenntzeichnet. Die Systemnummer entspricht der Anzahl an Einzelversuchen.

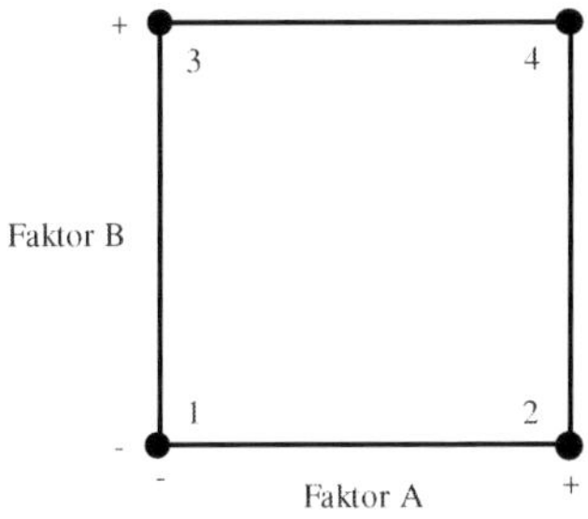

Syst. Nr.	Faktoren	
	A	B
1	-	-
2	+	-
3	-	+
4	+	+

Abbildung 4-8: Exemplarischer faktorieller Versuchsplan erster Ordnung[443]

Der Effekt des Faktors lässt sich anhand des Zielwertes berechnen. Der Zielwert resultiert wiederum aus der Faktorstufe. Der Anwender erhält zwei Zielwerte je Faktor (jeweils für die Einstellung „-" und „+"). Bei lediglich zwei Werten können nur lineare Zusammenhänge festgestellt werden. Versuchspläne erster Ordnung werden daher zumeist nur angewandt, wenn nicht viel über den Prozess oder dessen Einflussgrößen bekannt ist[444]. Durch die linearen Zusammenhänge ist es allerdings möglich festzustellen, in welche Richtung sich die Zielgrößen der Faktoreinstellungen bewegen. Der Vorteil der Versuchspläne erster Ordnung ist, dass viele Variablen gleichzeitig auf ihre Haupteffekte und Wechselwirkungseffekte untersucht werden können[445]. Auch Versuchspläne erster Ordnung sind für diese Arbeit nicht relevant.

---

[441] Vgl. Gundlach, C. (2004) Statistische Versuchsplanung, S. 45-51; Montgomery, D. C. (2001) Design and Analyses of Experiments, S. 60-65

[442] Vgl. Kleppmann, W. (2013) Versuchsplanung, S. 101

[443] Darstellung in Anlehnung an: Kleppmann, W. (2013) Versuchsplanung, S. 101

[444] Vgl. Gundlach, C. (2004) Statistische Versuchsplanung, S. 52

[445] Vgl. Scheffler, E. (1997) Statistische Versuchsplanung und -auswertung, S. 58

4.2.3.4 Faktorielle Versuchspläne zweiter Ordnung

Ist eine detaillierte Betrachtung der Zusammenhänge von Interesse, so werden faktorielle Versuchspläne zweiter Ordnung gewählt. Mit diesen Versuchsplänen ist es anders als bei Versuchsplänen erster Ordnung möglich, auch nichtlineare Zusammenhänge zu betrachten[446]. Bei nichtlinearen Zusammenhängen ist besonders die Suche nach einem Minimum oder Maximum von großer Bedeutung[447]. Um dies herauszufinden, werden die Faktoren auf mindestens drei oder mehr Stufen variiert. Um den dadurch steigenden Versuchsaufwand zu minimieren, können zunächst mittels Versuchsplänen erster Ordnung die wichtigsten Faktoren bestimmt werden. Anschließend können die Zusammenhänge auf Nichtlinearitäten mittels des Versuchsplans zweiter Ordnung untersucht werden[448]. Einen Versuchsplan zweiter Ordnung mit drei Faktoren, die jeweils auf fünf Stufen variiert werden („-1", „-α", „0", „α", „1"), stellt Tabelle 4-1 dar:

Tabelle 4-1: Exemplarischer faktorieller Versuchsplan zweiter Ordnung[449]

Syst. Nr.	Faktor A	Faktor B	Faktor C
1	-1	-1	-1
2	1	-1	-1
3	-1	1	-1
4	1	1	-1
5	-1	-1	1
6	1	-1	1
7	-1	1	1
8	1	1	1
9	-α	0	0
10	α	0	0
11	0	-α	0
12	0	α	0
13	0	0	-α
14	0	0	α
15	0	0	0
16	0	0	0
17	0	0	0
18	0	0	0

446 Vgl. Gundlach, C. (2004) Statistische Versuchsplanung, S. 63
447 Vgl. Kleppmann, W. (2013) Versuchsplanung, S. 209
448 Vgl. Scheffler, E. (1997) Statistische Versuchsplanung und -auswertung, S. 209-210
449 Tabelle in Anlehnung an: Kleppmann, W. (2013) Versuchsplanung, S. 210

4.2.3.5 Faktorielle Versuchspläne dritter Ordnung

Es ist auch möglich, Versuchspläne dritter Ordnung aufzustellen, um umfangreichere Ergebnisse zu erzielen. Hierbei werden Polynome dritten Grades verwendet[450]. Bereits bei einigen wenigen Faktoren ist der Versuchsaufwand allerdings so groß, dass die Versuchspläne dritter Ordnung wenig sinnvoll erscheinen[451].

4.2.3.6 Optimale Versuchspläne

Optimale Versuchspläne sind durch den Anwender für den jeweiligen Einsatzzweck individuell angepasst. Dies bedeutet, dass der Anwender die Anzahl potenzieller Faktorstufenkombinationen, den Versuchsumfang sowie das Regressionsmodell, das an die Ergebnisse angepasst werden soll, festlegt. Nicht relevante Faktorstufenkombinationen werden vom Anwender eliminiert. Optimale Versuchspläne sind insbesondere dann sinnvoll, wenn eine Kombination von verschiedenen Arten von Faktoren (qualitativ, quantitativ, unterschiedliche Anzahl an Faktorstufen) vorliegt. Es ist allerdings zu beachten, dass eine Orthogonalität des Versuchsplans nicht vorliegt.[452] In dem hier vorliegenden Untersuchungsziel der Arbeit treffen die Kriterien der optimalen Versuchsplanung zu, weshalb diese für die hier vorliegende Problemstellung herangezogen wird.

4.2.3.7 Mischungspläne

Mischungspläne sind, wie der Name bereits sagt, für Anwendungen in der Chemie und der Verfahrenstechnik relevant. Sie werden Mischungspläne genannt, da die Mischung aller Anteile immer 100 % betragen muss und sie zudem von Mischungsverhältnissen abhängig sind. Durch diese Randbedingung wird der Faktorraum um eine Dimension verringert. Abbildung 4-9 zeigt beispielhaft, wie alle realisierbaren Kombinationen von drei Faktoren in einer Ebene im dreidimensionalen Raum abgebildet werden können. [453]

---

[450] Vgl. Scheffler, E. (1997) Statistische Versuchsplanung und -auswertung, S. 283

[451] Vgl. Gundlach, C. (2004) Statistische Versuchsplanung, S. 74

[452] Vgl. Kleppmann, W. (2013) Versuchsplanung, S. 227-228; Siebertz, K./van Bebber, D. et al. (2010) Statistische Versuchsplanung, S. 52-53

[453] Vgl. Gundlach, C. (2004) Statistische Versuchsplanung, S. 116; Kleppmann, W. (2013) Versuchsplanung, S. 253-257; Siebertz, K./van Bebber, D. et al. (2010) Statistische Versuchsplanung, S. 50

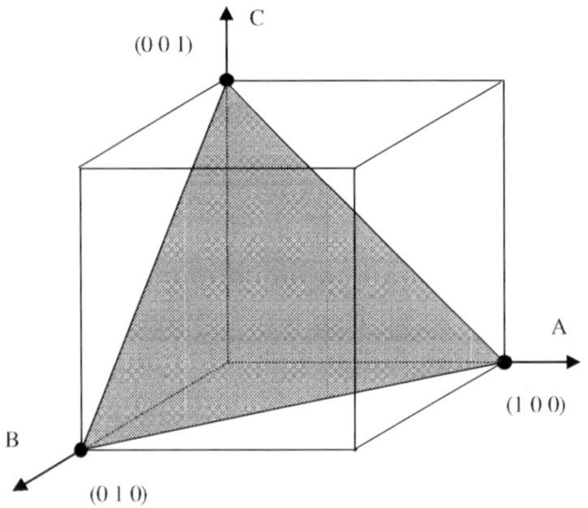

Abbildung 4-9: Realisierbare Kombinationen bei Mischungsplänen[454]

Für den Fall, dass in der Realität nicht jede Kombination Sinn ergibt, kann der Faktorraum weiter eingegrenzt werden.

4.2.3.8 Versuchspläne für robuste Prozesse und Produkte

Bei dieser Art von Versuchsplänen beschreibt die Bezeichnung ebenfalls die eigentliche Anwendung. Die Versuchspläne werden bei robusten Prozessen oder Produkten angewandt. Das bedeutet, dass diese unempfindlich gegenüber Störeinflüssen sind und sie daher sehr gut für Einstellungen der Steuergrößen genutzt werden können. Der bekannteste Versuchsplan stammt vom gleichnamigen Erfinder Taguchi.[455] Taguchi-Versuchspläne beruhen auf den Methoden der klassischen Versuchsplanung, meist faktoriellen Versuchsplänen. Allerdings wird der Versuchsplan in ein inneres Feld, welches die Steuergrößen betrachtet, und ein äußeres Feld, welches die Störgrößen betrachtet, aufgeteilt. Nach der Durchführung beider Versuchsreihen wird jede Position des äußeren Feldes mit denen des inneren Feldes getestet.[456] Ein Nachteil dieser Versuchsmethode ist die hohe Anzahl an notwendigen Versuchen für das innere und äußere Feld[457].

4.2.3.9 Shainin-Methodik

Die Shainin-Methodik hat das Ziel, durch eine systematische Beobachtung der Fertigung und einfachen Versuchen Störgrößen zu identifizieren und die wichtigsten Faktoren zu erkennen[458]. Hintergrund dieser Strategie ist das Pareto-Prinzip, welches besagt, dass 80 % eines Ergebnisses mit nur wenigen Größen erklärt werden können und die restlichen 20 % auf viele Größen entfallen. Übertragen auf die

[454] Darstellung in Anlehnung an: Kleppmann, W. (2013) Versuchsplanung, S. 254
[455] Vgl. Kleppmann, W. (2013) Versuchsplanung, S. 165
[456] Vgl. Kleppmann, W. (2013) Versuchsplanung, S. 168-169; Scheffler, E. (1997) Statistische Versuchsplanung und -auswertung, S. 291
[457] Vgl. Scheffler, E. (1997) Statistische Versuchsplanung und -auswertung, S. 291
[458] Vgl. Kleppmann, W. (2013) Versuchsplanung, S. 21, 64

Statistische Versuchsplanung bedeutet es, dass nur wenige Steuergrößen die Produktparameter entscheidend beeinflussen.[459] Da diese Methodik ebenfalls nicht in Betracht kommt, wird auf weiterführende Erläuterungen verzichtet.

4.2.3.10 Experimentelle Optimumsuche

Bei der experimentellen Optimumsuche werden meistens keine quantitativen Zusammenhänge untersucht. Vielmehr wird durch ein systematisches Absuchen des Antwortraumes ein Optimum ermittelt. Es existieren eine Vielzahl von experimentellen Verfahren zur Suche des Optimums. Beispielsweise sollen hier der Simplex-Algorithmus oder das Gradientenverfahren genannt werden.[460] In der Praxis wird sehr oft und fälschlicherweise von einer Optimierung eines Prozesses oder Produktes gesprochen, was allerdings voraussetzt, dass der Prozess oder das Produkt sehr nah am Optimum liegen müssen[461].

4.2.4 Auswertungsmethoden

Nachdem das Vorgehen zur Durchführung von Versuchen beschrieben wurde, folgt die Auswertung der durch die Versuche entstandenen Ergebnisse. Die Auswertung hat das primäre Ziel, die Einflüsse der Faktoren auf die entstandenen Ergebnisse und deren Zusammenhänge zu berechnen und darzustellen. Auch für die Auswertung der Ergebnisse existieren unterschiedliche Methoden (vgl. Abbildung 4-3 Kapitel 4.2), deren Anwendbarkeit durch die Versuchsmethode, den Versuchsplan und die Faktorbeschaffenheit teilweise bedingt ist. Grundlegende Auswertungsmethoden sind:

Tabelle 4-2: Grundlegende Auswertungsmethoden und deren Anwendungszweck[462]

Methode	Zweck
Effektberechnung	Quantifizierung von Faktoreneinflüssen, Wechselwirkungen und Signifikanzbeurteilung
Varianzanalyse	Zuordnung von Streuungsursachen
Regressionsanalyse	Empirische Modellbildung
Residuenanalyse	Überprüfung der Modellqualität und Identifizierung potenzieller Ausreißer

Zudem existieren eine Vielzahl von grafischen Darstellungsmethoden der Ergebnisse, um diese besser zu verstehen. Da eine vollständige Erläuterung der grafischen Darstellungsmethoden zu umfangreich für die hier vorliegende Arbeit ist, werden die relevantesten Methoden mit ihrem Zweck dargestellt:

---

459 Vgl. Gundlach, C. (2004) Statistische Versuchsplanung, S. 156-160; Kleppmann, W. (2013) Versuchsplanung, S. 57-64

460 Vgl. Gundlach, C. (2004) Statistische Versuchsplanung, S. 95

461 Vgl. Scheffler, E. (1997) Statistische Versuchsplanung und -auswertung, S. 299

462 Tabelle in Anlehnung an: Gundlach, C. (2004) Statistische Versuchsplanung, S. 220

Tabelle 4-3: Grundlegende Darstellungsmethoden mit deren Anwendungszweck[463]

Methode	Zweck
Korrelationsdiagramme	Aufzeigen von Zusammenhängen zwischen zwei oder mehreren Größen
Haupteffekt- und Wechselwirkungsdiagramme	Herausstellung von Faktoren- und Wechselwirkungseffekten
Histogramm der Effekte, Wahrscheinlichkeitsnetz der Effekte	Abbildung und Signifikanzbeurteilung von Faktoren- und Wechselwirkungseffekten
3D-Diagramm, Höhenliniendiagramm	Darstellung von empirischen Modellen
Wahrscheinlichkeitsnetz für Residuen	Beurteilung des Modells

Im Nachfolgenden werden die einzelnen Auswertungsmethoden kurz beschrieben.

4.2.4.1 Effektberechnung

Die Effektberechnung beruht auf der Berechnung des exakten Effekts anhand der Messergebnisse der Zielgrößen. Die Effekte können für quantitative oder qualitative Faktoren berechnen werden (vgl. Kapitel 4.2.2.3). Zudem wird zwischen der Haupteffektberechnung und der Wechselwirkungseffektberechnung unterschieden.[464]

Haupteffektberechnung

Bei der Haupteffektberechnung werden im Mittel die Veränderungen eines Faktors auf die Zielgrößen untersucht. Abbildung 4-10 stellt die Effekte von drei Faktoren (A, B und C) auf der horizontalen Achse sowie Zahlenwerte auf der vertikalen Achse dar. Durch die Kodierung der Stufen sind die Ergebnisse dimensionslos. Dies erlaubt einen direkten Vergleich der Effekte, obwohl die meisten Faktoren unterschiedliche physische Einheiten besitzen.[465] Es ist zu erkennen, dass Faktor C die größte Wirkung und Faktor B die geringste Wirkung auf die Zielgröße hat.

[463] Tabelle in Anlehnung an: Gundlach, C. (2004) Statistische Versuchsplanung, S. 221
[464] Vgl. Gundlach, C. (2004) Statistische Versuchsplanung, S. 228
[465] Vgl. Siebertz, K./van Bebber, D. et al. (2010) Statistische Versuchsplanung, S. 13-14

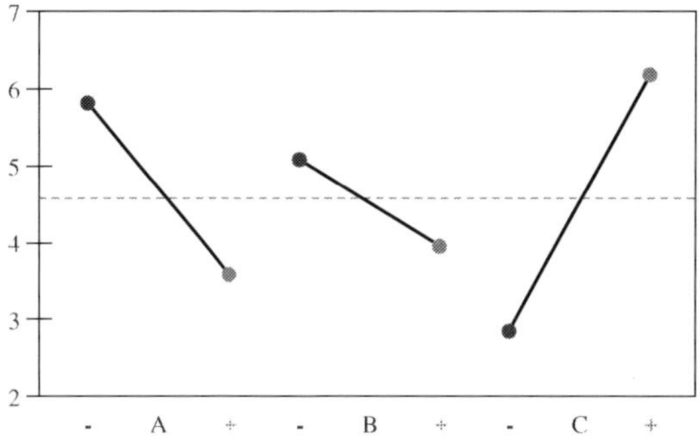

Abbildung 4-10: Haupteffekte mit den Faktoren A, B und C[466]

Die hinter der Grafik liegende Berechnung der Effekte erfolgt anhand der Messergebnisse für die Zielgrößen unter Berücksichtigung der jeweiligen Faktorstufen. Für die quantitative Darstellung wird zunächst der Mittelwert der Messergebnisse aus den Versuchen auf der unteren Stufe („-1") und der Mittelwert der Zielgröße aus den Versuchen auf der oberen Stufe („+1") berechnet. Durch die Differenzbildung der zwei Mittelwerte lässt sich der Effekt des entsprechenden Faktors berechnen und grafisch darstellen.[467] Die Berechnungsformel stellt sich wie folgt dar:

Formel 4-2: Berechnung des Effekts unter Berücksichtung der Faktorstufen[468]

$$Effekt(x) = \overline{y}_{x+} - \overline{y}_{x-}$$

$x = Faktor$

$\overline{y}_i$ = *Mittelwert der Messerg. auf Parametrierung i (x+/x-) des Faktors x*

Wechselwirkungseffektberechnung

Bei der Wechselwirkungseffektberechnung werden, anders als bei der Haupteffektberechnung, nicht ein Faktor, sondern gleichzeitig mehrere Faktoren (meistens allerdings nur zwei) berechnet. Um mehrere Faktoren zu betrachten, werden die Faktoren jeder Zeile des Versuchsplans miteinander multipliziert, sodass sich eine weitere, neue Spalte ergibt. Bei der Multiplikation werden die Vorzeichen nach der Multiplikationsregel der Mathematik beachtet. Anhand der so berechneten neuen Spalte kann mit der Berechnungsformel der Haupteffekte die Wechselwirkung berechnet werden.[469]

---

[466] Darstellung in Anlehnung an: Siebertz, K./van Bebber, D. et al. (2010) Statistische Versuchsplanung, S. 14

[467] Vgl. Gundlach, C. (2004) Statistische Versuchsplanung, S. 228; Scheffler, E. (1997) Statistische Versuchsplanung und -auswertung, S. 67-71; Siebertz, K./van Bebber, D. et al. (2010) Statistische Versuchsplanung, S. 12-15

[468] Vgl. Gundlach, C. (2004) Statistische Versuchsplanung, S. 228

[469] Vgl. Gundlach, C. (2004) Statistische Versuchsplanung, S. 228-229; Siebertz, K./van Bebber, D. et al. (2010) Statistische Versuchsplanung, S. 15-21

Interpretation der Effekte

Steigt die Anzahl der Faktoren und Faktorstufen, so steigt ebenfalls die Zahl der zu untersuchenden Wechselwirkungen und die Effektberechnung gewinnt schnell an Komplexität. Um dieser Komplexität entgegenzutreten, existieren verschiedene Verfahren, wie z.B. die Varianzanalyse oder die Regressionsanalyse[470]. Zur Beurteilung der Effekte von qualitativen Faktoren eignet sich die Varianzanalyse. Für quantitative Faktoren wird meistens mit der Regressionsanalyse gearbeitet, obwohl auch hier die Varianzanalyse angewandt werden könnte.[471]

4.2.4.2 Varianzanalyse

Für den Vergleich von mehr als zwei qualitativen Faktoren und deren Effekte wird die Varianzanalyse als Mittel eingesetzt[472]. Ziel der Varianzanalyse ist die Untersuchung und Beurteilung der Signifikanz der vorher bestimmten Effekte. Die Grundlage der Analyse basiert auf der Variation der Messergebnisse.[473] Die Summe der Quadrate der Abweichungen (Quadratsumme) nimmt dabei eine zentrale Rolle ein und wird wie folgt berechnet:

Formel 4-3: Berechnung der Quadratsumme[474]

$$\sum_{i=1}^{n}(y_i - \bar{y})^2$$

$\bar{y}$ = *Mittelwert der Messwerte*

y_i = *Einzelmesswert des i-ten Versuchs*

Das Prinzip der Varianzanalyse basiert auf der Zerlegung der Gesamtvariation. Als Gesamtvariation wird die Summe der Quadrate der Abweichungen aller Messwerte eines Versuchsplans verstanden. Die berechnete Variation kann in die Variation innerhalb von Gruppen und die Variation zwischen Gruppen aufgeteilt werden. Bei der Statistischen Versuchsplanung stellen die Gruppen die Faktorstufen dar. Die Variation innerhalb einer Gruppe ist in Bezug auf die Statistische Versuchsplanung die Variation der Faktorstufen. Die Variation beschreibt somit die Abweichungen der einzelnen Messergebnisse vom Mittelwert der Messergebnisse für eine Faktorstufe. Um diese zu berechnen, wird erst der Mittelwert der jeweiligen Faktorstufen der Messergebnisse gebildet, um anschließend mit der Quadratsumme aus den jeweiligen Messergebnissen die Variation zu berechnen. Die Variation zwischen Gruppen bedeutet, auf die Statistische Versuchsplanung angewandt, die Abweichung der gemittelten Faktorstufen vom Gesamtmittelwert. Die Berechnung erfolgt analog zur Berechnung innerhalb einer Gruppe (Berechnung des Mittelwertes und Bildung der Quadratsumme). Bei der Variation zwischen Gruppen ist allerdings zu beachten, dass der Mittelwert jeder Faktorstufe so oft eingeht, wie diese im Versuchsplan vorkommen.[475]

---

[470] Vgl. Gundlach, C. (2004) Statistische Versuchsplanung, S. 229

[471] Vgl. Scheffler, E. (1997) Statistische Versuchsplanung und -auswertung, S. 166

[472] Vgl. Kleppmann, W. (2013) Versuchsplanung, S. 235

[473] Vgl. Scheffler, E. (1997) Statistische Versuchsplanung und -auswertung, S. 165-166

[474] Vgl. Scheffler, E. (1997) Statistische Versuchsplanung und -auswertung, S. 167; Siebertz, K./van Bebber, D. et al. (2010) Statistische Versuchsplanung, S. 105

[475] Vgl. Siebertz, K./van Bebber, D. et al. (2010) Statistische Versuchsplanung, S. 105-108

Die Gesamtvariation ergibt sich aus der Summe der Variation innerhalb der Gruppen und der Variation zwischen den Gruppen. Die Variation zwischen den Gruppen beschreibt den durch die Veränderung der Faktorstufen erklärten Teil der Variabilität. Die Variation innerhalb einer Gruppe beschreibt den Anteil der Variabilität. Mithilfe der berechneten Werte lässt sich nun der Anteil der Variabilität des Effekts bestimmen, der durch die Veränderung des Faktors erklärt ist.[476]

Das hier beschriebene Verfahren muss dabei für jeden Faktor und jeden Effekt getrennt durchgeführt werden. Mit den jeweiligen Berechnungen können die Faktoren anschließend ihrer Bedeutung für den Effekt zugeordnet werden. Somit kann bestimmt werden, welcher Faktor signifikante Auswirkungen herbeiführt und welche Faktoren eher zufällige Auswirkungen hervorrufen.[477]

Für eine genaue Bestimmung, welche Faktoren einen nicht zufälligen Einfluss auf den Effekt ausüben, können in der Varianzanalyse sogenannte Hypothesentests angewandt werden. Dabei wird bei dem Hypothesentest zunächst eine Nullhypothese aufgestellt, die besagt, dass der zu untersuchende Faktor keinen Effekt hat. Anschließend erfolgt mit den ermittelten Varianzen die Bestimmung einer Testgröße, die einer sogenannten F-Verteilung folgt. Durch einen Vergleich der Testgröße mit der F-Verteilung lässt sich die Wahrscheinlichkeit (p-Wert) bestimmen, in einem Experiment einen F-Wert zu finden, der mindestens so groß ist wie die vorgefundene Testgröße.

Formel 4-4: Berechnung der Wahrscheinlichkeit[478]

$$p = P(F_{f_1,f_2} \geq F_{Stichprobe})$$

p = *p-Wert*

P = *Wahrscheinlichkeit für ein Ereignis*

F_{f_1,f_2} = *F-Wert in Abhängigkeit der Freiheitsgrade f_1 und f_2*

$F_{Stichprobe}$ = *aus Messwerten ermittelte Testgröße*

Ist der ermittelte p-Wert kleiner als das zuvor festgelegte Signifikanzniveau, so wird der Effekt als signifikant bewertet und die Nullhypothese (Faktor hat keinen Effekt) somit verworfen. Mit diesem Verfahren können nun in einem schrittweise vorgehenden Verfahren die verschiedenen Faktoren auf ihre Signifikanz für die unterschiedlichen Effekte überprüft und die nicht signifikanten Faktoren eliminiert werden.[479]

Da dieses Vorgehen und Verfahren recht komplex ist und viele Berechnungen erfordert, gibt es diverse Software-Programme, die dem Anwender diese Arbeit abnehmen und die Versuchsergebnisse entsprechend auswerten. In dieser Arbeit wird für diesen Zweck die Software JMP13 des Unternehmens SAS verwendet.

---

476 Vgl. Siebertz, K./van Bebber, D. et al. (2010) Statistische Versuchsplanung, S. 105-108

477 Vgl. Siebertz, K./van Bebber, D. et al. (2010) Statistische Versuchsplanung, S. 105-108

478 Vgl. Siebertz, K./van Bebber, D. et al. (2010) Statistische Versuchsplanung, S. 113-114

479 Vgl. Siebertz, K./van Bebber, D. et al. (2010) Statistische Versuchsplanung, S. 108-115

4.2.4.3 Regressionsanalyse

Die Regressionsanalyse untersucht quantitative Faktoren, die anders als bei qualitativen Faktoren nicht nur diskrete Werte feststellen können, sondern zudem Beziehungen zwischen Eingangs- und Zielgrößen herstellen[480]. Um dies ausgeben zu können, nutzt auch die Regressionsanalyse ein mathematisches Modell.[481] Dabei werden sogenannte Regressionspolynome verwendet, welches ein Polynom ersten Grades (lineares Polynom) in der folgenden allgemeinen Form ist:

Formel 4-5: Berechnung eines Polynoms ersten Grades[482]

$$\hat{y} = b_o + \sum_{i=1}^{k} b_i x_i$$

$\hat{y}$ = *Modellschätzer*

b_0 = *Konstante*

b_i = *Regressionsparameter*

x_i = *Eingangsgröße der Faktoren i,j*

Ein entsprechendes Polynom zweiten Grades, welches dem mathematischen Modell für quadratische Zusammenhänge zugrunde liegt, lässt sich wie folgt definieren:

Formel 4-6: Berechnung eines Polynoms zweiten Grades[483]

$$\hat{y} = b_o + \sum_{i=1}^{k} b_i x_i + \sum_{i=1}^{k-1} \sum_{j>i}^{k} b_{ij} x_i x_j + \sum_{i=1}^{k} b_{ii} x_i^2$$

$\hat{y}$ = *Modellschätzer*

b_0 = *Konstante*

$b_{i,ii,ij}$ = *Regressionsparameter*

$x_{i,j}$ = *Eingangsgröße der Faktoren i,j*

Die Parameter (b_0, b_1, …, b_k) werden meistens durch die Methode der kleinsten Quadrate ermittelt (siehe Formel 4-3). Dabei wird das entsprechende Regressionsmodell so angepasst, dass die Summe der quadrierten Abweichungen zwischen den Messwerten und der geschätzten Funktion möglichst klein

---

[480] Vgl. Scheffler, E. (1997) Statistische Versuchsplanung und -auswertung, S. 185
[481] Vgl. Kleppmann, W. (2013) Versuchsplanung, S. 183
[482] Vgl. Scheffler, E. (1997) Statistische Versuchsplanung und -auswertung, S. 186
[483] Vgl. Scheffler, E. (1997) Statistische Versuchsplanung und -auswertung, S. 187

ist.[484] Durch Ableiten der Funktion und das Umstellen des Gleichungssystems werden die einzelnen Modellkoeffizienten berechnet.

Formel 4-7: Berechnung des Modellkoeffizienten[485]

$$\text{Min} \sum_{i=1}^{n} (y_i - \hat{y}_i)^2$$

$\hat{y}_i$ = *Modellschätzer für Faktor i*

y_i = *Einzelmesswert des i-ten Versuchs*

Konnte das Regressionspolynom vollständig berechnet werden, muss die Modellqualität mittels der Residuenanalyse (vgl. Kapitel 4.2.4.4) geprüft werden. Durch die Berechnungen des mathematischen Modells können nun weitere Einstellungen und die daraus resultierenden Ergebnisse ausgegeben sowie grafisch dargestellt werden[486]. Bei der Regressionsanalyse gilt es zu beachten, dass lediglich quantitative Faktoren betrachtet werden können. Bei qualitativen Formen kann die mathematische Funktion nur diskrete Werte annehmen[487].

4.2.4.4 Residuenanalyse

Um die Güte des aufgestellten und berechneten Regressionsmodells zu beurteilen, wird die Residuenanalyse angewendet. Unter einem Residuum wird die Abweichung zwischen dem Messwert (tatsächlicher Wert) und dem berechneten Regressionswert des mathematischen Modells verstanden. Die Beurteilung des Regressionsmodells erfolgt anhand von vier verschiedenen grafischen Darstellungsformen der Residuen (Residuen aufgetragen über ein Wahrscheinlichkeitsnetz, den Modellschätzern, der Versuchsreihenfolge und der Einflussgrößen), die jeweils einen speziellen Aspekt hervorheben.[488] Die grafischen Darstellungsformen werden in den folgenden Textabschnitten beschrieben.

In einer ersten grafischen Analyse wird geprüft, ob das mathematische Modell der Regression mit den Daten konsistent ist. Um dies zu erzielen, werden die jeweiligen Residuen gegen die jeweiligen Faktorstufen (Einflussgrößen) aufgetragen und die Verteilung betrachtet. Sind die Residuen in Form eines waagerechten Bandes verteilt, so beschreibt das Modell die Daten richtig (Abbildung 4-11, rechts). Sind die Residuen anders verteilt, so ist ein Fehler zu vermuten (Abbildung 4-11, links).[489]

---

484 Vgl. Kleppmann, W. (2013) Versuchsplanung, S. 184
485 Vgl. Kleppmann, W. (2013) Versuchsplanung, S. 184
486 Vgl. Gundlach, C. (2004) Statistische Versuchsplanung, S. 232
487 Vgl. Gundlach, C. (2004) Statistische Versuchsplanung, S. 231
488 Vgl. Kleppmann, W. (2013) Versuchsplanung, S. 190
489 Vgl. Kleppmann, W. (2013) Versuchsplanung, S. 190

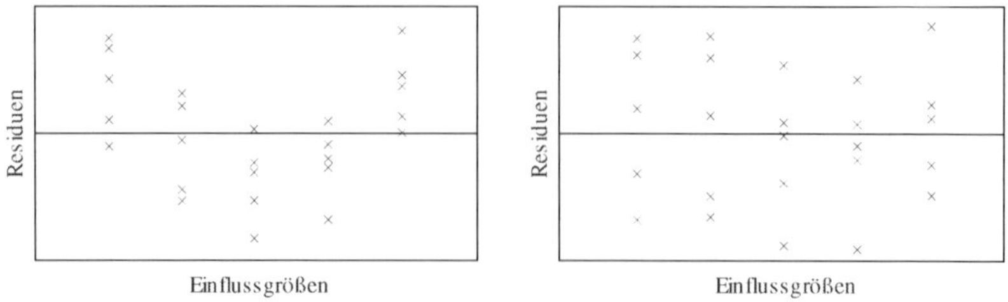

Abbildung 4-11: Residuen zur Prüfung des Modells (links schlecht, rechts gut)[490]

Nachdem festgestellt wurde, ob die Daten brauchbar sind, wird überprüft, ob es einen Trend bei den Versuchsergebnissen gibt. Hierfür werden die Residuen in der Reihenfolge der Versuchsdurchführung aufgetragen. Bilden die Residuen erneut ein Band in der Grafik, so liegt kein Trend vor (Abbildung 4-12, rechts). Ergeben sich andere Konstellationen der Residuen, so liegt wahrscheinlich ein Trend vor (Abbildung 4-12, links). Wichtig zu beachten ist, dass diese Betrachtung ausschließlich bei Versuchen mit einer Randomisierung erfolgen kann, da ohne Randomisierung kein Trend der Residuen erkennbar ist.[491]

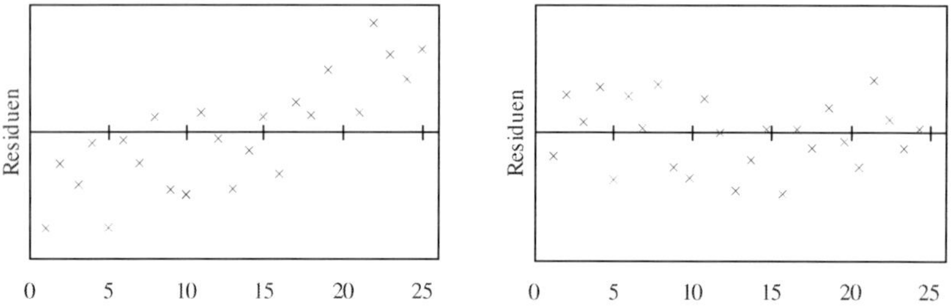

Abbildung 4-12: Residuen zur Beobachtung eines Trends (links schlecht, rechts gut)[492]

Im nächsten Schritt wird überprüft, ob die Standardabweichung von der Zielgröße abhängt. Hierzu werden die Residuen gegen die Zielgrößen aufgetragen. Bilden die Residuen erneut ein waagerechtes Band oder eine Punktewolke, so besteht kein Zusammenhang (Abbildung 4-13, rechts). Wird ein Zusammenhang festgestellt, so ergibt sich eine abweichende Verteilung, die beispielsweise eine Trichterform annimmt (Abbildung 4-13, links).[493]

---

[490] Darstellung in Anlehnung an: Kleppmann, W. (2013) Versuchsplanung, S. 190
[491] Vgl. Kleppmann, W. (2013) Versuchsplanung, S. 190-191
[492] Darstellung in Anlehnung an: Kleppmann, W. (2013) Versuchsplanung, S. 191
[493] Vgl. Kleppmann, W. (2013) Versuchsplanung, S. 191

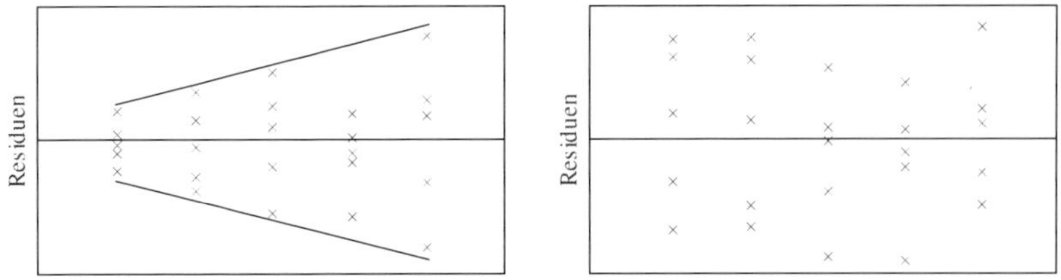

Abbildung 4-13: Residuen zur Prüfung der Standardabw. (links schlecht, rechts gut)[494]

Nachdem die grafischen Analysen erfolgt sind, wird in einem letzten Schritt überprüft, ob die Residuen normalverteilt sind. Hierfür werden diese in ein Wahrscheinlichkeitsnetz eingetragen. Liegen die Residuen näherungsweise auf einer Geraden, so sind diese normalverteilt[495].

Die hier beschriebenen Analysen basieren auf Berechnungen mit Versuchsdaten. Aus diesem Grund ist es möglich, dass Ergebnisse zufällig entstanden sind. Damit dieser Zufall ausgeschlossen werden kann, sollte, wie in Kapitel 4.2.4.2 beschrieben, ein Signifikanzniveau festgelegt werden[496]. Abschließend werden die berechneten Effekte in einem Effektplot visualisiert. Hier werden die Effekte in Säulendiagrammen der Größe nach absteigend dargestellt. Der Effekt mit der größten Säule hat den größten Einfluss.[497]

4.2.4.5 Software für Auswertungsmethoden

Die in Kapitel 4.2.2 beschriebenen Auswertungsmethoden beruhen auf umfangreichen mathematischen Modellen, die im jeweiligen Anwendungsfall sehr aufwendig zu lösen sind. Aus diesem Grund existieren mittlerweile eine Vielzahl von Programmen, die den Nutzer bei der Durchführung der Statistischen Versuchsplanung unterstützen. Dabei helfen die Programme dem Anwender beim Aufstellen des Versuchsplans, der Datenanalyse und der Berechnung sowie der grafischen Darstellung der Ergebnisse.[498] Im Rahmen der vorliegenden Dissertation wird das Programm JMP13 des Unternehmens SAS zur Aufstellung des Versuchsplans und der späteren Auswertung verwendet (vgl. Kapitel 4.3 und 5.3).

4.3 Anwendung der Statistischen Versuchsplanung

Das in Kapitel 4.2.2 vorgestellte Vorgehen zur Durchführung der Versuchsplanung wird in diesem Kapitel angewandt. Dabei dienen als Grundlage für die Festlegung der Ziele und Faktoren die in Kapitel 4.3.3 analysierten Restriktionen von Produkt, Werkzeug und generativer Technologie.

4.3.1 Beschreibung der Ausgangssituation

Wie bereits in Kapitel 4.2.2.1 erläutert, beschreibt die Ausgangssituation ein kritisches Reflektieren des Vorhabens sowie das Abstecken von äußeren Rahmenbedingungen[499].

---

[494] Darstellung in Anlehnung an: Kleppmann, W. (2013) Versuchsplanung, S. 191
[495] Vgl. Kleppmann, W. (2013) Versuchsplanung, S. 192
[496] Vgl. Kleppmann, W. (2013) Versuchsplanung, S. 192-195
[497] Vgl. Gundlach, C. (2004) Statistische Versuchsplanung, S. 229
[498] Vgl. Siebertz, K./van Bebber, D. et al. (2010) Statistische Versuchsplanung, S. 267-270
[499] Vgl. Montgomery, D. C. (2001) Design and Analyses of Experiments, S. 8

In der hier vorliegenden Arbeit ergibt sich die Herausforderung, anforderungsgerechte Formwerkzeuge mittels Generativen Fertigungsverfahren herzustellen. Um die Formwerkzeuge herstellen zu können, müssen die Herstellungsbedingungen der generativen Verfahren bekannt sein. Neben den Anforderungen, die aus dem Werkzeugbau resultieren, ist ein Verständnis der multifaktoriellen Wirkungszusammenhänge der Parametrisierung des Druckers für den Herstellprozess von elementarer Bedeutung. Es existieren viele verschiedene prozess- und kundenindividuelle Werkzeuge mit verschiedenen Anforderungen. Je nachdem wie der Drucker parametrisiert ist, können diese Anforderungen besser oder schlechter erfüllt werden.

Somit stellen die äußeren Rahmenbedingungen das Verständnis der multifaktoriellen Betrachtung dar. Bei der Durchführung der Statistischen Versuchsplanung steht in dieser Arbeit weder eine Kosten- noch eine Zeitoptimierung im Vordergrund. Vielmehr werden hier grundlegende Zusammenhänge erforscht.

Mit dem erlangten Wissen der multifaktoriellen Wirkungszusammenhänge ist es möglich, den Drucker für den jeweiligen Anwendungsfall bestmöglich einzustellen. Wie bereits in Kapitel 2.10 und Kapitel 3.2 hergeleitet, bestehen sowohl in der Praxis als auch in der Theorie Defizite. Aufbauend auf diese Arbeit und die hier erlangten grundlegenden Kenntnisse können weitere Zusammenhänge erforscht und Sachverhalte auf spezielle Werkzeuge und Produkte übertragen werden.

4.3.2 Festlegung des Untersuchungsziels

Das Untersuchungsziel legt die Art der Versuchsdurchführung fest. In Kapitel 4.2.2.2 wurden die sechs unterschiedlichen Arten von Untersuchungszielen dargestellt und beschrieben.

Das Ziel der hier vorliegenden Arbeit und Untersuchung ist es, ein Verständnis über die Wirkungszusammenhänge multifaktorieller Parametereinstellung der Technologie des 3D-PolyJet-Verfahrens zur Auslegung von anforderungsgerechten Formwerkzeugen zu entwickeln. Aus diesem Grund scheiden Ziele wie beispielsweise die Reduzierung der Streuung, das Erkennen von wichtigen Störgrößen in der Fertigung oder gleichzeitiges Fertigen und Lernen aus. Ebenso sollen keine Funktionen oder ihre Zuverlässigkeit nachgewiesen werden. Das Erkennen der optimalen Lage des Mittelwertes ist ein eher relevantes Untersuchungsziel. Allerdings kann bei der optimalen Lage des Mittelwertes lediglich bestimmt werden, wie der Mittelwert einer Zielgröße durch verschiedene Faktoren beeinflusst wird. Da in dieser Arbeit verschiedene Zielgrößen und verschiedene Faktoren eine Rolle spielen (multifaktorielle Betrachtung), liegt ein Ziel zur Untersuchung optimaler Mischungsverhältnisse vor.

Mit dem definierten Untersuchungsziel können im Folgenden eine Versuchsmethode ausgewählt und Zielgrößen und Faktoren festgelegt werden.

4.3.3 Festlegung von Zielgrößen und Faktoren

Für die Durchführung der Statistischen Versuchsplanung müssen Zielgrößen, Faktoren und Faktorstufen festgelegt werden. Die Festlegung der Zielgrößen erfolgte aus den Anforderungen des Werkzeugbaus (vgl. Kapitel 2.3). Es wurden die Zielgrößen Zugfestigkeit bei Raumtemperatur, Zugfestigkeit bei erhöhter Temperatur von 35 °C (Vergleich der Wärmeformbeständigkeit), Oberflächenrauheit, Oberflächenhärte und Maßabweichung (horizontal/vertikal) identifiziert und festgelegt. Bei der späteren Versuchsauswertung können diese Zielgrößen minimiert, maximiert oder individuell eingestellt werden.

Beispielsweise kann die Zielgröße Oberflächenrauheit individuell eingestellt werden, um die gewünschte Rauheit der Oberfläche zu erzielen. Ebenso können die Zielgrößen auf ein mögliches Minimum oder Maximum der Zielgröße eingestellt werden. Die Software JMP berechnet den möglichen Wert und die Wahrscheinlichkeit, mit der dieser Wert erreicht werden kann (vgl. Kapitel 5.3.1.).

Als Faktoren wurden die Druckereinstellung Oberflächenfinish, Druckmodus und Supportmaterial sowie die Möglichkeit der thermischen Nachbehandlung und die Ausrichtung des gedruckten Probekörpers auf der Bauoberfläche ausgewählt (vgl. Kapitel 2.7). Die Position der Probe auf der Bauoberfläche sowie der Raum zwischen den Proben („spacing") wurden im Rahmen dieser Arbeit nicht untersucht, da vorherige Untersuchungen bereits nachgewiesen haben, dass diese Faktoren keine statistische Signifikanz haben[500]. Die Faktoren resultieren dabei aus der für den Anwender geschlossenen Software von Stratasys sowie den Einstellungsmöglichkeiten bei der Bedienfläche (vgl. Kapitel 8.3). Bei der Einstellung „Oberflächenfinish" kann zwischen *Matte* und *Glossy* gewählt werden. Bauteile, welche mit der Druckeinstellung *Matte* gedruckt werden, erscheinen matt, wohingegen Bauteile, welche mit der Einstellung *Glossy* gedruckt werden, eine glänzende Oberfläche aufweisen. Bei der Einstellung „Druckmodus" kann zwischen *High Speed, High Quality* und *Digital Material* gewählt werden. Unter dem Druckmodus *High Speed* werden dickere Einzelschichten verdruckt, sodass der Druckprozess schneller als im Druckmodus *High Quality* abläuft, in dem dünnere Schichten gedruckt werden. Der Druckmodus *Digital Material* ist nur für digitales Material möglich, also für Digital ABS. Bei der Druckereinstellung „Supportmaterial" kann zwischen *Standard, Heavy* und *Lite* gewählt werden. Als Faktorstufen wurden hier *Heavy* und *Lite* gewählt, um den Versuchsplan nicht unnötig zu vergrößern. Die Ausrichtung der gedruckten Probe auf der Bauoberfläche kann von 0° bis 360° in der Ebene variieren. Als Faktorstufen wurden hier 0° und 90° gewählt, um Aussagen über das Verhalten bei Druck in Druckkopfrichtung bzw. quer zur Druckkopfrichtung zu ermöglichen. *Digital Material* bietet darüber hinaus die Möglichkeit der thermischen Nachbehandlung, durch welche das Material bessere Eigenschaften erhalten soll (vgl. Kapitel 2.7.3)[501].

Digital ABS Material kann nur mit dem Druckmodus *Digital Material* gedruckt werden, sodass der Faktor Druckmodus für Digital ABS entfällt. Außerdem kann Digital ABS als einziges Material thermisch nachbehandelt werden, sodass der Faktor thermische Nachbehandlung nur bei Digital ABS betrachtet wird[502]. Somit ergeben sich für jedes Material vier Faktorstufen.

Tabelle 4-4 fasst für die vier Materialien Digital ABS, VeroGray, Rigur und RGD720 (vgl. Kapitel 2.8) die Faktoren und Faktorstufen zusammen.

---

500 Vgl. Müller, J./Shea, K./et al. (2015) Mechanical properties of 3D printing, S. 902-911
501 Vgl. Stratasys Inc. (2015) PolyJet Best Practice, S. 4-5
502 Vgl. Stratasys Inc. (2015) PolyJet Best Practice, S. 3-6

Tabelle 4-4: Faktoren und Faktorstufen[503]

Faktor	Faktorstufe 1	Faktorstufe 2
Oberflächenfinish	Matte	Glossy
Druckmodus	High Speed	High Quality
Ausrichtung	0°	90°
Supportmaterial	Lite	Heavy
Thermische Nachbehandlung	Keine	Typ B

Somit ergeben sich für die vier Materialien je vier Faktoren mit je zwei Faktorstufen. Nach Formel 4-8 hat der vollfaktorielle Versuchsplan für jedes Material somit 16 Einzelversuche mit verschiedenen Parametrisierungen.

Formel 4-8: Berechnung der Anzahl der Versuche[504]

$$n_r = {n_l}^{n_f}$$

n_r: *Anzahl der Versuche*

n_l: *Anzahl der Faktorstufen*

n_f: *Anzahl der Faktoren*

4.3.4 Aufstellen des Versuchsplans mit einer statistischen Software

Als nächstes werden die Versuchspläne für jedes Material in JMP erstellt. Dafür wird im Startfenster von JMP unter DOE (Design of Experiments) das vollfaktorielle Design gewählt, um einen vollfaktoriellen Versuchsplan zu erstellen. Der vollfaktorielle Versuchsplan wurde im Rahmen dieser Arbeit ausgewählt, da er gegenüber den teilfaktoriellen Versuchsplänen den entscheidenden Vorteil besitzt, dass er sämtliche Kombinationen aller Faktoren und aller Faktorstufen enthält, somit den ganzen Versuchsraum abbildet und keine Parametrisierung unbetrachtet lässt. Mit dem vollfaktoriellen Versuchsplan wird das System also maximal und mit größtmöglicher Sicherheit untersucht. Die genaue Eingabe in JMP ist im Anhang in Kapitel 8.8 näher erläutert. Mit der Wahl des vollfaktoriellen Versuchsplans sowie der Eingabe der Zielgrößen und Faktoren erstellt das Programm nun den entsprechend durchzuführenden Versuchsplan.

4.4 Qualitätsprozesse bei der Versuchsdurchführung

Um Fehler bei der Versuchsdurchführung zu vermeiden, werden im Vorfeld zu den Materialprüfungen verschiedene Qualitätsprozesse identifiziert und auf den in dieser Arbeit vorliegenden Anwendungsfall angewandt.

---

503 Tabelle in Anlehnung einer Vorveröffentlichung: Kampker, A./Kreisköther, K./et al. (2017) Material and Parameter Analysis of the PolyJet Process, S. 1247

504 Vgl. Gundlach, C. (2004) Statistische Versuchsplanung, S. 52; Siebertz, K./van Bebber, D. et al. (2010) Statistische Versuchsplanung, S. 179

4.4.1 Failure Mode and Effect Analysis (FMEA)

Mit der FMEA (zu Deutsch: Fehlermöglichkeits-Einflussanalyse) werden mögliche Schwachstellen gesucht, hinsichtlich ihrer Schwere bewertet und nach angemessenen Korrekturmaßnahmen gesucht, um die Fehler zu beheben oder zu vermeiden. Dabei wird die Auftretens- und Entdeckungswahrscheinlichkeit der Fehlerursachen, sowie deren Wirkung auf das Ergebnis beurteilt.[505]

Die abgeleiteten Korrekturmaßnahmen können in auswirkungsbegrenzende Maßnahmen, Maßnahmen, welche die Wahrscheinlichkeit des Auftretens der Fehlerursache vermeiden und Maßnahmen, welche die Entdeckungswahrscheinlichkeit der Fehlerursachen erhöhen, unterschieden werden.[506] In dem hier vorliegenden Fall sind die vermeidenden Maßnahmen zu bevorzugen, um Fehler bereits vor der Entstehung zu eliminieren. Die schwerwiegendste Fehlermöglichkeit ist die Verwechslung der Probekörper. Aufgrund der starken Ähnlichkeit ihres Aussehens ist die Entdeckungswahrscheinlichkeit gering und die Auftretenswahrscheinlichkeit sehr hoch. Da eine Verwechslung der Proben eine fatale Auswirkung auf die Messergebnisse hat, sind entsprechende Vermeidungsmaßnahmen einzuleiten. Eine erste Vermeidungsmaßnahme ist eine klare und eindeutige Benennung der Probekörper, sowie eine sorgfältige Aufbewahrung der Probekörper in Registern (siehe Anhang 8.4). Bei Prozessabläufen, bei denen diese Maßnahmen nicht richtig greifen können, werden zusätzliche Hilfsmittel wie z.B. ein Sortierbrett angewandt (siehe Kapitel 8.4.2). Solche Prozessabläufe sind beispielsweise die Entnahme der gedruckten Probekörper aus dem Drucker und die anschließende Entfernung des Stützmaterials in der Reinigungskabine.

4.4.2 Vier-Augen-Prinzip

Um die Entdeckungswahrscheinlichkeit zu erhöhen und die Null-Fehler-Strategie durchgängig zu unterstützen, wird während der Versuchsdurchführung stets das Verfahren des „Vier-Augen-Prinzips" angewandt. Das Vier-Augen-Prinzip stellt sicher, dass nur fehlerfreie und die richtigen Bauteile den nächsten Arbeitsschritt erreichen[507]. Das Herausnehmen der Probekörper aus dem Drucker oder aus den Registern für die Materialprüfungen wird somit immer von zwei Personen begleitet und bestätigt.

Als weitere schwerwiegende Fehlermöglichkeit wurde die wiederholgenaue Durchführung der Materialprüfungen identifiziert. Zum einen ist es von elementarer Bedeutung, die Proben genau nach Vorgabe der entsprechenden Norm zu vermessen. Zum anderen müssen alle Proben exakt gleich vermessen werden, um die Vergleichbarkeit der Proben und die Validität der Prüfergebnisse zu gewährleisten. Da die meisten Materialprüfverfahren sehr universell nutzbar sind, gibt es meistens keine definierten Anschläge oder Einlegevorrichtungen für die in dieser Arbeit behandelten Proben. Aus diesem Grund wurden speziell für den hier betrachteten Fall Prüfkörperanschläge für die entsprechend notwendigen Materialprüfungen konstruiert (siehe Kapitel 5.2.2 und 5.2.3). Diese Maßnahme unterstützt den Anwender beim Einlegen des Probekörpers und ist an den Qualitätsmanagementprozess des Poka Yoke angelehnt.

4.4.3 Poka Yoke

Der Begriff Poka Yoke setzt sich zusammen aus den japanischen Wörtern Poka für Versehen, Lapsus oder unglücklicher Fehler, und Yoke für verhindern. In der Fachliteratur wird auch von der Technik der

[505] Vgl. Schmitt, R. (2015) Qualitätsmanagement, S. 89-90
[506] Vgl. Schmitt, R. (2015) Qualitätsmanagement, S. 96-99
[507] Vgl. Gunnar Knüpffer (2012) 4-Augen-Prinzip, S. 3

Null-Fehler-Prozesse gesprochen. Das Prinzip des Poka Yoke umfasst technische Einrichtungen, Vorkehrungen sowie einfache Systeme zur Fehlervermeidung oder zur sofortigen Fehleraufdeckung. Schwerpunktmäßig soll das Prinzip die fehlerfreie Arbeit von Menschen als Elemente von Arbeitssystemen und Prozessen sicherstellen.[508]

4.4.4 5-S-Methode

Als letzte Maßnahme und zur zusätzlichen Sicherung der Qualität der Messergebnisse wird während aller Prozessschritte die 5-S-Methode, in Deutsch 5-A-Methode, angewandt. Die 5-S-Methode besteht aus den folgenden Schritten:[509]

1. **A**ussortieren (**S**eiri): Unterscheiden von am Arbeitsplatz notwendigen und unnötigen Arbeits- bzw. Hilfsmitteln sowie Aussortieren des Unnötigen.
2. **A**ufräumen (**S**eiton): Ordnen der für notwendig erachteten Arbeits- und Hilfsmittel, sodass diese griffbereit am richtigen Platz aufbewahrt werden.
3. **A**rbeitsplatz sauber halten (**S**eiso): Den geordneten Arbeitsplatz und die entsprechenden Arbeits- und Hilfsmittel sauber halten und pflegen.
4. **A**nordnungen zur Regel machen (**S**eiketski): Standards, Regeln und Vorschriften einhalten sowie täglich und kontinuierlich an den ersten drei Punkten weiterarbeiten.
5. **A**lle Punkte einhalten und ständig verbessern (**S**hitsuke): Sich selbst disziplinieren, die oben genannten Punkte zur Gewohnheit werden lassen und für die ständige Verbesserung des Arbeitsumfeldes sorgen.

Die in der 5-S-Methode genannten Schritte greifen bereits bei der Planung der im Kapitel 8.4 beschriebenen Versuchsaufbauten ein, beginnend bei der Planung der Versuchsabläufe bis zum Design der Messarbeitsplätze.

4.4.5 Aktivitätsdiagramme

Für die Planung und Einhaltung der Prozessabläufe der Versuche und Materialprüfungen wurden mithilfe des am Lehrstuhl für Arbeitswissenschaften an der RWTH entwickelten *K3 Notationssystems* die Aktivitätsdiagramme entwickelt. Dabei steht K3 für Koordination, Kooperation und Kommunikation. Mithilfe dieses Systems wird der Ablauf der Versuche und Materialprüfungen für alle Wiederholungen eindeutig festgelegt. In Einordnung zu den Qualitätsmanagementprozessen können somit Schwachstellen bereits bei der Planung der Arbeitsabläufe festgestellt werden. Die Modellierungsmethode zur Kennzeichnung der Arbeitsabläufe bietet die notwendige Flexibilität und Funktionalität, um auf Arbeitsabläufe, die nicht im Detail bekannt sind, angewendet zu werden. Dabei wird die Anzahl der unterschiedlichen Elemente bewusst geringgehalten, um eine möglichst einfache und klare Darstellung für Modellierungsexperten zu erreichen.[510] Abbildung 4-14 zeigt die grafischen Elemente für das Aktivitätendiagramm.

[508] Vgl. Brunner, F. J. (2014) Japanische Erfolgskonzepte, S. 48-49; Sondermann, J. P. (2013) Poka Yoke, S. 5- 6; Wappis, J./Jung, B. (2019) Null-Fehler-Management, S. 255-257

[509] Vgl. Kostka, C./Kostka, S. (2011) Kontinuierlicher Verbesserungsprozess, S. 73; Wappis, J./Jung, B. (2019) Null-Fehler-Management, S. 255

[510] Vgl. Kausch, B. (2010) Integrative Methodik zur grafischen Modellierung, S. 93-94

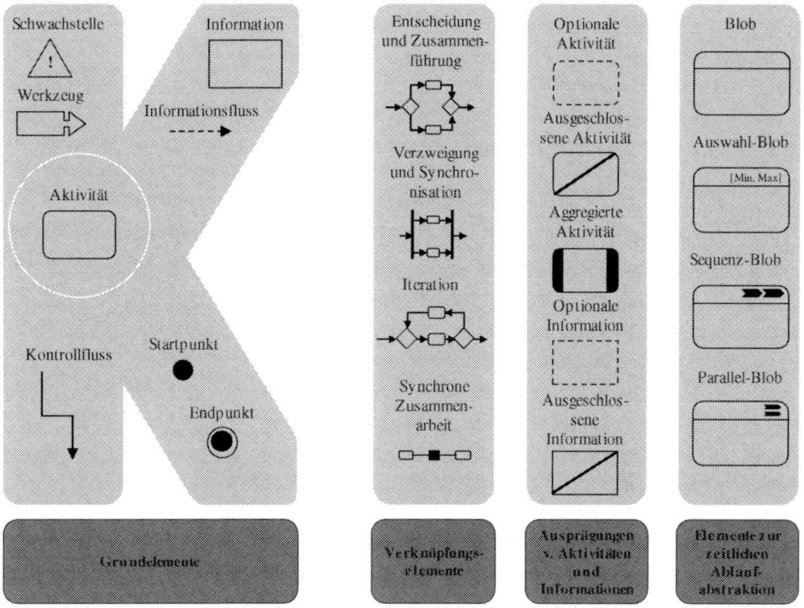

Abbildung 4-14: K3 Notationssystem[511]

Das grafische Notationssystem von K3 entspricht überwiegend den UML-Aktivitätsdiagrammen. Diese Aktivitätsdiagramme umfassen die typischen grafischen Elemente kontrollflussorientierter Modellierungssprachen.[512] Die grundlegenden Bausteine bieten die Elemente Start- und Endpunkt, Kontrollfluss sowie Aktivität. Die grafischen Elemente Information, Schwachstelle und Werkzeuge dienen der näheren Beschreibung der Aktivitäten und werden als Satellitenelemente bezeichnet. Grafisch werden diese Satellitenelemente in der Nähe der Aktivität platziert. Beim Element Informationsfluss wird das Satellitenelement direkt damit verbunden.[513]

Neben diesen Grundelementen gibt es drei weitere Säulen in Abbildung 4-14. Die Säule Verknüpfungselemente verzweigt Kontrollflüsse oder führt diese zusammen. Mithilfe der „Synchronen Zusammenarbeit" können beispielsweise Arbeitsabläufe parallelisiert werden. Sind Prozesse schwach strukturiert, so kann diesen durch die Säule „Ausprägung von Aktivitäten und Informationen" zusätzliche Bedeutung beigefügt werden. Analog zu den Ausprägungen von Aktivitäten und Informationen können im Prozessablauf auch Informationen unter bestimmten Umständen eingeholt oder per se ausgeschlossen werden. Hierfür steht die Säule der „Elemente zur zeitlichen Ablaufabstraktion" zur Verfügung. Die sogenannten verschiedenen Blobs (Binary Large Objects) stehen hier zur Modellierung des Aktivitätsdiagramms zur Verfügung. Da bei der Verwendung der konventionellen Blobs nicht ersichtlich ist, ob

---

511 Darstellung in Anlehnung an: Schlick, C. M./Mütze-Niewöhner, S. et al. (2017) Dynamische Unternehmensmodellierung und -simulation b, S. 2

512 Vgl. Schlick, C. M./Mütze-Niewöhner, S. et al. (2017) Dynamische Unternehmensmodellierung und -simulation a, S. 12

513 Vgl. Schlick, C. M./Mütze-Niewöhner, S. et al. (2017) Dynamische Unternehmensmodellierung und -simulation b, S. 2; Schlick, C. M./Luczak, H. et al. (2018) Arbeitswissenschaft, S. 656

die enthaltenen Aktivitäten sequenziell oder parallel ausgeführt werden können, stehen Blobs mit diesen Angaben zur Verfügung. Des Weiteren geben die Blobs mit der Kennzeichnung „Min“ oder „Max“ Grenzen für die Anzahl auszuführender Blob-Aktivitäten vor. Die Aktivitätsdiagramme finden in den Kapiteln 5.1 und 5.2 ihre Anwendung.[514]

4.5 Zwischenfazit

Zur Durchführung von Versuchen stehen verschiedene Methoden und Ansätze zur Verfügung. Abhängig vom Anwendungsfall können die Versuchs-Irrtum-Methodik, die Einfaktormethode oder die Statistische Versuchsplanung sinnvoll sein. So ist bei Versuchsreihen mit bekanntem Aufwand die Einfaktormethode oder die Versuchs-Irrtum-Methodik anzuwenden. Bei Untersuchungen von unbekannten Versuchsreihen oder Aufwänden, bei welchen viele verschiedene Faktoren betrachtet werden sollen, ist die Statistische Versuchsplanung besser geeignet. Diese besitzt den Vorteil, den direkten Einfluss der Faktoren und die vorhandenen Wechselbeziehungen zu bestimmen. Dadurch ist eine multifaktorielle Betrachtung von Systemen möglich. Zudem können mit der Verwendung der Statistischen Versuchsplanung Kosten und auch Zeit im Vergleich zu den anderen Methoden eingespart werden. Aus diesem Grund wurde die Statistische Versuchsplanung als Versuchsmethode ausgewählt. Die entsprechenden Ziele und Faktoren konnten aus Kapitel 4.3.3 abgeleitet und definiert werden. Mit diesen Randbedingungen konnten mit der Software JMP die Versuchspläne für die ausgewählten Materialien erstellt werden. Im folgenden Kapitel 5 wird die Versuchsdurchführung und Auswertung beschrieben.

[514] Vgl. Schlick, C. M./Mütze-Niewöhner, S. et al. (2017) Dynamische Unternehmensmodellierung und -simulation a, S. 15-30; Schlick, C. M./Mütze-Niewöhner, S. et al. (2017) Dynamische Unternehmensmodellierung und -simulation b, S. 2-3

5 Versuchsdurchführung und Analyse

Nachdem die Versuchspläne aufgestellt wurden, können nun Proben gedruckt und vermessen werden. Mit der Vermessung der Proben sind Rückschlüsse auf die Einflüsse und deren Wechselwirkungen möglich. Vor der Durchführung der Versuchsreihen müssen sinnvolle Probekörpergeometrien definiert werden. Zudem gilt es ein erhöhtes Augenmerk auf die Durchführung der Versuche zu legen. Werden zum Beispiel zwei Proben versehentlich miteinander vertauscht, so kann dies unter Umständen gravierende Einflüsse auf die spätere Auswertung ergeben. Aus diesem Grund werden für die Versuchsdurchführung Qualitätsprozesse definiert, die ein solches Vertauschen ausschließen. Im Weiteren werden die einzelnen Versuchsaufbauten und Versuche beschrieben.

5.1 Herstellung der Proben

Die Herstellung der Proben nach entsprechendem Versuchsplan wird maßgeblich vom Versuchsablauf, bestehend aus dem Druckprozess selber, dem Entfernen des Stützmaterials und ggf. einer thermischen Nachbehandlung (nur bei Digital ABS), bestimmt. In den nachfolgenden Unterkapiteln werden die entsprechenden Abläufe anhand des Aktivitätsdiagramms dargestellt und erläutert.

5.1.1 Druckprozess

Der Druckprozess beginnt mit dem Einpflegen der Druckaufträge in die Druckersoftware gemäß Kapitel 8.3 und nach Vorgabe der statistischen Versuchssoftware JMP aus Kapitel 4.3.4. Vor dem Start des Druckauftrags ist ein sogenannter „Pattern Test" durchzuführen, um zu prüfen, ob der Druckkopf vollständig gereinigt wurde und eine hinreichende Qualität gegeben ist. Dafür wird vom Drucker eine kurze Materialabgabe jeder einzelnen Düse über einem Blatt Löschpapier ausgeführt. Mit einer anschließenden Kontrolle des Löschpapiers kann festgestellt werden, ob einzelne Düsen kein Material abgeben. Gegebenenfalls muss der Druckkopf erneut gereinigt werden, bis die hinreichende Qualität erreicht wird.[515] Ist das richtige Material eingelegt und sind die von der Software vorgegebenen Bedingungen gegeben, so kann der Druckauftrag gestartet werden. Während des Druckvorgangs kann der Anwender die Proben aus dem vorherigen Druck reinigen und in die entsprechenden Register einsortieren. Nachdem der Druckauftrag fertiggestellt ist, sind die Oberseiten der Proben mit einem wasserfesten Filzstift zu markieren, damit die Ausrichtung der Probekörper (oben, unten) nicht verwechselt werden kann. Anschließend können die Proben aus dem Bauraum mithilfe eines Schabers entnommen und an den vorgesehenen Platz im Sortierbrett abgelegt werden. Nachdem alle Proben aus dem Bauraum entfernt wurden, müssen sowohl der Bauraum als auch der Druckkopf von Materialresten mittels eines Mikrofasertuches und Alkohol gereinigt werden. Exemplarisch ist das Aktivitätsdiagramm für den Druckprozess in Abbildung 5-1 dargestellt. Alle weiteren Aktivitätsdiagramme der im Folgenden beschriebenen Prozesse befinden sich im Anhang 8.6.

[515] Vgl. Nixon, J. (2017) 3D Printing, S. 1-2

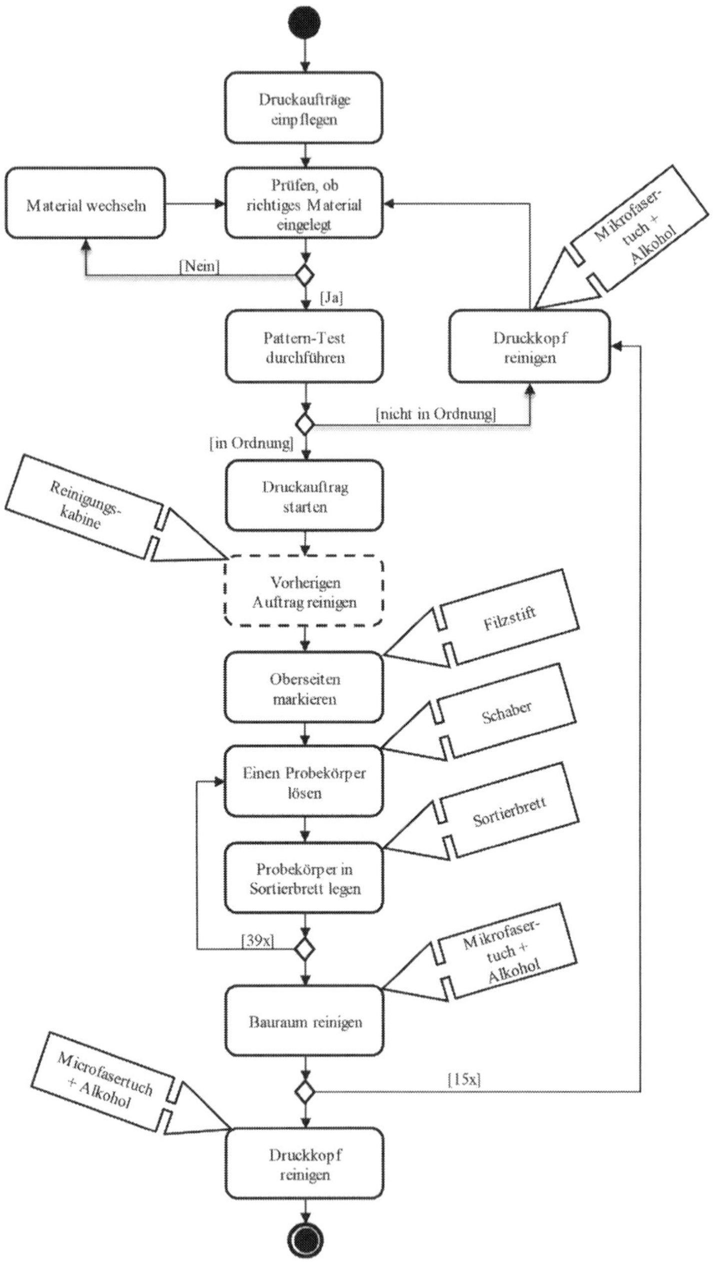

Abbildung 5-1: Aktivitätsdiagramm des Druckprozesses

5.1.2 Stützmaterialentfernung

Vor dem Arbeitsablauf sollte, bevor das Stützmaterial entfernt wird, der neue Druckauftrag gestartet werden. Läuft dieser, so können die Proben einzeln aus dem Sortierbrett entnommen und wie in Kapitel 8.4.2 beschrieben gereinigt werden. Nach der Reinigung wird die Probe in das entsprechend beschriftete Register einsortiert. Durch die einzelne Entnahme der Proben aus dem Sortierbrett werden Verwechslungen ausgeschlossen. Das Reinigen aller Flächen der Proben erfolgt systematisch in der Reinigungskabine. Mit einer Sichtprüfung kann dabei bestimmt werden, ob sämtliches Stützmaterial entfernt wurde. Nach der Entnahme des Probekörpers wird dieser kurz mit Pressluft von allen Seiten von anhaftendem restlichen Wasser befreit. Das entsprechende Aktivitätsdiagramm ist im Anhang 8.6 dargestellt.

5.1.3 Thermische Nachbehandlung

Abhängig vom Material und der Versuchsplanung ist für 80 Probekörper des Materials Digital ABS Ivory eine thermische Nachbehandlung vorgesehen. Dazu werden die entsprechenden Proben einzeln aus den Registern entnommen und auf zuvor beschrifteten Plätzen im Ofen platziert. Der Ofen besitzt vier Kammern mit jeweils zwei Ablagen, auf denen wiederum jeweils fünf große und fünf kleine Proben Platz finden. Nach dem Einlegen der Proben wird der Temperaturverlauf wie in Kapitel 5.2.3.2 beschrieben abgefahren. Abbildung 5-2 zeigt die eingelegten Proben in einer der Kammern.

Abbildung 5-2: Anordnung der Proben in der Ofenkammer

Nach dem Abfahren der Temperaturkurve werden die Türen leicht geöffnet, damit die Proben gleichmäßig abkühlen können. Unterhalb einer Temperatur von 35 °C werden die Proben von dem beschrifteten Ablageplatz einzeln entnommen und wieder in die entsprechenden Register einsortiert (siehe Aktivitätsdiagramm Anhang 8.6).

5.2 Durchführung der Materialprüfverfahren

Bei der Durchführung der Materialprüfungen ist zu erwähnen, dass Stratasys ihre Materialien nach amerikanischer Norm haben prüfen lassen und sich alle Wertangaben auf diese Normen beziehen. Aus diesem Grund kann es zu geringen Abweichungen bei den Ergebnissen kommen. In Tabelle 5-1 sind die deutschen bzw. internationalen Normen im Vergleich zu den amerikanischen mit den jeweiligen Unterschieden aufgeführt. Dabei unterscheiden sich die Normen in ihren Vorgehensweisen und Prüfbedingungen. Als Beispiel wird der Zugversuch nach der Norm ASTM D638-3 und europäischen Norm DIN EN ISO 527 vorgestellt.

Die Probekörpergeometrie beider Normen zum Zugversuch sehen zwar nahezu identisch aus, unterscheiden sich aber in fast allen Maßen. Zudem stellt die ASTM fünf mögliche und die DIN EN ISO zwei mögliche Probekörperalternativen zur Verfügung. Weiter fordert die DIN EN ISO eine geringe Vorspannkraft in Form einer Vordehnung, welche eine Dehnung von 5 % nicht überschreiten darf[516]. Die ASTM hingegen verlangt gar keine Vorspannung und korrigiert stattdessen die Vorspannung im Spannung-Dehnungs-Diagramm[517]. Neben den unterschiedlichen Prüfgeschwindigkeiten schreiben beide Normen als Gemeinsamkeit die gleiche Anzahl an Versuchswiederholungen vor[518].

In Tabelle 5-1 sind elementare Unterschiede im Vergleich der Prüfnormen zur Prüfkörpergeometrie (PKG), zu den Prüfbedingungen (PB), zu den Umgebungsbedingungen (UB), zur Auswertung der Messungen (AM), zu der Anzahl durchzuführender Prüfungen (AP) und der Spanneinrichtung (SP) aufgeführt. Die entsprechenden Details sind den einzelnen Normen zu entnehmen.

Tabelle 5-1: Unterschiede der Prüfnormen

Geprüfte Eigenschaft	Amerikanische Norm	Internationale Norm	Unterschiede
Zugfestigkeit	ASTM D 638-03	DIN EN ISO 527-1	PKG, PB
Zug-Elastizitäts-Modul	-04	-1	PKG, PB, AM
Bruchdehnung	-05	-1	PKG, PB, AM
Biegefestigkeit	ASTM D-790-03	DIN EN ISO 178	PKG, PB, AM
Biege-Elastizitäts-Modul	-04	178	PKG, PB, AM
IZOD-Kerbschlagzähigkeit	ASTM D-256-06	DIN EN ISO 180	PKG, PB, UB, AM, SP
Wärmeformbeständigkeit bei 4,5 bar	ASTM D-648-06	DIN EN ISO 75-1/-2	PKG, PB
Wärmeformbeständigkeit bei 4,5 bar Temperaturnachbehandelt	-06	-1/-2	PKG, PB
Wärmeformbeständigkeit bei 18,2 bar	-07	-1/-2	PKG, PB
Glasübergangstemperatur	DMA, E (ASTM D7028)	DIN EN ISO 6721-1	PKG, PB, AM
Spezifische Dichte	ASTM D-792	DIN EN ISO 1183-1	PKG, UE
Rockwell-Härte	ASTM D-785 Skala M	ISO 2039-2	-
Shore-Härte	Skala D (ASTM D 2240)	DIN ISO 7619-1	-

516 Vgl. DIN EN ISO 527-1 - (2012) Zugeigenschaften a, S. 18

517 Vgl. ASTM D638-14 - (2014) Test Method for Tensile Properties, S. 10

518 Vgl. ASTM D638-14 - (2014) Test Method for Tensile Properties, S. 14; DIN EN ISO 527-1 - (2012) Zugeigenschaften a, S. 14

Aus den aus Kapitel 2.3 hergeleiteten Anforderungen sowie abgeleiteten relevanten Parametern ergeben sich die Materialprüfungen. Im Folgenden wird die Durchführung der Materialprüfungen Maßhaltigkeit, Oberflächenrauheit, Shore-Härte D, Zugfestigkeit und Zugfestigkeit unter Temperatureinfluss beschrieben. Die Reihenfolge der durchzuführenden Materialprüfungen wird dabei durch die Art der Prüfung bestimmt. So werden zerstörungsfreie Prüfungen vor den zerstörenden Prüfungen durchgeführt. Bei den zerstörungsfreien Prüfungen wird mit der Prüfung der Maßhaltigkeit begonnen, da es sich um ein kontaktloses Verfahren für die Probe handelt. Anschließend werden Oberflächenwerte wie die Oberflächenrauheit bestimmt, da dieses Verfahren zwar probenberührend, aber nicht zerstörend ist. Abschließend wird die Shore-Härte D gemessen, da bei diesem Verfahren die Probe an einer kleinen Stelle eingedrückt wird. Würde beispielsweise die Messung der Oberflächenrauheit nach dem Härteversuch stattfinden, so besteht die Gefahr, dass die Prüfung der Oberflächenrauheit durch einen eingedrückten Bereich verlaufen würde. Bei den zerstörenden Prüfungen gibt es lediglich den Zugversuch, sodass dieser den zerstörungsfreien Prüfungen folgt. Für die zerstörungsfreien Prüfungen und die Zugversuche werden die großen Probekörper verwendet. Die kleinen Probekörper dienen ausschließlich der Prüfung der Festigkeiten unter erhöhtem Temperatureinfluss (siehe Anhang 8.5).

Bei der Durchführung der Messungen ist die DIN EN ISO 291 für Kunststoffe zu beachten. Diese schreibt vor, unter welchen Umständen die Proben geprüft werden können. Zum Beispiel müssen die Proben vor Durchführung der Versuche auf eine Luftfeuchte von 50 % und eine Temperatur von 23 °C konditioniert werden[519].

5.2.1 Prüfprotokolle

Zur Dokumentation der einzelnen Probenherstellungen sowie der Materialprüfverfahren wurden entsprechende Protokolle angefertigt, die im Anhang 8.5 zu finden sind. Dabei wurden die Protokolle nach den Vorgaben der entsprechenden DIN-Normen erstellt.

5.2.2 Zerstörungsfreie Materialprüfungen

Die zerstörungsfreien Prüfungen werden in Gegenwart von zwei Personen durchgeführt. An erster Stelle steht auch hier das Vier-Augen-Prinzip, sodass Fehler bei den Prüfungen eingedämmt und sogar ausgeschlossen werden können. Um eine Routine und Wiederholungsgenauigkeit zu etablieren vermisst eine der Personen sämtliche Proben, während die andere die gemessenen Werte protokolliert. Die Reihenfolge der Messungen wurde vorab durch einen Zufallsgenerator festgelegt, um eventuelle Störgrößen statistisch zu verteilen. Der Protokollant ruft zunächst den entsprechenden Probekörper auf, woraufhin der Messeinrichtungsbediener diesen aus den Registern entnimmt und dem Protokollanten den Probennamen auf dem Register zum nochmaligen Abgleich vorliest. Anschließend werden die drei vorgesehenen zerstörungsfreien Prüfungen direkt nacheinander mit dieser einzelnen Probe durchgeführt.

Bei der Durchführung gibt der Bediener die gemessenen Werte an den Protokollanten mündlich weiter, welcher die notierten Werte anschließend nochmals auf den Messinstrumenten abgleicht. Nach Abschluss der Prüfungen sortiert der Bediener die Probe zurück in das entsprechende Register. Der Protokollant überführt die Werte für die spätere Auswertung zudem in eine Excel-Tabelle und hält die von

[519] Vgl. DIN EN ISO 291 - (2008) Kunststoffe, S. 6

den entsprechenden Normen geforderten äußeren Randbedingungen, wie z.B. die Temperatur und Luftfeuchtigkeit fest. Die äußeren Randbedingungen sind dabei von elementarer Bedeutung, falls nicht erklärbare Messabweichungen auftreten. Somit können äußere Einflüsse ausgeschlossen werden.

Neben den Protokollen und dem einheitlichen Ablauf der Prüfungen werden zusätzlich Hilfseinrichtungen für die Prüfverfahren konstruiert und eingesetzt. Diese Hilfseinrichtungen dienen zur exakt gleichen Vermessung aller Proben und erhöhen somit die Wiederholungsgenauigkeit. Hierzu muss der Bediener die Proben lediglich an den Anschlag der Hilfseinrichtung anlegen und den Messvorgang starten. Abbildung 5-3 zeigt beispielsweise den Anschlag zur Messung der Maßhaltigkeit im Flach- und Hochformat.

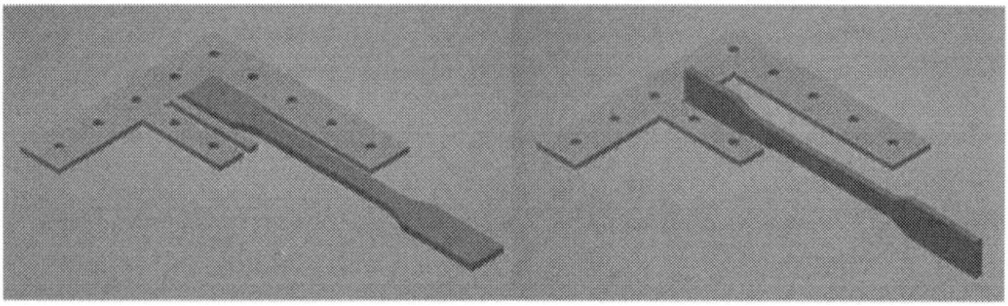

Abbildung 5-3: Hilfseinrichtung zur Vermessung der Maßhaltigkeit

Neben der Maßhaltigkeit wird ebenso ein Anschlag für die Härteprüfung benötigt. Der Anschlag ist so konstruiert, dass die Probe immer mittig gemessen wird und die fünf zu messenden Punkte den Abstand nach Norm einhalten. Zur Einhaltung des Abstandes sind in Abbildung 5-4 entsprechende Kerben zu sehen, an denen die Proben mit einem Stift fixiert werden.

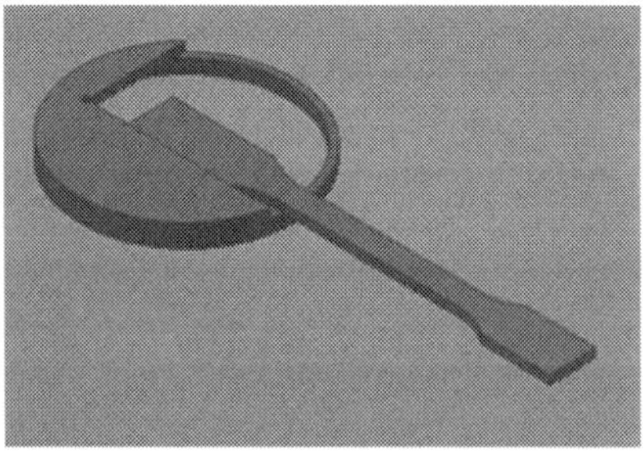

Abbildung 5-4: Hilfseinrichtung zur Vermessung der Härte

Als letztes wurde auch für die Vermessung der Oberflächengüte eine entsprechende Hilfseinrichtung konstruiert, die in Abbildung 5-7 zu sehen ist. Die Hilfsvorrichtungen dienen der Sicherstellung der Qualität, wie zum Beispiel mithilfe des Poka Yoke Prinzips (vgl. Kapitel 4.4).

5.2.2.1 Maßhaltigkeit

Bei der Messung der Maßhaltigkeit wird der Probekörper zunächst flach, mit dem kürzeren der beiden Probenenden und der als Oberseite markierten Fläche nach oben gegen den konstruierten und montierten Anschlag eingelegt (siehe Abbildung 5-5).

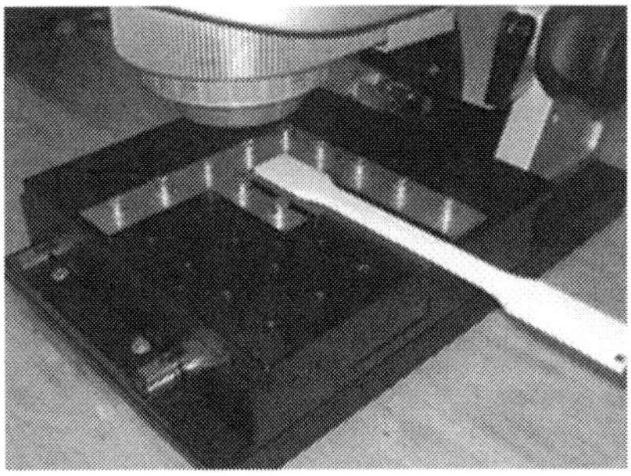

Abbildung 5-5: Prüfaufbau zur Messung der Maßhaltigkeit

Über die Benutzeroberfläche des Computers des Messgerätes fährt der Bediener beide Außenkanten des Probekörpers im Abstand von genau 5 mm zu der gegen den Anschlag gelegten Längskante in das Fadenkreuz. Dazu wird immer der äußere sichtbare Punkt in der Breite angefahren, ohne von der angefahrenen Länge abzuweichen. Über die Breitenkoordinaten der beiden angefahrenen Kanten lässt sich somit die IST-Breite bestimmen und kann mit der SOLL-Breite verglichen werden. Aus der Messung des IST-Wertes und dem Abgleich mit dem SOLL-Wert ergibt sich schließlich die Maßabweichung (vgl. Kapitel 8.5.1). Dieser Vorgang wird ebenfalls bei einem Längsabstand von 10 mm und 15 mm durchgeführt, um die in der Norm geforderten drei Messungen einzuhalten (siehe Abbildung 5-6). Abschließend wird der Probekörper hochkant in den Anschlag eingelegt. Auch hier wird, wie im flachen Einlegezustand, die Probe bei 5 mm, 10 mm und 15 mm mit dem gleichen Ablauf vermessen (siehe Abbildung 5-6) und protokolliert. Anschließend wird die Probe der nächsten Prüfung unterzogen.

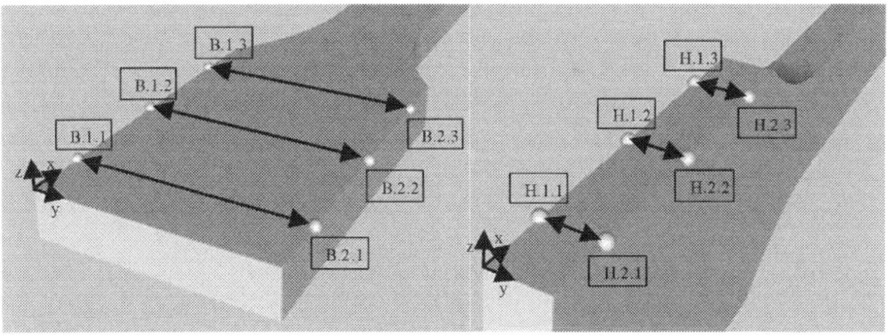

Abbildung 5-6: Messstrecken für die Maßhaltigkeit der Breite und Höhe

5.2.2.2 Oberflächenrauheit und -welligkeit

Als zweite Materialprüfung innerhalb der zerstörungsfreien Prüfungen wird die Oberflächenrauheit und -welligkeit ermittelt. Der Probekörper wird dazu flach, mit der längeren der beiden Probenenden und der als Oberseite markierten Fläche nach oben, gegen den konstruierten und montierten Anschlag gelegt. Anschließend wird die Tastspitze auf die Oberfläche der Probe abgelassen. Das Messgerät kann nun auf die gewünschte Messung, z.B. Oberflächenrauheit, eingestellt werden und die Prüfung kann begonnen werden. Nach Beendigung der Messung werden alle Messwerte auf einem Papierstreifen ausgedruckt und an den Protokollanten übergeben. Nachdem die Startposition erneut angefahren wurde und die Messung am Gerät auf Welligkeit umgestellt wurde, wird der Vorgang wiederholt. Abschließend wird die Tastspitze angehoben, sodass der Probekörper entnommen werden kann. Abbildung 5-7 zeigt den Prüfaufbau zur Messung der Oberflächenrauheit. Bei den durchgeführten Messungen gelten die Normen, die in Kapitel 8.5.2 vorgestellt wurden.

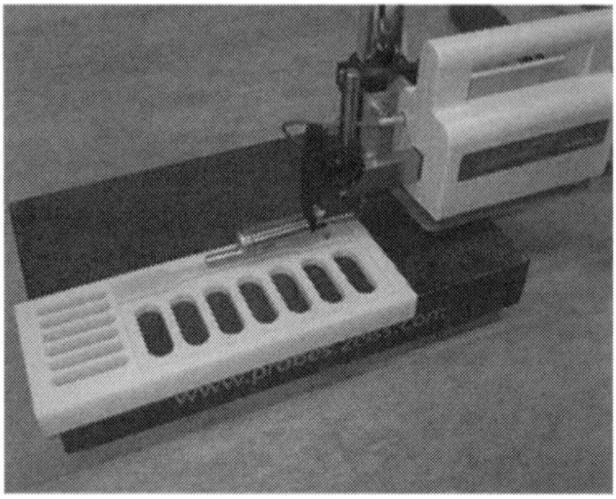

Abbildung 5-7: Prüfaufbau der Oberflächenprüfungen mit Hilfsvorrichtung

Abbildung 5-8 zeigt die Messstrecke für die Prüfung nach Tabelle 1-3 der Norm DIN EN ISO 4288. Wie zu erkennen ist, wird der Probekörper im dünneren Schenkelbereich vermessen, da hier die vorgeschriebene Messlänge von 40 mm nach DIN EN ISO 4288 erreicht wird.[520]

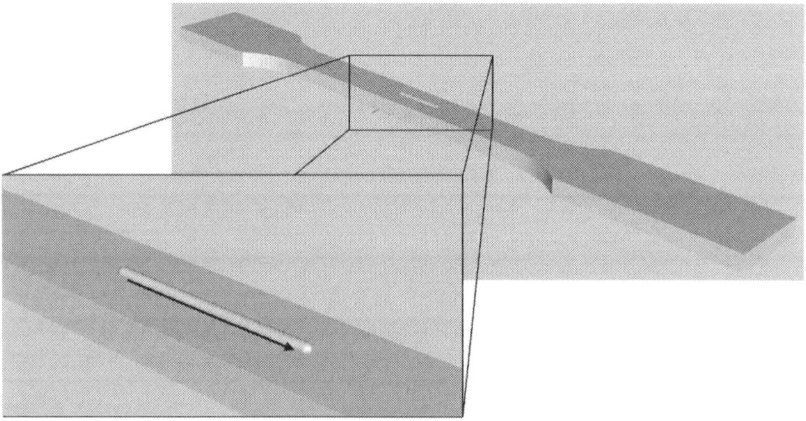

Abbildung 5-8: Messstrecke für die Oberflächenrauheit und -welligkeit

5.2.2.3 Shore-Härte D

Als letzte zerstörungsfreie Prüfung wird die Eindruckhärte auf der Shore-D Skala gemessen. Der Probekörper wird dazu flach, mit der längeren der beiden Probenenden und der als Oberseite markierten Fläche nach oben, gegen die erste Markierung auf den konstruierten und montierten Anschlag gelegt. Um die Messung zu starten wird der Druckfuß des Gerätes zügig, aber ohne Stoß auf den Probekörper

---

[520] Vgl. DIN EN ISO 4288 - (1998) Oberflächenbeschaffenheit, S. 7

herabgelassen. Nach 15 sec. Wartezeit wird der Messwert auf dem Display angezeigt. Nach dem Anheben des Druckfußes kann der Probekörper vorwärts auf die nächste am Anschlag markierte Position geschoben werden und die nächste der insgesamt fünf Messungen durchgeführt werden.

Abbildung 5-9: Prüfaufbau der Härteprüfung nach Shore D mit Hilfseinrichtung

Abbildung 5-10 zeigt die fünf vorgeschriebenen und in Kapitel 8.5.3 beschriebenen notwendigen Messpunkte nach DIN EN ISO 868.

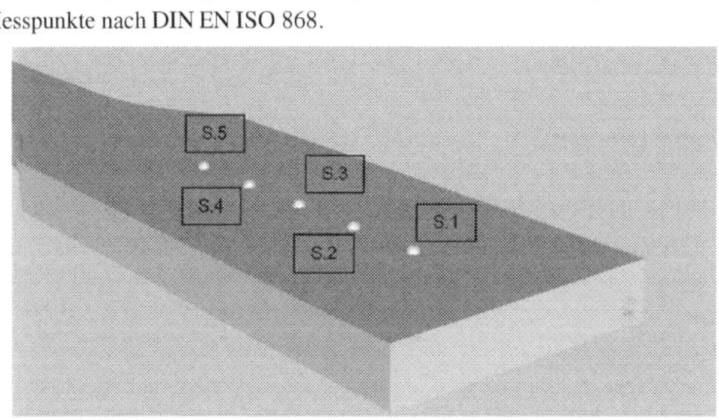

Abbildung 5-10: Messpunkte für die Härteprüfung

5.2.3 Zerstörende Materialprüfungen

Bei der Zugfestigkeitsprüfung wird nach Norm gefordert, dass fünf Probekörper direkt hintereinander geprüft werden. Auch hier wurde die Reihenfolge für das statistische Ausschließen von Störeinflüssen im Vorhinein zufällig ermittelt. Allerdings nicht für alle einzelnen Probekörper in Summe, sondern für die Probekörper innerhalb der fünf geforderten Prüfungen. Würde die zufällige Ermittlung der Probekörper weiter ausgeweitet, so wird die vorgeschriebene Norm verletzt. Für die Prüfung unter Raumtemperatur wird der große Probekörper verwendet, bei der Prüfung mit 35 °C wird aufgrund des begrenzten Fahrweges der Traverse der Zugprüfmaschine der kleinere Probekörper nach Norm eingesetzt. Der Ablauf der Prüfung wird mittels eines Computers gesteuert und überwacht. Die Messwerte und Diagramme werden automatisch erzeugt und der Weg-Spannungsverlauf in Echtzeit am Bildschirm angezeigt. Die Prüfapparatur setzt sich dabei aus der Zugprüfmaschine des *Typs Z250* der Firma Zwick/Roell, dem Kraftaufnehmer der Firma Gassmann Theiss Messtechnik mit einer Nennlast von

250 kN sowie dem Extensometer der *makroXtens-Serie* der Firma Zwick/Roell zusammen. Die Heizkammer für die Zugversuche unter Temperatureinfluss ist ebenfalls von der Firma Zwick/Roell mit der Bezeichnung *EC75D 1-1-2-0*.

5.2.3.1 Zugversuch

Nachdem die Probekörpervariation aus den Registern entnommen wurde, wird der erste Probekörper der Reihe in die Spannbacken der Zugprüfmaschine eingespannt. Wie bei den zerstörungsfreien Prüfungen wird hier ebenfalls zur Positionierung ein Anschlag als Hilfsmittel verwendet (siehe Abbildung 5-11). Somit ist sichergestellt, dass die Längenänderungsaufnehmer richtig greifen und der Probekörper längs exakt in Zugrichtung eingespannt ist. Die Durchführung und Dokumentation der Messung erfolgt automatisch durch die Messsoftware. Nach dem Bruch der Probe fordert die Software den Bediener zu einer Angabe zum Bruch auf, welche im Messprotokoll hinterlegt wird. Die gebrochene Probe wird nach Beendigung der Prüfung wieder in das entsprechende Register gelegt und die Traverse auf ihre Startposition zurückgefahren. Nach der Prüfung aller fünf Probekörper einer Variation werden diese in die Aktenordner zurücksortiert und es wird die nächste der insgesamt 64 Variationen vermessen.

Abbildung 5-11: Anschlag zur richtigen Einspannlage der Probe

5.2.3.2 Zugversuch unter Temperatureinfluss

Der Zugversuch unter Temperatureinfluss läuft im Grunde genauso wie bei Raumtemperatur ab. Die Temperatur der Kammer wurde auf 35 °C eingestellt, da bei dieser Temperatur alle zur Prüfung stehenden Materialien bei entsprechenden Vorversuchen ein lokales Maximum im Weg-Spannungsverlauf aufwiesen, sodass eine Bestimmung der Streckgrenze möglich ist. Um sicherzustellen, dass der zu prüfende Probekörper die eingestellte Temperatur völlig und durchdrungen angenommen hat, verweilt dieser schon vor der eigentlichen Prüfung eine Zeit (30 min.) innerhalb der Temperierkammer der Zugprüfmaschine. Vorversuche haben gezeigt, dass bei einer Zeitspanne von über 30 Minuten keine signifikanten Unterschiede im Weg-Spannungsverlauf und in den ermittelten Kennwerten vorhanden sind. Aus diesem Grund wurden die nächsten zwei Proben, eine links und eine rechts, in der Temperaturprüfkammer platziert, damit diese die Prüftemperatur annehmen konnten. Abbildung 5-12 zeigt die Spannvorrichtung der Zugprüfung innerhalb der Temperierkammer.

Abbildung 5-12: Temperierkammer der Zugprüfung

5.3 Auswertung der Versuchsergebnisse und Interpretation

Im Folgenden werden die ermittelten Versuchsergebnisse in die statistische Software JMP überführt. Mithilfe der Software können die Ergebnisse ausgewertet und interpretiert werden. Die Software verwendet dabei die mathematischen Analysen, die in den Kapiteln 4.2.4.1 bis Kapitel 4.2.4.4 vorgestellt wurden. Mithilfe des Programms können entsprechende Ergebnisse und Grafiken ausgegeben und interpretiert werden.

5.3.1 Auswertung der Versuchsergebnisse in der statistischen Software

Nachdem die Messwerte für jede Zielgröße und Parametrisierung aufgenommen und eingetragen wurden, kann mit der Auswertung in JMP begonnen werden. Die genaue Vorgehensweise zur Auswertung mit der Software JMP ist dem Anhang im Kapitel 8.9 zu entnehmen. Im Rahmen dieser Arbeit wurde das „Standard Least Squared"-Verfahren in der Varianzanalyse genutzt (zu Deutsch: gewöhnlich kleinste Quadrate), da herausgefunden werden soll, welchen Einfluss die jeweiligen Effekte (bzw. Faktoren) auf die Ergebnisse (bzw. die Zielwerte) haben. Der mathematische Hintergrund, wie aus den jeweiligen Faktorstufen der Messergebnisse die Berechnung des Mittelwertes und die anschließende Bildung der Quadratsumme erfolgt, ist im Detail Kapitel 4.2.4.2 zu entnehmen. Um zu bestimmen, welche Faktoren einen signifikanten Einfluss auf den Effekt ausüben, wird in der Varianzanalyse ein Hypothesentest aufgestellt. Zur Bestimmung des signifikanten oder nicht signifikanten Einflusses muss eine Wahrscheinlichkeit festgelegt werden. Im Rahmen dieser Auswertung wurde dabei ein 95 % Konfidenzintervall verwendet. Dies bedeutet, dass sich der tatsächliche Wert mit einer 95 % Wahrscheinlichkeit innerhalb der Intervallsgrenzen befindet (vgl. Abbildung 5-13). Anders formuliert ist die Wahrscheinlichkeit, dass sich der tatsächliche Wert außerhalb des Konfidenzintervalls befindet, 100 % - 95 % = 5 %. Der Bereich des Konfidenzintervalls wird in der Darstellung ebenfalls grafisch angezeigt.

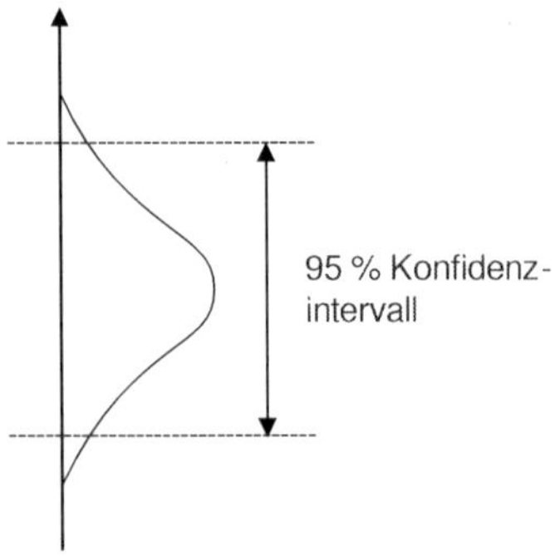

Abbildung 5-13: Konfidenzintervall

Die Kombination der Parameter, welche die Zielerreichung der Zielgrößen maximiert, wird nun automatisch mit JMP berechnet (vgl. Anhang Kapitel 8.9). Die Software ermittelt diejenige Kombination der Parameter bzw. die Parametrisierung, mit der unter Berücksichtigung der Gewichtung der Zielgrößen die beste Erreichung der Ziele ermöglicht wird.

5.3.2 Ergebnisinterpretation

Mit dem in Kapitel 5.3 beschriebenen Vorgehen wurden für alle vier Materialien die Messergebnisse ausgewertet. Die Auswertung der Ergebnisse bezieht sich dabei auf die Anwendung des Formwerkzeugbaus. In diesem gilt im Allgemeinem, dass eine hohe Oberflächenhärte sowie Zugfestigkeit, eine definierte oder geringe Oberflächenrauheit und eine geringe Maßabweichung von Vorteil sind und die besten Ergebnisse darstellen. Im Nachfolgenden wird daher von den „besten Ergebnissen oder besten Werten" gesprochen. Die Ergebnisse werden im Folgenden interpretiert. In Abbildung 5-14 sind die Materialien, Zielgrößen und Parameter, welche untersucht wurden, noch einmal übersichtlich zusammengefasst. Alle vier Materialien wurden hinsichtlich der Einflüsse und Effekte der verschiedenen Parameter auf die Zielgrößen untersucht. Im Folgenden werden die Ergebnisse der statistischen Auswertung am Beispiel des Materials Digital ABS Ivory detailliert vorgestellt und interpretiert. Anschließend werden die Ergebnisse der anderen Materialien erläutert. Eine umfassende und materialübergreifende Zusammenfassung der Ergebnisse schließt dieses Unterkapitel ab.

Parameter	Ausprägung	Zielgrößen
Oberflächenfinish	matte oder glossy	Oberflächenrauheit (R_a)
Ausrichtung	0° oder 90°	Oberflächenhärte (Shore D)
Support	lite oder heavy	Zugfestigkeit bei Raumtemp.
Thermische Nachbehandlung**	keine oder Typ B nach Stratasys	Zugfestigkeit bei 35 °C
Druckverfahren*	high speed oder high quality	Maßabweichung (Breite)
Material	Digital ABS Ivory, VeroGray, Rigur, RGD720	Maßabweichung (Höhe)

*) Nur für Digital ABS Ivory
**) Nur für VeroGray, Rigur, RGD720

Abbildung 5-14: Übersicht über die Parameter, Ausprägungen und Zielgrößen

Digital ABS Ivory

Zur Beurteilung der Auswirkungen der verschiedenen Parametrisierungen bzw. der Effekte auf die Zielgrößen wurde zunächst jede Zielgröße (Oberflächenrauheit, Oberflächenhärte etc.) einzeln betrachtet und ausgewertet und anschließend wurden alle Zielgrößen zusammen ausgewertet. Dies wurde mit den Faktorgraden eins (nur Haupteffekte vgl. Kapitel 4.2) und zwei (Haupteffekte und Wechselwirkungseffekte zweiten Grades vgl. Kapitel 4.2) durchgeführt. Mit den erhobenen Messdaten ist es möglich, jede Kombination von einer bis sechs Zielgrößen und einer bis vier Parametermöglichkeiten auszuwerten, sodass höchstindividuelle Modelle erstellt werden können. Alle möglichen Kombinationen und deren einzelne Ergebnisse hier vorzustellen würde den Rahmen dieser Arbeit übersteigen und wäre zudem nicht zielführend. Mit den ermittelten Messdaten ist es aber möglich, alle Kombinationen durchzuspielen. In diesem Kapitel werden die Ergebnisse bis Grad 2 erläutert.

Wichtig bei der Bewertung eines Effekts auf die Zielgröße ist der jeweilige Wahrscheinlichkeitswert p („p value"; vgl. Kapitel 4.2.4.2). Der Wahrscheinlichkeitswert p beschreibt das Risiko, bei einer Ablehnung der Nullhypothese (Annahme eines signifikanten Effekts) falsch zu liegen. Als typische Schranke wird allgemein 5 % genutzt. Ist der P-Wert kleiner als diese Schranke, wird die Nullhypothese zurückgewiesen und es kann von einem signifikanten Effekt ausgegangen werden.[521] Ob ein Effekt signifikant ist oder nicht wird bei der Berechnung des gewünschten Modells individuell ausgegeben.

Ergebnisse Auswertung Grad 1

Tabelle 5-2 zeigt die jeweiligen Zielgrößen inklusive der Parameter und deren P-Werte. P-Werte, welche kleiner als 0,05 (bzw. 5 %) und somit signifikant sind, sind zur einfacheren Lesbarkeit grau hinterlegt. Es ist zu erkennen, dass beispielsweise für die Oberflächenrauheit die Faktoren „Oberflächenfinish" und „Ausrichtung" von signifikanter Relevanz sind, während die Faktoren „Thermische Nachbehandlung" und „Support" mit P-Werten größer 5 % als nicht signifikant eingestuft werden. D.h., dass diese Werte nur einen sehr geringen Einfluss auf die Parameter vorweisen und damit für das Modell nicht relevant sind. Aus Tabelle 5-2 kann zudem abgeleitet werden, dass der Faktor „Oberflächenfinish" für alle Zielgrößen von großer Signifikanz ist, da er in jedem Modell als signifikanter Effekt mit $p < 5$ % auftaucht. Zu erwähnen ist, dass das Modell für die Maßabweichung in der Höhe (schraffiert hinterlegt)

[521] Vgl. Siebertz, K./van Bebber, D. et al. (2010) Statistische Versuchsplanung, S. 121

als nicht signifikant eingestuft wurde. Der Parameter „Druckverfahren“ ist in dieser Tabelle nicht vorzufinden, da dieser Parameter beim Material Digital ABS Ivory nicht eingstellt werden kann.

Tabelle 5-2: Übersicht über die Faktoranalyse (Digital ABS Ivory, Grad 1)

Oberflächenrauheit (Ziel: individuell)	
Quelle	P-Wert
Oberflächenfinish	0
Ausrichtung	0,00006
Thermische Nachbehandlung	0,09337
Support	0,13028
Oberflächenhärte (Ziel: maximieren)	
Parameter	P-Wert
Oberflächenfinish	0
Thermische Nachbehandlung	0,00001
Support	0,27609
Ausrichtung	0,77981
Zugfestigkeit, Raumtemp. (Ziel: maximieren)	
Parameter	P-Wert
Thermische Nachbehandlung	0
Oberflächenfinish	0,00002
Support	0,10127
Ausrichtung	0,39781
Zugfestigkeit, 35 °C (Ziel: maximieren)	
Parameter	P-Wert
Thermische Nachbehandlung	0
Oberflächenfinish	0
Ausrichtung	0,1373
Support	0,51067
Maßabweichung Breite (Ziel: 0)	
Parameter	P-Wert
Oberflächenfinish	0
Ausrichtung	0
Thermische Nachbehandlung	0,05794
Support	0,07919
Maßabweichung Höhe (Ziel: 0)	
Parameter	P-Wert
Oberflächenfinish	0,06096
Support	0,25311
Ausrichtung	0,68687
Thermische Nachbehandlung	0,98965
Alle Zielgrößen	
Parameter	P-Wert
Oberflächenfinish	0
Thermische Nachbehandlung	0
Ausrichtung	0
Support	0,07919

Ein weiteres Ergebnis, welches aus Tabelle 5-2 abgeleitet werden kann, ist, dass die Faktoren „Oberflächenfinish“, „Thermische Nachbehandlung“ und „Ausrichtung“ für die Auswertung aller Zielgrößen zusammen als signifikant eingestuft werden können. Somit spielen diese drei Faktoren eine wichtige Rolle bei der Parametrisierung des Druckers, um die Zielgrößen gezielt und sicher zu beeinflussen. Die jeweils optimale Parametrisierung der einzelnen Auswertungen inklusive der vorausgesagten Werte für diese Parametrisierung auf Grundlage des erstellten Modells sowie Zielwerterreichung (Wünschbarkeit) können Tabelle 5-3 entnommen werden. Wünschbarkeit sagt aus, wie sehr bei einer bestimmten Gewichtung das Ziel tatsächlich erreicht werden kann. Wird die Software JMP angewandt, so ist anzuraten, auf eine möglichst hohe Wünschbarkeit zu achten, da dann der angestrebte Zielwert der Zielgröße erreicht wird. Anzumerken ist, dass für die Oberflächenrauheit, wie auch für alle anderen Zielgrößen, das Optimierungsziel individuell gewählt werden kann. Im Rahmen dieser Arbeit wurde als Ziel die Minimierung der Rauheit angestrebt, es kann jedoch auch ein Zielwert vorgegeben oder die Rauheit maximiert werden. Somit kann das Ziel z.B. von einem Druck mit Texturen an den Oberflächen bestimmt werden.

Aus Tabelle 5-3 lässt sich entnehmen, dass sowohl für die einzelnen Zielgrößen als auch für alle Zielgrößen zusammen das Oberflächenfinish „*Glossy*" die besten Werte ausgibt. Der negative Wert, der bei der Oberflächenrauheit prognostiziert wird, kann in der Realität nicht erreicht werden, da die bestmögliche Oberflächenrauheit 0 µm ist. Allerdings handelt es sich hierbei um einen auf Grundlage des statistischen Modells prognostizierten Wert, der einer gewissen Unsicherheit unterliegt. Das statistische Modell geht an dieser Stelle auch in einen nicht relevanten negativen Bereich, der physisch nicht erzeugt werden kann. Die Aussagen beste oder schlechteste Parametrisierung aufgrund der Ergebnisse sind aus der Praxis hergeleitet (vgl. Kapitel 2.3.4).

Tabelle 5-3: Beste Parametrisierung je Zielgröße (Digital ABS Ivory, Grad 1)

Oberflächenrauheit R_a (µm)

Beste Parametrisierung			
Oberflächenfinish	Ausrichtung	Support	Therm. Nachb.
Glossy	0°	Lite	Typ B
Bester Wert:	**-0,21**		
Wünschbarkeit:	**0,994**		

Oberflächenhärte (Shore D)

Beste Parametrisierung			
Oberflächenfinish	Ausrichtung	Support	Therm. Nachb.
Glossy	90°	Lite	Typ B
Bester Wert:	**82,85**		
Wünschbarkeit:	**0,946**		

Zugfestigkeit, Raumtemp. (MPa)

Beste Parametrisierung			
Oberflächenfinish	Ausrichtung	Support	Therm. Nachb.
Glossy	0°	Lite	Typ B
Bester Wert:	**60,57**		
Wünschbarkeit:	**0,996**		

Zugfestigkeit, 35 °C (MPa)

Beste Parametrisierung			
Oberflächenfinish	Ausrichtung	Support	Therm. Nachb.
Glossy	0°	Heavy	Typ B
Bester Wert:	**55,82**		
Wünschbarkeit:	**0,873**		

Maßabweichung Breite (µm)

Beste Parametrisierung			
Oberflächenfinish	Ausrichtung	Support	Therm. Nachb.
Glossy	90°	Heavy	Typ B
Bester Wert:	**-46,802**		
Wünschbarkeit:	**0,882**		

Maßabweichung Höhe (µm)

Beste Parametrisierung			
Oberflächenfinish	Ausrichtung	Support	Therm. Nachb.
Glossy	0°	Heavy	Keine
Bester Wert:	**-24,39**		
Wünschbarkeit:	**0,872**		

Alle Zielgrößen

Beste Parametrisierung (Gewichtung 1)			
Oberflächenfinish	Ausrichtung	Support	Therm. Nachb.
Glossy	90°	Heavy	Typ B
Oberflächenrauheit (µm)	**1,42**		
Oberflächenhärte (Shore D)	**82,75**		
Zugfestigkeit, Raumtemp. (MPa)	**59,54**		
Zugfestigkeit, 35 °C (MPa)	**55,36**		
Maßabweichung Breite (µm)	**-46,8**		
Maßabweichung Höhe (µm)	**-28,86**		
Wünschbarkeit	**0,872**		

Die Ausrichtung des Bauteils sowie die Wahl des Supportmaterials variieren zwischen den verschiedenen Zielgrößen. Bezüglich der thermischen Nachbehandlung kann die Aussage getroffen werden, dass durch „*Typ B*“ durchgehend bessere Werte erzielt werden, als wenn auf die thermische Nachbehandlung verzichtet wird. Nur bei der Maßabweichung in der Höhe wird keine thermische Nachbehandlung bevorzugt. Allerdings wurde zum einen bereits gezeigt, dass das Modell für die Maßabweichung der Höhe statistisch nicht signifikant ist ($p = 0{,}2696$) und dass die thermische Nachbehandlung innerhalb dieses nicht signifikanten Modells selbst auch nicht signifikant ist ($p = 0{,}98965$).

Wird eine Optimierung aller Zielgrößen gewünscht, d.h. sollen keine Zielgrößen vernachlässigt werden, ergibt sich die optimale Parametrisierung zu „*Glossy*“, „*90°*“, „*Heavy*“ und „*Typ B*“. Allerdings wird hier eine geringe Wünschbarkeit ausgegeben, da es nicht möglich ist, alle Werte auf ihr Optimum hin zu drucken.

Ergebnisse Auswertung bis Grad 2

Bis jetzt wurde nur die Auswirkung einzelner isolierter Parameter betrachtet (Haupteffekte, Grad 1). Im Weiteren findet die Analyse der Haupteffekte und der Wechselwirkungseffekte zweiten Grades am Beispiel des Materials Digital ABS Ivory statt. Dabei wird untersucht, ob die Veränderung eines Faktors den Einfluss eines anderen Faktors auf die Zielgröße beeinflusst. In diesem Fall wird bei dem betreffenden Effekt von einem Wechselwirkungseffekt (vgl. Kapitel 4.2.1) gesprochen.

Analog zur Auswertung von Digital ABS mit dem Grad 1 wurde auch die Auswertung mit Grad 2 mit sämtlichen P-Werten erstellt (siehe Anhang Tabelle 5-4). Hier finden sich wieder die P-Werte, welche angeben, mit welcher Wahrscheinlichkeit die Nullhypothese verworfen werden kann. Auch hier gilt, dass Haupt- bzw. Wechselwirkungseffekte mit einem P-Wert von unter 5 % als signifikant angesehen werden. Im Falle der Oberflächenrauheit sind somit alle Haupteffekte sowie die Wechselwirkungseffekte „Oberflächenfinish*Thermische Nachbehandlung" und „Oberflächenfinish*Ausrichtung" signifikant. Befindet sich ein „^" in der Zeile eines Effekts, so bedeutet dies, dass dieser Effekt bereits zuvor im Rahmen eines Wechselwirkungseffektes aufgetreten ist.

Tabelle 5-4: Übersicht über die Faktoranalyse (Digital ABS Ivory, Grad 2)

Oberflächenrauheit (Ziel: individuell)		
Quelle	P-Wert	
Oberflächenfinish	0	
Ausrichtung	0,00003	
Oberflächenfinish*Thermische Nachbehandlung	0,00468	
Thermische Nachbehandlung	0,01011	^
Oberflächenfinish*Ausrichtung	0,01413	
Support	0,01588	
Oberflächenfinish*Support	0,05516	
Ausrichtung*Support	0,1533	
Support*Thermische Nachbehandlung	0,26644	
Ausrichtung*Thermische Nachbehandlung	0,98797	
Oberflächenhärte (Ziel: maximieren)		
Quelle	P-Wert	
Oberflächenfinish	0	
Thermische Nachbehandlung	0,00043	
Support*Thermische Nachbehandlung	0,0864	
Oberflächenfinish*Ausrichtung	0,18863	
Support	0,27785	^
Ausrichtung*Thermische Nachbehandlung	0,56939	
Ausrichtung	0,77316	^
Ausrichtung*Support	0,77316	
Oberflächenfinish*Thermische Nachbehandlung	0,77316	
Oberflächenfinish*Support	1	
Zugfestigkeit, Raumtemp. (Ziel: maximieren)		
Quelle	P-Wert	
Thermische Nachbehandlung	0,00002	
Oberflächenfinish	0,00003	
Oberflächenfinish*Thermische Nachbehandlung	0,00913	
Oberflächenfinish*Support	0,00985	
Support	0,01894	^
Ausrichtung	0,15379	
Ausrichtung*Support	0,41298	
Ausrichtung*Thermische Nachbehandlung	0,49371	
Support*Thermische Nachbehandlung	0,56653	
Oberflächenfinish*Ausrichtung	0,99359	
Zugfestigkeit, 35 °C (Ziel: maximieren)		
Quelle	P-Wert	
Thermische Nachbehandlung	0	
Oberflächenfinish	0	
Oberflächenfinish*Thermische Nachbehandlung	0,04001	
Ausrichtung	0,0869	
Support*Thermische Nachbehandlung	0,11331	
Oberflächenfinish*Ausrichtung	0,15475	
Support	0,40862	^
Oberflächenfinish*Support	0,65989	
Ausrichtung*Thermische Nachbehandlung	0,86595	
Ausrichtung*Support	0,90383	

Maßabweichung Breite (Ziel: 0)		
Quelle	P-Wert	
Oberflächenfinish	0,00003	
Ausrichtung	0,00007	
Thermische Nachbehandlung	0,12556	
Support	0,15388	
Oberflächenfinish*Support	0,17036	
Oberflächenfinish*Ausrichtung	0,53789	
Ausrichtung*Support	0,72286	
Ausrichtung*Thermische Nachbehandlung	0,77169	
Support*Thermische Nachbehandlung	0,82358	
Oberflächenfinish*Thermische Nachbehandlung	0,95485	
Maßabweichung Höhe (Ziel: 0)		
Quelle	P-Wert	
Oberflächenfinish	0,05381	
Support*Thermische Nachbehandlung	0,1267	
Ausrichtung*Thermische Nachbehandlung	0,13448	
Oberflächenfinish*Ausrichtung	0,15951	
Support	0,20659	^
Oberflächenfinish*Support	0,42821	
Oberflächenfinish*Thermische Nachbehandlung	0,46878	
Ausrichtung*Support	0,6097	
Ausrichtung	0,63968	^
Thermische Nachbehandlung	0,98788	^
Alle Zielgrößen		
Quelle	P-Wert	
Oberflächenfinish	0	
Thermische Nachbehandlung	0	
Ausrichtung	0,00003	
Oberflächenfinish*Thermische Nachbehandlung	0,00468	
Oberflächenfinish*Support	0,00985	
Oberflächenfinish*Ausrichtung	0,01413	
Support	0,01588	^
Support*Thermische Nachbehandlung	0,0864	
Ausrichtung*Thermische Nachbehandlung	0,13448	
Ausrichtung*Support	0,1533	

Tabelle 5-5: Beste Parametrisierung je Zielgröße (Digital ABS Ivory, Grad 2)

Oberflächenrauheit (Ra, µm)

Beste Parametrisierung			
Oberflächenfinish	Ausrichtung	Support	Therm. Nachb.
Glossy	0°	Lite	Keine
Bester Wert:	**0,09**		
Wünschbarkeit:	**0,964**		

Oberflächenhärte (Shore D)

Beste Parametrisierung			
Oberflächenfinish	Ausrichtung	Support	Therm. Nachb.
Glossy	0°	Lite	Typ B
Bester Wert:	**83**		
Wünschbarkeit:	**0,982**		

Zugfestigkeit (Raumtemp., MPa)

Beste Parametrisierung			
Oberflächenfinish	Ausrichtung	Support	Therm. Nachb.
Glossy	0°	Lite	Typ B
Bester Wert:	**59,82**		
Wünschbarkeit:	**0,96**		

Zugfestigkeit (35°C, MPa)

Beste Parametrisierung			
Oberflächenfinish	Ausrichtung	Support	Therm. Nachb.
Glossy	0°	Lite	Typ B
Bester Wert:	**55,91**		
Wünschbarkeit:	**0,88**		

Maßabweichung Breite (µm)

Beste Parametrisierung			
Oberflächenfinish	Ausrichtung	Support	Therm. Nachb.
Glossy	90°	Lite	Typ B
Bester Wert:	**-55,46**		
Wünschbarkeit:	**0,84**		

Maßabweichung Höhe (µm)

Beste Parametrisierung			
Oberflächenfinish	Ausrichtung	Support	Therm. Nachb.
Glossy	90°	Heavy	Keine
Bester Wert:	**-13,64**		
Wünschbarkeit:	**0,96**		

Alle Zielgrößen

Beste Parametrisierung			
Oberflächenfinish	Ausrichtung	Support	Therm. Nachb.
Glossy	90°	Heavy	Typ B
Oberflächenrauheit (µm)	**1,21**		
Oberflächenhärte (Shore D)	**82,58**		
Zugfestigkeit, Raumtemp. (MPa)	**59,63**		
Zugfestigkeit, 35 °C (MPa)	**55,65**		
Maßabweichung Breite (µm)	**-61,35**		
Maßabweichung Höhe (µm)	**-26,26**		
Wünschbarkeit	**0,872**		

Es ist festzuhalten, dass der Parameter „Oberflächenfinish" in den (signifikanten) Modellen für Digital ABS sowohl bei der Auswertung für Grad 1 als auch für Grad 2 als statistisch signifikant eingestuft werden kann. Ebenso hat die thermische Nachbehandlung eine signifikante Auswirkung auf die Eigenschaften des Bauteils. In Tabelle 5-5 kann, wie auch bei der Auswertung für Grad 1, die jeweils beste Parametrisierung für die Optimierung der jeweiligen Zielgröße sowie für die Optimierung aller Zielgrößen gleichzeitig gefunden werden. Für die Optimierung aller Zielgrößen mit den vorgegebenen Optimierungszielen wurde ebenfalls, wie bei der Auswertung für Grad 1, die beste Parametrisierung zu „*Glossy*", „*90°*", „*Heavy*" und „*Typ B*" bestimmt. Werden alle gemessenen Versuchsproben mit den unterschiedlichen Materialen betrachtet, so sind ebenfalls Signifikanzen festzustellen. Abbildung 5-15 zeigt die gemessenen Zielgrößen und die unterschiedlich verwendeten Materialien. Die ersten acht Proben sind mit der Einstellung *„Matte"* gedruckt und die folgenden acht mit der Einstellung *„Glossy"*. Ein ähnliches Bild ergibt sich bei der Oberflächenrauheit mit einzelnen Ausreißern. Für die weitere Interpretation ist zu beachten, dass die ersten acht Proben der insgesamt 16 zwischen der Einstellung *„Matte"* und *„Glossy"*, variieren. Eine weitere Variation ergibt sich dadurch, dass abwechselnd jeweils vier Proben mit der Ausrichtung *„0°"* und *„90°"*, startend mit der Ausrichtung *„0°"*, gedruckt wurden. Jede zweite Probe wechselt zwischen den Einstellungen *„Lite"* und *„Heavy"*, startend mit der Einstellung *„Lite"*. Die letzte Variation ergibt sich aus der Einstellung *„High Speed"* und *„High Quality"*, die bei jeder Probe wechselt. Die erste Probe hat dabei die Einstellung *„High Speed"*. Mit diesem Wissen ist zu erkennen, dass beim Zugversuch jede zweite Probe in ihren Werten zwischen einem geringeren und einem höheren Wert springt. In fast allen Fällen ist zunächst eine klare Abhängigkeit des Materials zu den gemessenen Zielgrößen erkennbar. Lediglich bei der Maßabweichung und der Oberflächenrauheit ergibt sich ein ähnlich verteiltes Bild der Materialien in Abhängigkeit zu den Zielgrößen. Das Diagramm der Oberflächenhärte zeigt eine klare Abhängigkeit zwischen der Druckeinstellung *„Matte"* und *„Glossy"* die bei dieser Zielgröße variiert wird. Dies bedeutet, dass die Einstellung *„High Speed"* und *„High Quality"* hierauf einen signifikaten Einfluss hat. Wird die Probe in *„High Speed"* gedruckt, so ergibt sich eine geringere Zugfestigkeit. Dies ist zumindest beim Material Digital ABS eindeutig erkennbar. Auch bei der Oberflächenrauheit ergibt sich mit der Einstellung *„High Speed"* ein höhrer Wert. Bei der Maßabweichung in der Breite und Höhe ist jeweils eine Abhängigkeit zur Ausrichtung *„0°"* und *„90°"* erkennbar, da sich Vierer-Punktewolken bilden. Diese Aussagen sind allerdings trivial, da sich die Effekte überlagern können. Mithilfe der statistischen Software ist es möglich, für jedes einzelne Material die exakten Werte im 5% Konfidenzintervall zu analysieren. Dem Anwender hilft dies, wenn er beispielsweise zwei oder mehr Zielgrößen hinsichtlich seiner Anwendung optimieren möchte. Wie komplex diese Modelle werden, zeigen die Tabellen Tabelle 5-2 bis Tabelle 5-5, in denen bis zu zwei Druckparameter überlagert werden. Das Modell gibt dann aus, welche Druckparameter einen signifikanten Einfluss aufweisen und welche nicht. Zudem prognostiziert das Modell den wahrscheinlichen gedruckten Wert für die jeweiligen Zielgrößen. Eine Streuung ergibt sich dabei aus dem statistischen Modell selber sowie aus dem festgelegtem Konfidenzintervall.

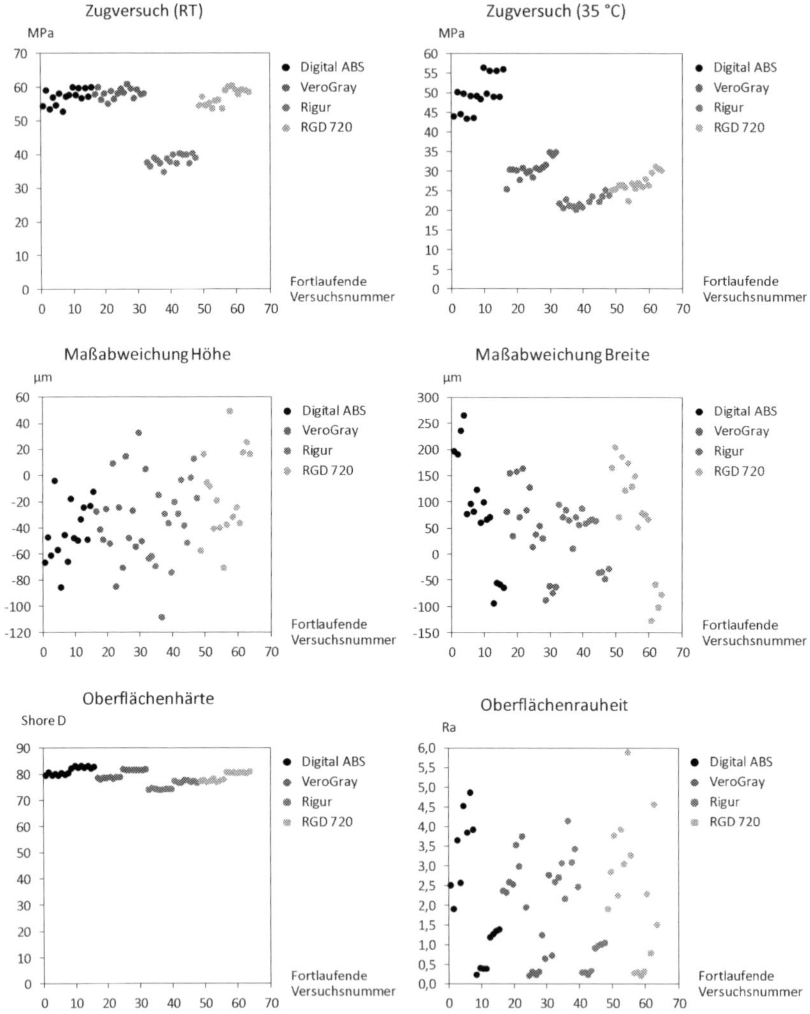

Abbildung 5-15: Messwerte der unterschiedlichen Materialien und Druckkombinationen

5.4 Praktische Anwendung und Nutzen des Modells

Mit dem vorgestellten Verfahren und dem zugrunde liegenden Datensatz ist es nun möglich, die Parametrisierung des 3D-Druckers zu ermitteln, die den individuellen Ansprüchen eines Anwenders an verschiedene Zielgrößen am ehesten gerecht wird. Dabei kann der Anwender die Zielgrößen und die Optimierungsziele (Minimieren, Maximieren, Zielwert) frei wählen und gewichten. Möchte er beispielsweise ein Bauteil herstellen, welches eine möglichst hohe Zugfestigkeit und eine möglichst hohe Oberflächenhärte vorweist, so kann er mittels der Software JMP die Optimierungsziele für die Zielgrößen

Zugfestigkeit und Oberflächenhärte auf „Maximieren" setzen und anschließend für nur diese beiden Zielgrößen die optimale Parametrisierung aus den vier Faktoren ermitteln. Das Ergebnis dieses Beispiels wird in Abbildung 5-16 dargestellt. Die maximale Zugfestigkeit und die maximale Oberflächenhärte werden mit der Parametrisierung „*Glossy*", „*90°*", „*Lite*" und „*Typ B*" erreicht.

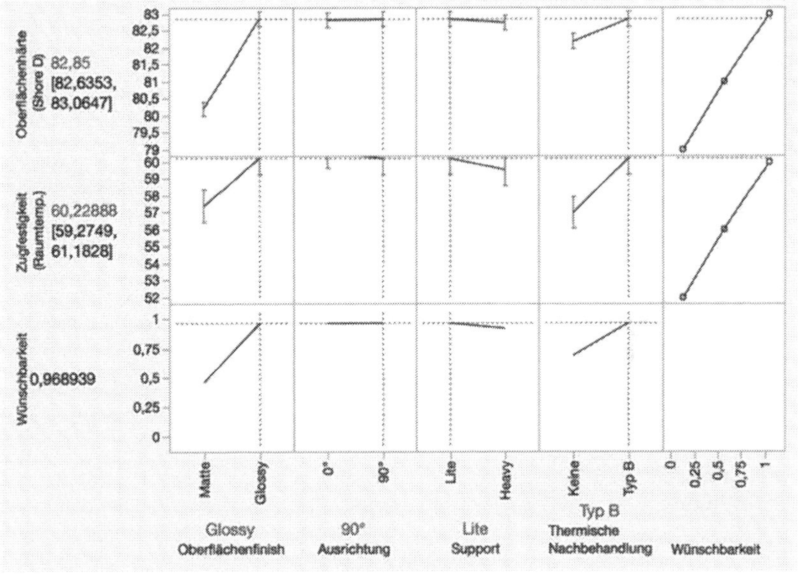

Abbildung 5-16: Beispiel zur Anwendung des Modells[522]

Die dann vorgeschlagene Parametrisierung entspricht eben jener, mit welcher auf Grundlage des mathematischen Modells die besten Werte für die Zielgrößen erreicht werden. Ferner kann aus den Analysediagrammen der Einfluss einzelner Parameter auf die Zielgrößen abgelesen werden. Eine Änderung der Ausrichtung von *90°* auf *0°* hätte im obigen Beispiel einen Anstieg der Zugfestigkeit zur Folge, die Oberflächenhärte würde allerdings sinken.

Der Anwender hat mit den erhobenen Daten und den von JMP erstellten Modellen die Möglichkeit, für alle vier Materialien und für jede Kombination der bis zu sechs Zielwerte die jeweils optimale Parametrisierung zu ermitteln.

5.5 Wertebereiche der Parametrisierung

Nachdem die individuelle Parametrisierung des Druckers zuvor detailliert untersucht und beschrieben wurde, wird nachfolgend auf die Grenzen der Parametrisierung des Druckers eingegangen.

---

[522] Darstellung in Anlehnung einer Vorveröffentlichung: Kampker, A./Kreisköther, K./et al. (2017) Material and Parameter Analysis of the PolyJet Process, S. 1250

Grundsätzlich konnte gezeigt werden, dass die betrachteten Zielgrößen durch eine geeignete Parametrisierung gezielt beeinflusst werden können. Allerdings sind die Wertebereiche der Zielgrößen endlich und somit durch einen unteren und einen oberen Wert begrenzt. Somit ergibt sich eine Spannweite in einem gewissen Wertebereich, der erzielt werden kann. Die Wertebereiche der zuvor als relevant eingestuften Zielgrößen aller vier untersuchten Materialien sind auf Grundlage der Messergebnisse der Auswertungsproben in Tabelle 5-6 dargestellt.

Tabelle 5-6: Wertebereiche relevanter Zielgrößen

Digital ABS Ivory

	Minimaler Wert	Maximaler Wert	Spannweite
Oberflächenrauheit (µm)	0,20	4,84	4,64
Oberflächenhärte (Shore D)	79,28	82,94	3,66
Zugfestigkeit, Raumtemp. (MPa)	52,50	59,81	7,31
Zugfestigkeit, 35 °C (MPa)	43,13	56,29	13,16
Maßabweichung Breite (µm)	-96,17	263,50	359,67

VeroGray

	Minimaler Wert	Maximaler Wert	Spannweite
Oberflächenrauheit (µm)	0,18	3,71	3,53
Oberflächenhärte (Shore D)	77,91	81,59	3,68
Zugfestigkeit, Raumtemp. (MPa)	54,91	60,75	5,84
Zugfestigkeit, 35 °C (MPa)	25,33	34,73	9,40
Maßabweichung Breite (µm)	-89,33	162,17	251,50

Rigur

	Minimaler Wert	Maximaler Wert	Spannweite
Oberflächenrauheit (µm)	0,20	4,10	3,90
Oberflächenhärte (Shore D)	73,77	77,55	3,78
Zugfestigkeit, Raumtemp. (MPa)	34,68	40,29	5,61
Zugfestigkeit, 35 °C (MPa)	19,95	25,01	5,06
Maßabweichung Breite (µm)	-49,50	93,33	142,83

RGD720

	Minimaler Wert	Maximaler Wert	Spannweite
Oberflächenrauheit (µm)	0,17	5,86	5,69
Oberflächenhärte (Shore D)	76,76	80,78	4,02
Zugfestigkeit, Raumtemp. (MPa)	53,41	60,26	6,85
Zugfestigkeit, 35 °C (MPa)	22,17	31,11	8,94
Maßabweichung Breite (µm)	-129,50	201,83	331,33

Während die Zielgrößen innerhalb ihrer Wertebereiche durch eine entsprechende Parametrisierung des Druckers erreicht werden können, sind Werte außerhalb der Wertebereiche nicht oder nur durch Modifikation des Prozesses bzw. des Bauteils (CAD) realisierbar. So ist es mit den im Rahmen dieser Arbeit gewonnenen Erkenntnissen nicht möglich, Oberflächenhärten oder Zugfestigkeiten außerhalb der Wertebereiche zu erzielen. Die Grenzen der Wertebereiche geben allerdings darüber Aufschluss, welches Material tendenziell am besten geeignet ist. Wird beispielsweise die Anforderung an eine höhere Temperaturbeständigkeit gestellt, so zeigt der Vergleich der Werte, dass das Material Digital ABS Ivory die besten Festigkeitswerte unter Temperatureinfluss besitzt und somit die bestmögliche Wahl darstellt. Abhängig von den Einflüssen der Faktoren können die gewünschten Zielgrößen mit einer beliebigen Feinheit eingestellt werden, wobei die Werte in der Spannweite abhängig vom Modell in beliebigen

Schritten variieren können. Hat ein oder haben mehrere Faktoren einen erheblichen Einfluss auf die Zielgröße, so ist zu erwarten, dass der Wertebereich einer starken Schwankung unterliegt und somit die Streuung eher groß ist. Bei geringeren Einflüssen ändert sich auch die Zielgröße nur in kleinerem Maße.

Allein eine höhere Oberflächenrauheit kann durch Modifikation des CAD-Bauteils erreicht werden. Angenommen es soll eine Textur erzeugt werden, die außerhalb der Wertebereiche der gemessenen Oberflächenrauheit liegt, kann dies im CAD-Modell erzeugt werden. Dabei ist jedoch die Restriktion zu beachten, dass diese von dem Drucker nur in Abständen bzw. Abstufungen mit der kleinstmöglichen Schichtdicke erstellt werden kann (vgl. Kapitel 2.4.3). In dem hier vorliegenden Fall kann der Drucker mit der Einstellung „*High Quality*" Schichtdicken von 16 Mikrometer drucken. D.h., dass die Oberflächenrauheit entweder in den gemessenen Wertebereichen liegen oder absichtlich mit 16 Mikrometerschritten im CAD konstruiert werden kann. Die erzeugte Schichtdicke unterliegt dann allerdings erneut der Schwankung des Druckergebnisses.

5.6 Zwischenfazit

Zusammenfassend ist festzuhalten, dass die durchgeführten Versuche zu guten und realistischen Ergebnissen geführt haben, da klare Signifikanzen und eine Abhängigkeit der Druckeinstellung nachgewiesen werden konnten. Die angewandten Qualitätsprozesse (vgl. Kapitel 4.4) haben dazu beigetragen, dass keine Probe aufgrund von unrealistischen Messwerten aussortiert oder nachgefertigt werden musste. Ebenso kann eine Verwechslung der Proben ausgeschlossen werden. Durch die strikte Einhaltung der Normen (vgl. Kapitel 5.2 und Anhang 8.5) konnten zudem sehr gute Messreihen aufgenommen werden, die einen vollumfänglichen Datenstamm für die Auswertung mit der statistischen Software JMP bilden. Zudem konnten alle Messreihen nach Norm mit nur zwei Probekörpern realisiert werden, was den Aufwand und die Kosten stark reduziert hat. Die beiden Beispiele der ausgewerteten Materialien zeigen klare Signifikanzen (vgl. Kapitel 5.3). Auch bei den anderen in dieser Arbeit nicht dargestellten Materialien konnten diese Signifikanzen bestätigt werden, sodass eine klare Abhängigkeit der Druckeinstellungen auf das spätere Ergebnis nachgewiesen werden konnte. Darüber hinaus kann dargestellt werden, welche Druckeinstellung auf welches Ziel einen wie großen Einfluss ausübt.

6 Validierung und Bewertung der Ergebnisse

Im Folgenden werden die Ergebnisse und die in JMP erstellten Prognosemodelle validiert. Dafür werden Proben mit bestimmten Parametrisierungen gedruckt und anschließend vermessen. Somit wird untersucht, ob die von den Modellen prognostizierten Zielwerte mit den real gemessenen Werten übereinstimmen bzw. ob die gemessenen Realdaten innerhalb der Konfidenzintervalle der Modelle liegen. Mit der Validierung wird zudem überprüft, ob die in Kapitel 5.3 ausgewerteten Messdaten stimmig sind und vor allem, ob die ermittelten Wirkungszusammenhänge in Form von Signifikanzen bzw. Effekten tatsächlich dem analysierten Muster entsprechen.

6.1 Definition der Anforderungen und des Vorgehens zur Validierung

Um den Umfang der Validierung vertretbar gering und fokussiert zu halten, wird die Untersuchung auf die Materialien Digital ABS Ivory und RGD720 beschränkt. Diese beiden Materialien haben zusammengefasst die besten Ergebnisse in Bezug auf die Anforderungen des formgebenden Werkzeugbaus erzielt und werden daher zur Validierung gewählt. Zudem werden verschiedene Zielgrößen optimiert. Im Falle von Digital ABS Ivory findet die Validierung mit der besten und der schlechtesten Parametrisierung, bezogen auf alle vorher als relevant eingestuften Zielgrößen (siehe Kapitel 5.3), statt. Für RGD720 werden exemplarisch die Oberflächenhärte und die Zugfestigkeit bei Raumtemperatur optimiert, während alle anderen Zielgrößen für die Optimierung als irrelevant angesehen werden, da ihre Werte nicht die Anforderungen des Werkzeugsbaus treffen. Für RGD720 wird somit einmal mit der besten und einmal mit der schlechtesten Parametrisierung bezüglich der Zielgrößen Oberflächenhärte und Zugfestigkeit bei Raumtemperatur gedruckt. Damit soll gezeigt werden, dass die anwenderspezifischen Anforderungen an ein Bauteil (z.B. hohe Zugfestigkeit, geringe Maßabweichung oder eine bestimmte Oberflächenrauheit) durch eine geeignete Parametrisierung maßgeblich beeinflusst werden und dass die Prognosemodelle bezüglich ihrer Prognosefähigkeiten valide sind. Tabelle 6-1 zeigt die für die beiden Materialien ausgewählten Zielgrößen mit deren entsprechenden Zielen.

Tabelle 6-1: Validierungsziele

	Beste Parametrisierung bezüglich	Schlechteste Parametrisierung bezüglich
Digital ABS Ivory	• Oberflächenrauheit (Minimieren) • Oberflächenhärte (Maximieren) • Zugfestigkeit, Raumt. (Maximieren) • Zugfestigkeit, 35 °C (Maximieren) • Maßabweichung, Breite (Minimieren)	• Oberflächenrauheit (Minimieren) • Oberflächenhärte (Maximieren) • Zugfestigkeit, Raumt. (Maximieren) • Zugfestigkeit, 35 °C (Maximieren) • Maßabweichung, Breite (Minimieren)
RGD720	• Oberflächenhärte (Maximieren) • Zugfestigkeit, Raumt. (Maximieren)	• Oberflächenhärte (Maximieren) • Zugfestigkeit, Raumt. (Maximieren)

6.2 Ausgabe der besten Einstellung aufgrund des Prognosemodells

Für das oben vorgestellte Validierungsvorhaben werden im Folgenden mit den in JMP erstellten Modellen die jeweiligen Parametrisierungen ermittelt. Anschließend werden die Optimierungsziele festgelegt (vgl. Tabelle 6-1) und die Wünschbarkeit maximiert. Für den Druck dieser Proben gibt JMP die folgenden Parametrisierungen aus:

Tabelle 6-2: Druckerparametrisierung für Digital ABS Ivory[523]

Digital ABS Ivory				
Beste Parametrisierung	Oberflächenfinish	Ausrichtung	Support	Therm. Nachbehandlung
	Glossy	90°	Lite	Typ B
Schlechteste Parametrisierung	Oberflächenfinish	Ausrichtung	Support	Therm. Nachbehandlung
	Matte	0°	Heavy	Keine

Tabelle 6-3: Druckerparametrisierung für RGD720[524]

RGD720				
Beste Parametrisierung	Oberflächenfinish	Ausrichtung	Support	Druckverfahren
	Glossy	0°	Lite	High Quality
Schlechteste Parametrisierung	Oberflächenfinish	Ausrichtung	Support	Druckverfahren
	Matte	0°	Heavy	High Speed

Für die entsprechenden Druckerparametrisierungen gibt JMP aufgrund der Datengrundlage entsprechende Prognosen für den oberen und den unteren Wert der Ziele ab. Zudem wird auch ein exakter Wert vorhergesagt. Die prognostizierten Zielwerte sowie die Konfidenzintervalle (KI) können den Tabellen Tabelle 6-4 und Tabelle 6-5 entnommen werden.

[523] Tabelle in Anlehnung einer Vorveröffentlichung: Kampker, A./Kreisköther, K./et al. (2017) Material and Parameter Analysis of the PolyJet Process, S. 1250

[524] Tabelle in Anlehnung einer Vorveröffentlichung: Kampker, A./Kreisköther, K./et al. (2017) Material and Parameter Analysis of the PolyJet Process, S. 1250

Tabelle 6-4: Beste und schlechteste Parametrisierung (Digital ABS Ivory)

Beste Parametrisierung		Schlechteste Parametrisierung	
Oberflächenrauheit (µm)		Oberflächenrauheit (µm)	
Wert	1,3914125	Wert	3,4539625
Untere KI	0,9947094	Untere KI	3,0572594
Obere KI	1,7881156	Obere KI	3,8506656
Oberflächenhärte (Shore D)		Oberflächenhärte (Shore D)	
Wert	82,825	Wert	79,375
Untere KI	82,474773	Untere KI	79,024773
Obere KI	83,175227	Obere KI	79,725227
Zugfestigkeit, Raumtemp. (MPa)		Zugfestigkeit, Raumtemp. (MPa)	
Wert	59,4468	Wert	53,026277
Untere KI	58,581444	Untere KI	52,160921
Obere KI	60,312156	Obere KI	53,891633
Zugfestigkeit, 35°C (MPa)		Zugfestigkeit, 35 °C (MPa)	
Wert	55,799453	Wert	44,363242
Untere KI	54,867224	Untere KI	43,431014
Obere KI	56,731682	Obere KI	45,295471
Maßabweichung Breite (µm)		Maßabweichung Breite (µm)	
Wert	-55,46181	Wert	233,13542
Untere KI	-102,7155	Untere KI	185,88174
Obere KI	-8,208126	Obere KI	280,3891

Tabelle 6-5: Beste und schlechteste Parametrisierung (RGD720)

Beste Parametrisierung		Schlechteste Parametrisierung	
Oberflächenhärte (Shore D)		Oberflächenhärte (Shore D)	
Wert	80,53775	Wert	76,98275
Untere KI	79,536163	Untere KI	75,981163
Obere KI	81,539337	Obere KI	77,984337
Zugfestigkeit, Raumtemp. (MPa)		Zugfestigkeit, Raumtemp. (MPa)	
Wert	60,614124	Wert	55,127373
Untere KI	58,976226	Untere KI	53,489476
Obere KI	62,252021	Obere KI	56,765271

Für die Validierung werden nun, analog zur Durchführung in Kapitel 5.1, je fünf kleine und fünf große Probekörper mit den Materialien Digital ABS Ivory und RGD720 und den vorgegebenen Parametrisierungen gedruckt.

6.3 Herstellung der Proben und Durchführung der Materialprüfungen

Die Herstellung der eigentlichen Probekörper wird mit dem exakt gleichen Vorgehen wie in Kapitel 5.1 beschrieben durchgeführt. Dabei wurde besonders auf gleiche äußere Bedingungen geachtet, sodass äußere Störgrößen nur mit sehr geringer Wahrscheinlichkeit zu Verfälschungen der Ergebnisse führen.

Die Materialprüfungen der gedruckten Validierungsproben erfolgen analog zum Vorgehen in Kapitel 5.2. Auch die Validierungsproben werden nach dem eigentlichen Druck auf die geforderten äußeren Bedingungen (Temperatur, Luftfeuchtigkeit) konditioniert. Beim Druck der Proben wurde ebenso auf gleiche äußere Bedingungen geachtet, sodass Störgrößen in Form von Temperaturen oder veränderter Luftfeuchtigkeit ausgeschlossen werden können. Für den Fall, dass unerklärliche Werte bei den Validierungsproben gemessen werden, können die Protokolle auf ihre Störeinflüsse hin untersucht und bewertet werden.

6.4 Versuchsauswertung und kritische Reflextion der Erkenntnisse

Im Anschluss an den Druck der Validierungsproben nach den Werten aus Kapitel 6.2 und der Messdatenaufnahme (Kapitel 6.3) folgt die Auswertung der Messversuche und der aufgenommenen Messdaten. Dafür werden die in Kapitel 6.3 erhobenen Messwerte der Validierungsproben verarbeitet und anschließend mit den von JMP prognostizierten Werten verglichen. Eine Übereinstimmung des Messwertes mit dem prognostizierten Wert lässt auf ein valides Modell schließen, wohingegen eine große Diskrepanz zwischen Messwert und prognostiziertem Wert bedeuten würde, dass die Prognosemodelle nicht verlässlich anwendbar sind.

6.4.1 Mittelwerte und Standardabweichungen der Validierungsproben

Für die Auswertung der Ergebnisse werden Mittelwert und Standardabweichung der erhobenen Messwerte gebildet. Tabelle 6-6 und Tabelle 6-7 zeigen die Mittelwerte und die Standardabweichungen der Messungen der Validierungsversuche.

Tabelle 6-6: Mittelwert und Standardabweichung der Validierung (Digital ABS Ivory)

Beste Parametrisierung		Schlechteste Parametrierung	
Oberflächenrauheit (µm)		Oberflächenrauheit (µm)	
Mittelwert	1,3184	Mittelwert	2,1966
Standardabweichung	0,0945	Standardabweichung	0,7401
Oberflächenhärte (Shore D)		Oberflächenhärte (Shore D)	
Mittelwert	82,1440	Mittelwert	79,9600
Standardabweichung	0,2674	Standardabweichung	0,4037
Zugfestigkeit, Raumtemp. (MPa)		Zugfestigkeit, Raumtemp. (MPa)	
Mittelwert	59,3514	Mittelwert	56,5842
Standardabweichung	0,4927	Standardabweichung	0,3485
Zugfestigkeit, 35 °C (MPa)		Zugfestigkeit, 35 °C (MPa)	
Mittelwert	54,4602	Mittelwert	44,9287
Standardabweichung	0,6877	Standardabweichung	0,3039
Maßabweichung Breite (µm)		Maßabweichung Breite (µm)	
Mittelwert	-59,5556	Mittelwert	260,8889
Standardabweichung	19,0467	Standardabweichung	54,5079

Tabelle 6-7: Mittelwert und Standardabweichung der Validierung (RGD720)

Beste Parametrisierung		Schlechteste Parametrisierung	
Oberflächenhärte (Shore D)		Oberflächenhärte (Shore D)	
Mittelwert	80,3040	Mittelwert	77,8800
Standardabweichung	0,1802	Standardabweichung	0,7783
Zugfestigkeit, Raumtemp. (MPa)		Zugfestigkeit, Raumtemp. (MPa)	
Mittelwert	60,3620	Mittelwert	59,2418
Standardabweichung	0,6684	Standardabweichung	0,4122

Es fällt auf, dass die Standardabweichung bei den Versuchen zur Maßabweichung relativ groß ist und die Standardabweichungen der anderen Zielgrößen hingegen klein sind. Dies bedeutet, dass die Maßabweichung einer größeren Streuung unterliegt.

6.4.2 Gegenüberstellung der prognostizierten Werte und Messwerte

Tabelle 6-8 zeigt die Gegenüberstellung der prognostizierten Werte mit den Messwerten sowie deren Differenz und die relative Abweichung zwischen den Mittelwerten der Messwerte und den prognostizierten Werten.

Für die Validierung der Parameter mit dem Material Digital ABS ist festzuhalten, dass die Prognose der Oberflächenrauheit im Fall der „schlechtesten Parametrisierung" stark verfehlt wird. Die Messwerte aller übrigen Zielgrößen hingegen sind sehr nah an den prognostizierten Werten, insbesondere die Oberflächenhärte ist demnach sehr gut einstellbar und unterscheidet sich bei der „besten Parametrisierung" und bei der „schlechtesten Parametrisierung" um weniger als 1 % vom prognostizierten Wert.

Die Validierung mit dem Material RGD720 zeigt ebenfalls sehr gute Ergebnisse. Die Oberflächenhärte weicht lediglich 0,29 % (beste Parametrisierung) bzw. 1,15 % (schlechteste Parametrisierung) vom prognostizierten Wert ab und ist somit sehr genau durch die jeweilige Parametrisierung einstellbar. Die Zugfestigkeit im Falle der „besten Parametrisierung“ weicht lediglich 0,42 % von dem prognostizierten Wert ab, im Falle der „schlechtesten Parametrisierung“ beträgt die Abweichung 6,95 %.

Tabelle 6-8: Gegenüberstellung der prognostizierten Werte mit den Messwerten

Digital ABS: Beste

	Prognostizierter Wert	Mittelwert der Messwerte	Differenz	Relative Abweichung
Oberflächenrauheit (µm)	1,391	1,318	0,073	5,54%
Oberflächenhärte (Shore D)	82,825	82,144	0,681	0,83%
Zugfestigkeit, Raumtemp. (MPa)	59,447	59,351	0,095	0,16%
Zugfestigkeit, 35 °C (MPa)	55,799	54,460	1,339	2,46%
Maßabweichung Breite (µm)	-55,462	-59,556	4,094	6,87%

Digital ABS: Schlechteste

	Prognostizierter Wert	Mittelwert der Messwerte	Differenz	Relative Abweichung
Oberflächenrauheit (µm)	3,454	2,197	1,257	57,24%
Oberflächenhärte (Shore D)	79,375	79,960	-0,585	0,73%
Zugfestigkeit, Raumtemp. (MPa)	53,026	56,584	-3,558	6,29%
Zugfestigkeit, 35 °C (MPa)	44,363	44,929	-0,565	1,26%
Maßabweichung Breite (µm)	233,135	260,889	-27,753	10,64%

RGD720: Beste

	Prognostizierter Wert	Mittelwert der Messwerte	Differenz	Relative Abweichung
Oberflächenhärte (Shore D)	80,538	80,304	0,234	0,29%
Zugfestigkeit, Raumtemp. (MPa)	60,614	60,362	0,252	0,42%

RGD720: Schlechteste

	Prognostizierter Wert	Mittelwert der Messwerte	Differenz	Relative Abweichung
Oberflächenhärte (Shore D)	76,983	77,880	-0,897	1,15%
Zugfestigkeit, Raumtemp. (MPa)	55,127	59,242	-4,114	6,95%

Insgesamt kann beobachtet und festgehalten werden, dass die jeweiligen Zielgrößen beider Materialien durch eine geeignete Parametrisierung stark beeinflusst und mit geringen Abweichungen sicher getroffen werden können. Die Tatsache, dass die Werte nicht exakt getroffen werden, ist durch die „Wünschbarkeit“, welche der Anwender im Vorfeld wählt, begründet (vgl. Kapitel 5.3.2). Die Wünschbarkeit lag bei der Parametrisierung des Druckers mit Digital ABS bei 0,88 (beste Parametrisierung) und 0,89 (schlechteste Parametrisierung) sowie bei RGD720 bei 0,9 (beste Parametrisierung) und 0,8 (schlechteste Parametrisierung). Die angestrebte Optimierung einer Zielgröße kann so beispielsweise zur Verschlechterung einer anderen Zielgröße führen. Dies hat zur Folge, dass die Wünschbarkeit, also die Optimierung aller Zielgrößen, einen Wert kleiner eins annimmt. Abbildung 6-1 und Abbildung 6-2 zeigen die validierten Werte der Materialprüfung (in der Grafik grau dargestellt) am Beispiel des Materials Digital ABS Ivory. Dabei kennzeichnen die schwarzen Balken jeweils das obere und untere Konfidenzintervall des Prognosemodells. Zu sehen ist, dass bei diesem Material die Prognosewerte größtenteils erreicht werden. Die Abweichungen halten sich wie oben beschrieben in einem geringen Rahmen.

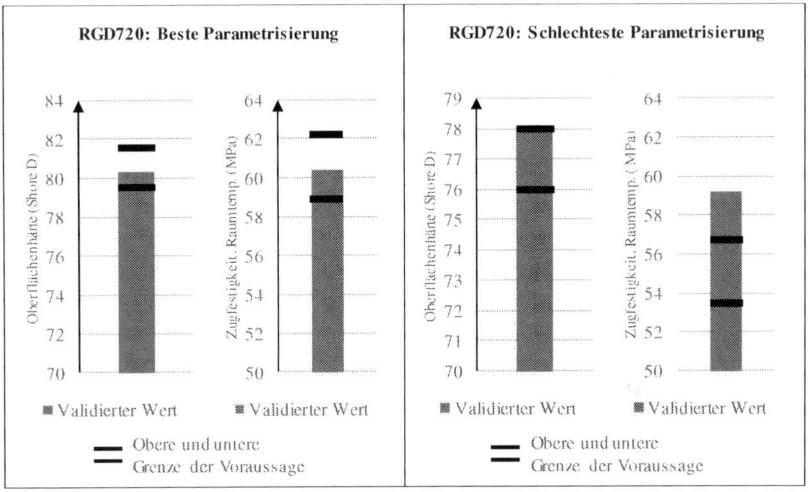

Abbildung 6-1: Validierung RGD720 (beste und schlechteste Parametrisierung)

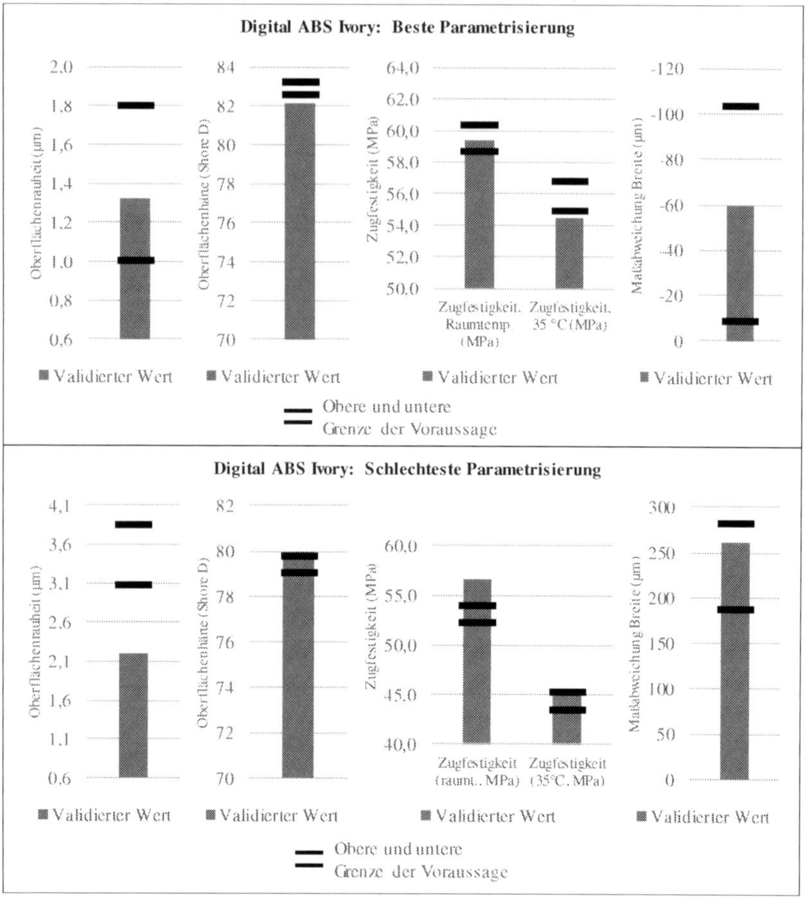

Abbildung 6-2: Validierung Digital ABS Ivory (beste und schlechteste Parametrisierung)

Abschließend ist festzuhalten, dass die Validierungsversuche dieses Kapitels die zuvor erstellten Modelle und deren Prognosefähigkeiten bestätigen. Mithilfe der Modelle und der Prognosen können dementsprechend individuelle und anwendungsspezifische Bauteile gedruckt werden, indem vorher eine geeignete Parametrisierung identifiziert wird.

6.4.3 Einfluss der Störgrößen auf das Vorhaben

Das Ziel dieser Arbeit ist die Untersuchung von Einflussgrößen auf den PolyJet-Prozess und die Materialeigenschaften des gedruckten Bauteils. Die zu untersuchenden Einflussgrößen umfassen dabei die Parametrisierung des Druckers (Supportmaterial, Druckverfahren, Oberflächenfinish) sowie die thermische Nachbehandlung der Bauteile und die Orientierung der Bauteile auf der Oberfläche. Neben diesen Einflussgrößen treten jedoch auch Störgrößen auf, die Einfluss auf den Prozess und das Prozessergebnis nehmen können (vgl. Kapitel 4.2). Störgrößen können beispielsweise die Umgebungstemperatur, die Luftfeuchtigkeit oder Messungenauigkeiten der Prüfverfahren sein. Änderungen dieser Störgrößen können das Prozessergebnis beeinflussen. Deswegen werden die Umgebungsbedingungen bzw. Störgrößen während des Druckens und der Vermessung der Bauteile möglichst konstant gehalten und protokolliert, um einen möglichen Einfluss sich verändernder Störgrößen ausschließen zu können bzw. bei unerwarteten Messergebnissen eventuelle Störeinflüsse identifizieren zu können. Zudem ist nicht auszuschließen, dass auch das statistische Berechnungsmodell Abweichungen erzeugt, da es mit einer begrenzten Anzahl an gemessenen Ergebnissen gespeist wird und die restlichen Ergebnisse statistisch ermittelt werden.

Die Analyse der Umgebungstemperatur und der Luftfeuchtigkeit ergab, dass die Störgrößen Umgebungstemperatur und Luftfeuchtigkeit während des Druckens und des Vermessens der Proben keinem Trend unterlagen. Die Umgebungstemperatur erstreckt sich über einen Bereich von 21,6 °C bis 24,2 °C und beträgt durchschnittlich 23,4 °C mit einer Standardabweichung von 0,4 °C. Die Luftfeuchtigkeit erstreckt sich über einen Bereich von 40 % bis 60 %. Die durchschnittlich gemessene Luftfeuchtigkeit beträgt 51,2 % mit einer Standardabweichung von 3,4 %. Zu erwähnen ist, dass die minimalen und maximalen Werte lediglich als einzelne Ausschläge dokumentiert wurden, die größte Probenmenge allerdings bei konstanter Temperatur und Luftfeuchte hergestellt wurde.

Dadurch, dass die Störgrößen nahezu konstant sind bzw. nur innerhalb eines kleinen Wertebereichs streuen, kann ein ungewollter Einfluss der Störgrößen auf den Prozess und das Prozessergebnis ausgeschlossen werden. Eine Möglichkeit, den Einfluss der Störgrößen zu ermitteln, ist die Aufnahme der Störgrößen in den Versuchsplan als Faktor. So könnte beispielsweise die Temperatur mit in den Versuchsplan aufgenommen werden und die Proben zum Beispiel bei 15 °C, 20 °C und 25 °C gedruckt und vermessen werden. Jedoch würde ein solches Vorgehen zum einen den Versuchsplan und den Umfang des Vorhabens immens vergrößern und zum anderen stellt die gezielte Regulierung der Umgebungseinflüsse ein großes Hindernis dar. Deshalb wurde im Rahmen dieser Arbeit auf die Variation der Störgrößen verzichtet. Zudem hat die Auswertung der Proben gezeigt, dass kein Trend bei den sich leicht verändernden äußeren Einflüssen erkennbar war.

6.5 Nutzbarkeit der Ergebnisse und Erkenntnisse

Insgesamt ist es dem Anwender möglich, durch die im Rahmen dieser Arbeit erfassten Messwerte und Daten Prognosemodelle für den Druck von Digital ABS, Rigur, VeroGray und RGD720 zu erstellen und die Werkstoffkennwerte durch spezifische Parametrisierungen des Druckers bewusst zu beeinflussen. So kann der Anwender individuell und bestmöglich konstruieren sowie fertigen. Im Bezug auf den Werkzeugbau konnte nachgewiesen werden, dass das Drucken von Bauteilen für Prototypen des formgebenen Werkzeugbaus eine Alternative darstellt und die geforderten Werte nahezu erreicht werden können.

Das in dieser Arbeit vorgestellte Vorgehen (Design of Experiments mit vollfaktoriellem Versuchsplan) zur Erforschung des 3D-PolyJet-Prozesses und der Auswirkungen der verschiedenen Parametrisierungen des Druckers lässt sich nahezu uneingeschränkt auf ähnliche Fertigungsprozesse übertragen, um die Wirkungszusammenhänge zwischen den Eigenschaften des gefertigten Bauteils und der Parametrisierung des Fertigungsprozesses zu verstehen. Sollte der betrachtete Prozess jedoch komplexer sein und eine Vielzahl möglicher Parametrisierungen zulassen, sollte die Wahl eines teilfaktoriellen Versuchsplans in Betracht gezogen werden, um Kosten, Zeit und Aufwand möglichst gering zu halten (siehe Kapitel 4.1 zur Auswahl der Versuchsmethode).

Innerhalb des PolyJet-Prozesses können die Ergebnisse und Erkenntnisse genutzt werden, um Materialien, welche den Versuchsmaterialien dieser Arbeit in ihrem chemischen Aufbau ähneln, identisches Reaktionsverhalten auf die Parametrisierung zu unterstellen. Sollte ein neues, unbekanntes Material getestet werden, kann das in dieser Arbeit beschriebene Vorgehen dazu genutzt werden, das Material in Abhängigkeit der Druckerparametrisierung in wenigen Versuchen detailliert zu charakterisieren. Ebenso ist die in dieser Arbeit erarbeitete Datenbasis mit wenigen Versuchen um weitere Faktoren und Parameter erweiterbar. Lässt Stratasys beispielsweise eine neue Einstellungsmöglichkeit am Drucker zu, so kann der Versuchsplan um diese erweitert werden. Beispielsweise können Zusammenhänge aufgrund der vorhandenen Datenbasis mit teilfaktoriellen Versuchsplänen abgeleitet werden (siehe Kapitel 4.1).

6.5.1 Beantwortung der Forschungsfrage

In Kapitel 1.4 werden in der Forschungsfrage zwei Hauptfragen abgeleitet. Die erste Frage, welches Generative Fertigungsverfahren in der Lage ist, Werkzeuge herzustellen, wird in Kapitel 2.6 beantwortet. Aufgrund der Festlegung auf ein Druckverfahren ist es möglich, den zweiten Teil der Forschungsfrage zu beantworten. Die unterschiedlichen Druckerparameter beeinflussen die untersuchten Zielgrößen. Zudem sind Zusammenhänge zwischen verschiedenen Materialien feststellbar. So werden in Tabelle 5-6 die minimal und maximal erreichbaren Werte ausgegeben. Über alle geprüften Materialien ergeben sich Spannweiten der Ergebnisse abhängig von der Parametrisierung bei der Oberflächenrauheit von 0,17 bis 5,86 µm, der Oberflächenhärte zwischen 73,77 und 82,94 Shore D, der Zugfestigkeit von 34,68 bis 60,75 MPa, der Zugfestigkeit bei einer Temperatur von 35 °C zwischen 19,95 und 56,29 MPa und bei der Maßhaltigkeit von 0 bis 263,5 µm. Somit beeinflussen die Parametereinstellungen am Drucker eindeutig und signifikant die mechanischen Eigenschaften des späteren Bauteils. Tabelle 5-6 gibt einen ersten Hinweis auf die entsprechenden Wertebereiche der unterschiedlichen Materialien. Für die genaue Druckeinstellung und eine entsprechende Prognose der Ergebnisse muss wie in Anhang 8.9 beschrieben vorgegangen werden. Abbildung 5-16 zeigt beispielweise mögliche Zielwerte bei Grad 1 bei einer entsprechenden Parametrisierung des Druckers. Soll eine Oberflächenhärte von 83 Shore D erreicht werden, so ist die Druckeinstellung *Glossy*, 0°, *Lite* und eine thermische Nachbehandlung nach *Typ B* vorzusehen. Das Prognosemodell sagt dabei eine Wahrscheinlichkeit von 98,2 % vorher. Einzelne Zielgrößen sind aber immer auch abhängig von anderen, sodass eine Optimierung der gewünschten Zielgrößen in der Software JMP vorgenommen werden muss.

Aufgrund der in dieser Arbeit untersuchten Ergebnisse können übergeordnet Abhängigkeiten benannt werden, die im Einzelfall einer Streuung unterliegen können. So ist zu beobachten, dass die Druckeinstellung Oberflächenfinish einen signifikanten Einfluss auf die Kenngröße der Oberflächenhärte und Oberflächenrauheit aufweist. Wird das Oberflächenfinish in *Glossy* gedruckt, so ergeben sich bei allen Materialien höhere Oberflächenhärten und geringere Rauheiten. Dies gilt allerdings nur für die Haupteffekte. Werden Wechselwirkungseffekte von Grad 2 betrachtet, so ist festzuhalten, dass die Ausrichtung eine ebenso bedeutende Rolle für die Oberflächenrauheit spielt. D.h. es besteht ein Wechselwirkungseffekt zwischen der Ausrichtung und dem Oberflächenfinish. Abhängig davon, wie viele Wechselwirkungseffekte betrachtet werden, steigt die Komplexität der Einflüsse und wird hinsichtlich der zu optimierenden Eigenschaften individueller. An dieser Stelle müssen mittels des Modells der Software JMP die Optima berechnet werden. Entscheidend ist am Ende die Wahrscheinlichkeit, mit der die Eigenschaften auch tatsächlich erreicht werden können. So ist eine Optimierung aller Eigenschaften ausgeschlossen, da es Wechselwirkungseffekte gibt. In diesem Fall wird die Wahrscheinlichkeit einen sehr geringen Wert ausgeben. Das Oberflächenfinish beeinflusst als Haupteffekt zudem auch die Zugfestigkeit bei allen Materialien. Hier gibt es allerdings die Einschränkung, dass beim Digital ABS die thermische Nachbehandlung einen signifikanteren Einfluss auf die spätere Eigentschaft aufweist. Ähnliches ist auch bei der Maßhaltigkeit zu beobachten. So beeinflusst das Oberflächenfinish hier alle Materialien mit der Ausnahme des Materials Rigur, bei dem die Ausrichtung eine signifikantere Rolle einnimmt. Weitere Effekte sind, dass bei der Oberflächenrauheit bei allen Materialien am besten der Druckmodus *High Speed* verwendet werden sollte und bei der Zugfestigkeit der Support auf *Heavy* einzustellen ist. Dies ist aber nur dann hilfreich, wenn ausschließlich diese eine Eigenschaft optimiert werden soll. Kommen weitere Eigenschaften hinzu, so ist wie beschrieben eine individuelle Berechnung in JMP erforderlich.

6.5.2 Rückschluss der Ergebnisse auf den Werkzeugbau

Die in dieser Arbeit einleitend gestellte Frage, ob sich ein Generatives Fertigungsverfahren überhaupt zur Herstellung von Formwerkzeugen eignet, konnte positiv beantwortet werden. Je nach Druckeinstellungen können die Anforderungen der Werkzeuge für ihren Einsatz erfüllt werden. Werden die Anforderungswerte aus Kapitel 2.3.2 betrachtet und mit den Ergebnissen aus Tabelle 5-6 verglichen, so ist festzuhalten, dass das PolyJet-Verfahren für einige Formwerkzeuge aus Produkt- und Prozesssicht in Betracht kommt. Die hier zugrunde liegende Produktsicht aus dem Automobilbau mit sehr strengen Toleranzvogaben für Karosseriebauteile kann voll erfüllt werden. Im Schnitt sind für Anschluss- und Funktionsflächen und weitere Funktionsteile Toleranzen von ± 0,5 mm vorgeschrieben (siehe Tabelle 2-1). Das PolyJet-Verfahren ist je nach Parametrisierung in der Lage, eine Maßhaltigkeit von 0,25 mm einzuhalten. Somit werden die produktseitigen Anforderungen der Maßhaltigkeit mit diesem Verfahren erfüllt. Prozessseitig sind beispielsweise Vakuumkanäle bei einigen Verfahren notwendig. Das Thermoformverfahren stellt die höchsten Anforderungen mit Bohrungsdurchmessern von 0,3 mm bis 2 mm (siehe Tabelle 2-3). Auch diese prozessseitige Forderung kann das gedruckte Werkzeug erfüllen. Geometrische Anforderungen, wie beispielsweise Entformungsschrägen, sind mit dem Druck ebenfalls leicht realisierbar. In Tabelle 2-2 werden zudem die prozessseitigen Anforderungen der unterschiedlichen Kunststoffverarbeitungsverfahren dargestellt. So betragen die Werkzeuginnendrücke zwischen 0 bis 800 bar. Abhängig von der Parametrisierung des Druckers und des Materials kann das PolyJet-Verfahren Drücken zwischen 0 bis 600 bar standhalten. Somit sind auch hier die Anforderungen bis auf die beim Spritzgießverfahren (> 600 bar) erfüllt. Bezüglich der Temperaturbeständigkeit ist das PolyJet-Verfahren bestens geeignet, da es als einziges Verfahren ausschließlich Duroplaste verwendet, die ihre Form und Zustand bei Temperatureinwirkung nicht verändern (siehe auch Kapitel 2.6). Die Temperaturbeständigkeiten der verwendeten Materialien liegen nach Herstellerangaben je nach Material zwischen 45 bis 80 °C. Somit können alle Kunststoffverarbeitungsverfahren bis auf das Schäumen, Gießen und Rotationsformen ihre Anwendung finden.

Abschließend kann der Rückschluss gezogen werden, dass die generativ hergestellten Werkzeuge für Protoypen von Interieur- und Exterieurteilen prinzipiell für die Verfahren Blasformen und Thermoformen geeignet sind. Beim Spritzgießprozess ist dies von den Werkzeugeninnendrücken abhängig, die die Maximalwerte der gedruckten Werkzeuge nicht übersteigen dürfen.

6.6 Ableiten weiterer Forschungsdefizite

Die in dieser Arbeit untersuchten Grundlagen und erlangten Erkenntnisse können für weitere Forschungsdefizite in diesem speziellen Teilbereich genutzt werden. Ist beispielsweise ein konkreter Anwendungsfall eines Werkzeuges bekannt, so kann mithilfe der untersuchten Parametrisierung das beste mögliche Bauteil gedruckt werden. Anschließend kann das Verhalten des Bauteils weiter untersucht werden. Besonders interessant ist dabei das Verhalten der erlangten Erkenntnisse bei einer Übertragung auf Formgeometrien. Da das Generative Verfahren ein Schichtaufbauverfahren ist, ist zu erwarten, dass sich Oberflächenqualitäten, Maßgenauigkeiten, Härten und Festigkeiten bei der Betrachtung von unterschiedlichen Schrägen oder Rundungen verändern. Durch die in dieser Arbeit herausgestellten Grundlagenuntersuchungen bei Normprüfkörpern können diese Werte miteinander verglichen und beurteilt werden. Die Oberflächenrauheit nimmt beispielsweise mit zunehmendem Winkel zu.[525] Abbildung 6-3 veranschaulicht den Effekt bei steigendem Winkel.

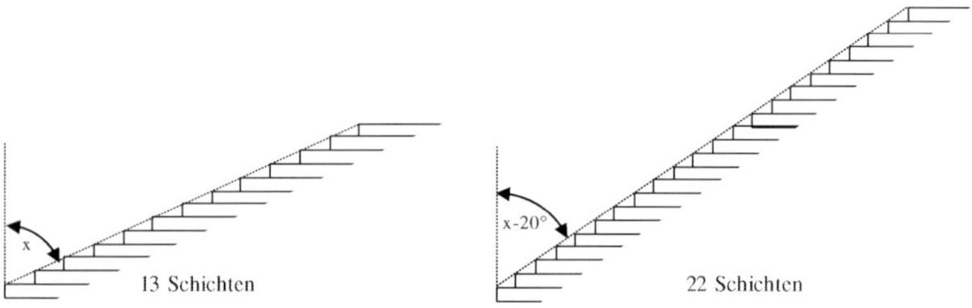

Abbildung 6-3: Treppenstufeneffekt bei verschiedenen Winkeln

Neben der Übertragbarkeit auf komplexere Formgeometrien sind zudem weitere Versuche wie beispielsweise Langzeittests erforderlich. Da das Fotopolymer unter der Einstrahlung von UV-Licht aushärtet, wird dieses im Laufe der Zeit nachhärten und spröder werden, da auch die Sonnenstrahlung (natürliches Licht) aus Photonen besteht.[526] Dieses Verhalten ist für eine Werkzeuglagerung oder eine lang anhaltende Produktionsphase ebenfalls von Interesse. Derzeit befinden sich neue Werkstoffe in der Entwicklung, welche die Langzeitstabilität von UV ausgehärteten Kunststoffen verbessern sollen. Diese Problematik stellt somit ein Forschungsthema dar.[527]

Des Weiteren ist eine Betrachtung der Maßabweichung bei größer werdenden Bauteilen von Interesse. Das verdruckte Material unterliegt bei der Aushärtung mit UV-Licht einer sehr geringen Schrumpfung. Durch die Verfestigung der Monomere zu Polymerketten verdichtet sich das Material. Die beim PolyJet-Verfahren verwendeten Acrylharze unterliegen dabei einer Schrumpfrate von ca. 0,6 %. Dies ist im Vergleich zu Epoxidharzen mit nur 0,06 % Schrumpfrate recht hoch. Das Schrumpfen führt zu Spannungen im verfestigten Bauteil, wodurch ein Verzug oder eine Rissbildung auftreten können.[528] Typischerweise findet beim PolyJet-Verfahren ein Verzug in der XY-Ebene statt, da das Material über

---

[525] Vgl. Kechagias, J./Maropoulos, S. (2015) Sloped Surface Roughness, S. 151-153

[526] Vgl. Schmid, M. (2014) Produktion, S. 7-8

[527] Vgl. Gebhardt, A. (2014) 3D-Drucken, S. 146

[528] Vgl. Gebhardt, A. (2013) Generative Fertigungsverfahren, S. 50-51

diese Achse aufgerollt wird (vgl. Kapitel 8.2.7)[529]. Dieser Effekt wird bei größeren Bauteilen kritischer und ist zu untersuchen.

Speziell Oberflächenqualitäten können durch Nachbehandlungsverfahren beeinflusst werden. Die Oberflächenbeschaffenheit ist einer der Hauptfaktoren für die Qualität eines Bauteils[530]. So gibt es beispielsweise erste Ansätze, das gedruckte Bauteil zu strahlen, um eine homogenere Oberfläche mit sehr geringen Rauheitswerten herzustellen. Ein bekanntes Verfahren hierzu ist beispielsweise das Kugelstrahlen, bei dem die Oberfläche mit Glaskugeln beaufschlagt wird.

Abhängig vom Material und der Oberflächenbeschaffenheit kann ein Bauteil zudem mit einer Oberflächenbeschichtung behandelt werden. In einem solchen Verfahren werden z.B. Aluminiumlegierungen oder Lacke auf die Oberfläche aufgetragen. Ein Forschungsfeld stellt dabei die Haftbarkeit der Legierung an der Oberfläche dar. Auch hier können die Grundlagen dieser Arbeit herangezogen werden, um gezielt Oberflächenqualitäten einzustellen und eine Haftbarkeit zu untersuchen. Bei einer Lackierung sollte ein Grundanstrich aus zwei dünnen statt einer dicken Lage erfolgen.[531]

Abschließend ist eine Untersuchung zur Aufnahme von Feuchtigkeit von Interesse. Viele Harze sind hygroskopisch und nehmen Wasser auf[532]. Das in der Luft enthaltene Wasser reicht bereits als Weichmacher aus, sodass sich die Elastizität und die Bruchdehnung erhöht, wobei die Steifigkeit und Festigkeit abnimmt[533]. Bei der Entfernung des Stützmaterials wird ebenfalls Wasser angewandt. Allerdings ist die Aufnahme von Wasser bei der Reinigung mit der Hochdruckdüse zu vernachlässigen, da die Einwirkungsdauer des Wassers zu gering ist[534]. Laut dem Hersteller Stratasys nimmt ein gedrucktes Bauteil bei einer Lagerung von 24 Stunden in einem Wasserbad zwischen 1,1 und 2,2 % an Gewicht zu[535]. Zusätzlich konnte bereits in Forschungsversuchen nachgewiesen werden, dass das Bauteil hauptsächlich durch die XZ- und YZ-Ebenen Wasser aufnimmt, da hier das Wasser zwischen die einzelnen Druckschichten gelangen kann[536]. Abbildung 6-4 zeigt eine Rasterelektronenmikroskop-Aufnahme der einzelnen Bauschichten eines gedruckten Bauteiles mittels des PolyJet-Verfahrens und erläutert den Effekt der Wasseraufnahme in den XZ- und YZ-Ebenen.

---

529 Vgl. Schmid, M. (2015) Selektives Lasersintern, S. 54

530 Vgl. Kechagias, J./Maropoulos, S. (2015) Sloped Surface Roughness, S. 150

531 Vgl. Stratasys Inc. (2013) Guide to Basic Post Process Applications, S. 9

532 Vgl. Gebhardt, A. (2013) Generative Fertigungsverfahren, S. 127

533 Vgl. Breuninger, J./Becker, R. et al. (2013) Generative Fertigung mit Kunststoffen, S. 69

534 Vgl. Müller, J./Shea, K./et al. (2015) Mechanical properties of 3D printing, S. 906

535 Vgl. Stratasys Inc. (2016) PolyJet 3D Printers, S. 6-7

536 Vgl. Rimašauskas, M./Balevičius, G. (2013) Influence of Water Absorption, S. 216

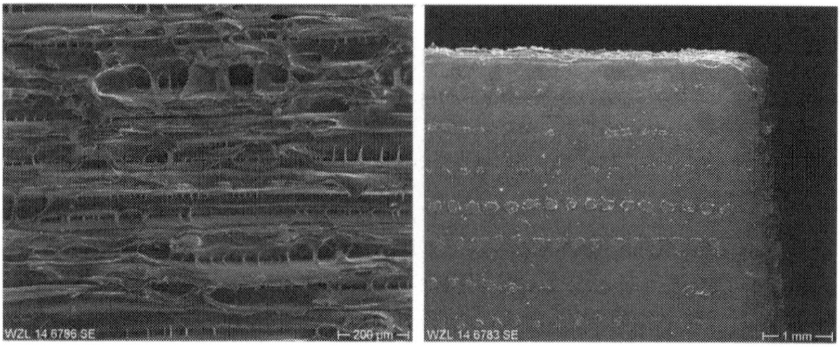

Abbildung 6-4: Rasterelektronenmikroskop-Aufnahme in XZ- (links) und XY-Ebene (rechts)

6.7 Potenziale generativ hergestellter Werkzeuge

Generativ gefertigte Bauteile bieten durch ihr Schichtaufbauprinzip viele Vorteile und Potenziale. Für das Rapid Prototyping können nachfolgende primäre und allgemeine Potenziale festgehalten werden:

- Durch strategische Ansätze wie das „Frontloading" oder „Simultaneous Engineering" für Prototypmodelle verkürzt sich die „time-to-market"[537]
- Eine vollständige Datenkette im Produktentwicklungsprozess ist jederzeit verfügbar[538]
- RP dient als Kommunikationsmittel in internationalen und interdisziplinären Entwicklerteams[539]

Für den Bereich des Rapid Manufacturing können zudem folgende Potenziale festgehalten werden:

- Komplexe Strukturen sowie Hohlräume können leicht und kostengünstig realisiert werden[540]
- Eine Funktionsintegration von Bauteilen ist möglich[541]
- Neue Möglichkeiten im Bereich der Bionik und einfache Fertigung von Leichtbaustrukturen sind möglich[542]
- Individuelle Kundenprodukte und gleichzeitige Nutzung von Kostenvorteilen im Sinne der „mass customization" sind möglich[543]
- Erzeugung von anisotropen Bauteileigenschaften durch gezielte Veränderung der Werkstoffeigenschaften im Bauteil[544]

Das Rapid Tooling stellt eine Schnittmenge des Rapid Manufacturing und Rapid Protoyping dar. Aus diesem Grund können Potenziale beider Bereiche für das Rapid Tooling genutzt werden. Ein

---

[537] Vgl. Gebhardt, A. (2013) Generative Fertigungsverfahren, S. 313-315
[538] Vgl. Gebhardt, A. (2013) Generative Fertigungsverfahren, S. 316-318
[539] Vgl. Gebhardt, A. (2013) Generative Fertigungsverfahren, S. 319
[540] Vgl. Gebhardt, A. (2013) Generative Fertigungsverfahren, S. 426
[541] Vgl. Breuninger, J./Becker, R. et al. (2013) Generative Fertigung mit Kunststoffen, S. 14-15
[542] Vgl. Breuninger, J./Becker, R. et al. (2013) Generative Fertigung mit Kunststoffen, S. 7, 16
[543] Vgl. Breuninger, J./Becker, R. et al. (2013) Generative Fertigung mit Kunststoffen, S. 7-8, 16-17
[544] Vgl. Gebhardt, A. (2013) Generative Fertigungsverfahren, S. 434

besonderer und vielversprechender Anwendungsfall ist die Methode des „Conformal Coolings". Hierbei wird eine konturangepasste Struktur von Kühlkanälen unter der Oberfläche des Formwerkzeuges integriert.[545] Abbildung 6-5 zeigt eine solche Kühlkontur.

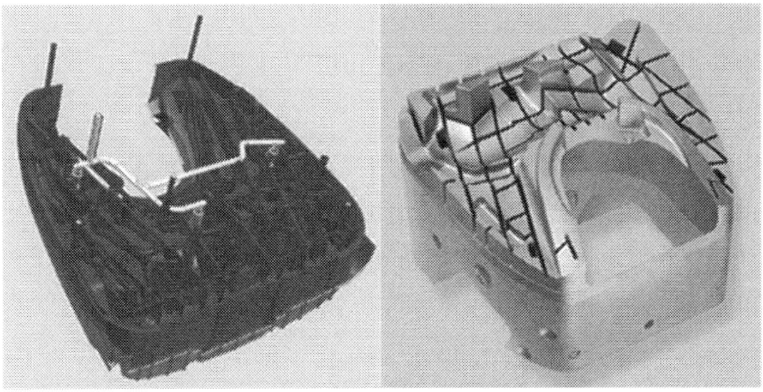

Abbildung 6-5: Konturangepasste Kühlung eines Formeinsatzes[546]

Eine solche Kühlkonstruktion ist von besonderem Interesse, da eine verstärkte Kühlung des Bauteils erfolgen kann. Diese stärkere Kühlung verkürzt beispielsweise die Zykluszeiten bei Spitzgussvorgängen und steigert dadurch gleichzeitig die Produktivität.[547]

Bei der Entwicklung von Werkzeugen werden i.d.R. Details verändert und nur wenige Teile benötigt, sodass eine vorläufige und nicht völlig der Endform entsprechende Form genügt. Eine solche Form ist gedruckt deutlich günstiger und weniger zeitintensiv herzustellen als eine Form in Serienqualität.[548]

Weitere aber noch kaum erforschte Potenziale bietet das Bedrucken von Halbzeugen. Durch das Bedrucken von Halbzeugen können viel Baumaterial und Bauzeit gespart werden. Zudem kann je nach Wahl des Halbzeuges die Festigkeit stark erhöht werden. Problematisch ist derzeit, dass die Software ein Bedrucken von einem höher gelegenen Gegenstand auf der Bauplattform nicht realisieren kann. Zusätzlich kann der Druckkopf nicht alle Ecken und Kanten um das Halbzeug herum erreichen, da der eigene Druckkopf mit dem Halbzeug kollidieren würde. Eine weitere Problematik stellt die Haftung des Druckmaterials an dem Halbzeug dar.

Zur Erhöhung der Festigkeit und besseren Wärmeableitung werden zudem Versuche zum Ausfüllen einer gedruckten Hohlform unternommen. So wird die Form des Werkzeuges hohl gedruckt und anschließend beispielsweise mit Blei oder Aluminium ausgegossen. Somit können die Stabilität und das Wärmeleitverhalten verbessert werden.

Ebenfalls denkbare Potenziale ergeben sich aus der Einstreuung von Granulaten in das flüssige Druckmaterial. Ähnlich wie bei Bodenbelägen soll eine solche Hartstoffeinstreuung die Festigkeit des Materials erhöhen. Forschungsseitig ungeklärt ist die Verarbeitung dieser Hartstoffeinstreuungen in die

---

545 Vgl. Gebhardt, A. (2014) 3D-Drucken, S. 15
546 Gebhardt, A. (2014) 3D-Drucken, S. 15
547 Vgl. Gebhardt, A. (2014) 3D-Drucken, S. 15
548 Vgl. Gebhardt, A. (2014) 3D-Drucken, S. 16

sehr geringen Schichtdicken des Druckers sowie die Verarbeitung im Drucker generell. Zu Art und Größe des Granulats kann ebenfalls noch nichts gesagt werden.

Die bereits unter den Stichpunkten des Rapid Manufacturing erwähnte Funktionsintegration stellt ebenso ein großes Potenzial dar. Mittels der generativen Fertigung lassen sich mehrere Bauteile in nur einem Fertigungsschritt kombinieren und herstellen, was schon heute Konstrukteure vor neue Herausforderungen und Denkweisen stellt.[549] Auch der Werkzeugbau hat bislang die Prämisse, Werkzeuge aus einzelnen austauschbaren Teilen zu fertigen[550]. Abbildung 6-6 zeigt bereits heute umgesetzte Bauteile als Beispiel der hohen Integrationsmöglichkeiten generativ gefertigter Bauteile.

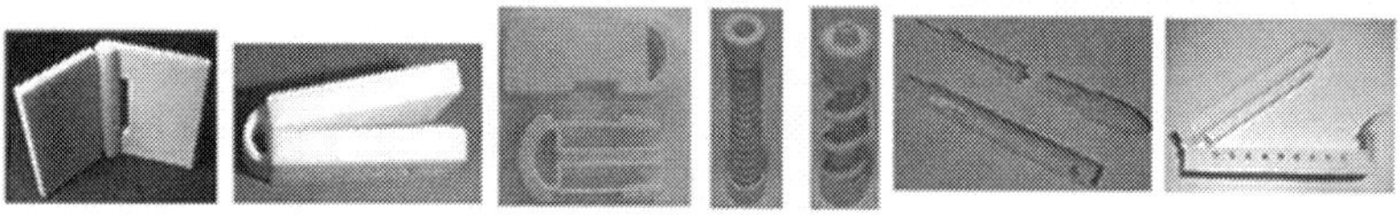

Abbildung 6-6: Funktionsintegrierte Bauteile der generativen Fertigung[551]

Zu sehen sind verschiedene bewegliche Bauteile, die alle gemeinsam haben, dass sie in einem Fertigungsschritt hergestellt wurden.

Speziell die Technologie des PolyJet-Verfahrens bietet die Möglichkeit, verschiedene Materialien miteinander in einem Fertigungsschritt zu kombinieren[552]. So kann eine Materialspanne von bis zu 450 verschiedenen Werkstoffen, welche sich hinsichtlich ihrer Farbe, Transparenz, Steifigkeit, Flexibilität und Festigkeit unterscheiden, hergestellt werden[553]. Innerhalb eines Bauteils können dabei bis zu 14 Materialien eingesetzt werden[554]. Durch solche Kombinationen kann die Flexibilität unter gleicher Belastung um das 30-Fache gesteigert werden[555].

Ein weiteres großes Feld von Potenzialen spannt die Topologieoptimierung von Bauteilen auf. Die Topologieoptimierung beschreibt ein numerisches Simulationsverfahren, bei dem die optimale Materialverteilung im vorgegebenen Bauraum ermittelt wird.[556] Ziel ist es, Material und Gewicht einzusparen. Es gibt verschiedene Software, die schrittweise unbelastetes Material entfernt und nur die Geometrien, in denen Materialspannungen anliegen, stehen lässt[557]. Es ist allerdings zu beachten, dass unterschiedliche Programme auch unterschiedliche Ergebnisse ausgeben, je nachdem mit welchem Algorithmus gearbeitet wird[558]. Für die Generativen Fertigungsverfahren wird i.d.R. der Algorithmus nach REIHER verwendet, bei dem jeder einzelne Voxel betrachtet wird[559].

---

549 Vgl. Breuninger, J./Becker, R. et al. (2013) Generative Fertigung mit Kunststoffen, S. 183
550 Vgl. Gebhardt, A. (2014) 3D-Drucken, S. 156
551 Witt, G. (2009) Unterstützungssystem für Rapid Prototyping, S. 12
552 Vgl. Gebhardt, A. (2014) 3D-Drucken, S. 124
553 Vgl. Stratasys Inc. (2014) FDM and PolyJet 3D Printing, S. 4
554 Vgl. Stratasys Inc. (2013) Objet1000, S. 3
555 Vgl. Meisel, N. A. (2015) Design for Additive Manufacturing, S. 35
556 Vgl. Steinbichler, G. (2008) Spritzgießfertigung, S. 22
557 Vgl. Breuninger, J./Becker, R. et al. (2013) Generative Fertigung mit Kunststoffen, S. 130
558 Vgl. Frisch, M./Dörnhöfer, A. et al. (2011) Fertigungsrestriktionen, S. 2
559 Vgl. Reiher, T./Koch, R. (2015) FE-Optimization, S. 1092-1102

7 Zusammenfassung und Ausblick

Immer kürzer werdende Produktlebenszyklen stellen den Werkzeugbau und insbesondere die Werkzeugentwicklung vor neue Herausforderungen. Die derzeitige Entwicklung von formgebenden Werkzeugen ist kosten- und zeitintensiv. Insbesondere für Produktionsprozesse ist die Werkzeugherstellung oftmals der Engpass bezüglich der Durchlaufzeiten und Produktionskosten. Generative Fertigungsverfahren sind im Vergleich zu etablierten Fertigungsverfahren in der Werkzeugbranche eine junge Technologie, deren Anwendungsfelder stets erweitert werden. Der Bereich der Rapid Tooling Verfahren ist speziell für die Werkzeugbaubranche, mit dem Ziel, Produktentwicklungszeiten zu verkürzen und in den frühen Phasen der Produktentwicklung schnell realitätsnahe Prototypen herzustellen, zugeschnitten. Derzeit gibt es allerdings eine Vielzahl von möglichen generativen Technologien für die Werkzeugbranche, sodass sich bisher keine Technologie für den formgebenden Werkzeugentwicklungsbereich durchsetzen und etablieren konnte. Der Hauptgrund ist auf das mangelnde Wissen über die Wirkungszusammenhänge der Generativen Fertigungsverfahren zurückzuführen. So stellen die formgebenden Werkzeuge mit ihren Verarbeitungsprozessen spezielle Anforderungen an die Fähigkeit eines Werkzeuges. Zudem gibt das Endprodukt Restriktionen an die Werkzeuge. In Summe muss ein Werkzeug also seinen eigenen Anforderungen sowie den Anforderungen von Produkt und Prozess genügen. Zeitgleich sind Generative Fertigungsverfahren bei der Herstellung von Produkten mit Restriktionen behaftet.

Eine theoretische Betrachtung des aufgezeigten Praxisdefizits zeigt, dass die gestellten Anforderungen aus dem formgebenden Werkzeugbau nur im geringen Maße und nicht vollumfänglich in Bezug auf die Fähigkeiten und Restriktionen Generativer Fertigungsverfahren untersucht sind. Im Besonderen kann forschungsseitig aufgezeigt werden, dass nur unifaktorielle und wenige Zusammenhänge erforscht sind. Zudem sind diese Zusammenhänge ohne das Ziel, formgebende Werkzeuge herzustellen, erfolgt. Damit sich generative Fertigungstechnologien im formgebenden Werkzeugbau durchsetzen können, müssen die Anforderungen aus dem formgebenden Werkzeugbau bekannt sein und die Druckerparametrisierung mit deren Auswirkungen auf das erzeugte Produkt verstanden sein. Bedingt durch das aufgezeigte Praxis- und Theoriedefizit ist daher die leitende Forschungsfrage für diese Arbeit formuliert: Welches Generative Fertigungsverfahren eignet sich für die Werkzeugherstellung und wie werden die mechanischen Eigenschaften des gedruckten Werkzeuges durch unterschiedliche Parametrisierungen des Druckers beeinflusst?

Zur Beantwortung der Forschungsfrage wird in der hier vorliegenden Arbeit zunächst das Feld der generativen Fertigungstechnologien betrachtet und ein geeignetes Verfahren für die Herstellung von formgebenden Werkzeugen identifiziert. Nachdem eine potenzielle Technologie ausgewählt wurde, muss der Fokus dem formgebenden Werkzeugbau gelten. Die Untersuchung generativer Fertigungstechnologien ergibt nur Sinn, wenn ein Ziel für eine solche Untersuchung definiert ist. Das Ziel sind die Anforderungen, die der formgebende Werkzeugbau stellt.

Der formgebende Werkzeugbau ist ein breites Feld mit verschiedenen Verfahren und Prozessen, die individuelle Werkzeuge benötigen. In einer Analyse werden daher die gemeinsamen Anforderungen dieser Verfahren mit deren Werkzeugen betrachtet, um ein möglichst breites Anwendungsfeld zu adressieren. Im Besonderen stehen bei dieser Analyse die mechanischen Eigenschaften im Vordergrund, um eine generelle Eignung generativer Fertigungstechnologien für die Werkzeugbranche nachzuweisen.

Nachdem die Anforderungen des Werkzeugbaus aufgenommen sind, müssen die Restriktionen der gewählten generativen Technologie betrachtet werden. Mit einer detaillierten Betrachtung ist es möglich, potenzielle Einstellungsmöglichkeiten und Besonderheiten des Verfahrens zu identifizieren. Sind beide Bereiche analysiert, muss eine geeignete Methode zur Untersuchungen der Wirkungszusammenhänge gefunden werden. Eine Untersuchung der generativen Technologie ist dabei nur auf experimenteller Basis möglich, da die bisherigen Untersuchungen in der Forschung lediglich unifaktorielle Betrachtungen aufweisen. Somit ist eine Übertragung der Erkenntnisse nicht oder nur teilweise möglich. Bei der Auswahl der Methode steht daher die multifaktorielle Betrachtung im Vordergrund, um die generative Technologie entsprechend vollumfänglich zu untersuchen. Eine geeignete Methode ist die Statistische Versuchsplanung, welche hilft, das Generative Fertigungsverfahren hinsichtlich der Anforderungen aus dem formgebenden Werkzeugbau zu untersuchen.

Bei der Durchführung der Versuche nach einem entsprechenden Plan der Statistischen Versuchsplanung ist eine Vielzahl von Normen zu beachten. Zusätzlich sind besondere Ansprüche an die Qualität der Durchführung zu stellen, damit belastbare Untersuchungsergebnisse ausgewertet werden können. Für die Auswertung der über 640 hergestellten Versuchsproben wurden die entsprechend geltenden Normen berücksichtigt und angewandt. Für die Auswertung der Wirkungszusammenhänge zwischen der Druckerparametrisierung und den Anforderungen aus dem Werkzeugbau wurden über 3.000 Messungen durchgeführt. Aus diesem Datensatz konnten, mithilfe statistischer Software zur Auswertung, die vorherrschenden Wirkungszusammenhänge analysiert werden. Darüber hinaus ist es durch die statistische Software möglich, gezielte Anwendungen aus der Werkzeugbranche mit entsprechenden Vorhersagen zu prognostizieren. D.h., dass ein spezieller Anwendungsfall mit speziellen Zielen auf Grundlage der Datenbasis vorhergesagt werden kann. Die Vorhersage gibt dabei die aufgrund der Zielvorgaben möglichen zu erreichenden Werte mit einer entsprechenden Wahrscheinlichkeit und exakten Werten aus.

Mit dieser Datenbasis wird dem Anwender ein grundlegendes Basiswissen über die Wirkungszusammenhänge der generativen Fertigungstechnologie vermittelt. Darüber hinaus besteht der Mehrwert, dass der Anwender ein realistisches Bild über seine ganz speziellen Ziele (Anforderungen) erhält und abschätzen kann, ob ein Druck eines formgebenden Werkzeuges für seinen Anwendungsfall sinnhaft ist. Zusätzlich gibt die hier vorliegende Arbeit darüber Aufschluss, wie das Prognosemodell im Einzelnen zustande gekommen ist. Durch die hohe Nachvollziehbarkeit dieser Arbeit ist es möglich, neue Materialien oder Verfahren nach der gleichen Methode zu untersuchen und Wirkungszusammenhänge festzustellen.

Der weitere Forschungsbedarf in diesem Themenfeld besteht insbesondere durch immer neue und besser werdende Technologien sowie die Ergänzung der vorhandenen Technologie. Der wissenschaftliche Beitrag der hier vorliegenden Arbeit ist die Untersuchung grundsätzlicher Zusammenhänge. Diese Zusammenhänge können nun auf weitere spezielle Forschungsfelder ausgeweitet und übertragen werden. Diese weiteren Forschungsfelder können in der Weiterentwicklung von Materialien (z.B. Granulateinstreuungen), der Druckertechnologie selber (z.B. Bedrucken von Halbzeugen oder Objekten) oder einer Übertragbarkeit auf weitere Anwendungen (z.B. Verhalten bei speziellen Formgeometrien oder dem Vergießen von Werkzeugformen mit anderen Materialien) liegen.

8 Anhang

8.1 Werkstoffkundliche Grundlagen der Kunststoffe

Da in der hier vorliegenden Arbeit die Parametrisierung des PolyJet-Modeling-Verfahrens des Unternehmens Stratasys im Detail untersucht wird, werden im nachstehenden Kapitel die Fotopolymere sowie deren chemische Bindungsmechanismen näher erläutert. Diese Detailbetrachtung ist notwendig, um spätere Versuchsergebnisse und Zusammenhänge richtig interpretieren zu können.

Kunststoffe als Werkstoffe sind Materialien, die technisch hergestellt werden und nicht natürlich vorkommen[560]. Bereits im grundlegenden Aufbau unterscheiden sich Kunststoffe von Metallen, da diese keine regelmäßigen Gitterstrukturen aufweisen. „Kunststoffe sind hoch molekulare organische Verbindungen, die entweder durch Abwandeln hochmolekularer Naturstoffe oder durch chemische aneinander Lagerungen niedermolekularer Grundbausteine, sog. Monomere, durch verschiedenartige chemische Reaktionen entstehen."[561] Die Grundbausteine von Polymeren sind Makromoleküle, in denen sich eine große Anzahl von Monomeren zu einer Kette verbinden[562]. Aus diesem Grund werden die Ketten als Ganzes auch Polymere genannt. Abhängig von der Größe der Makromoleküle werden Kunststoffe in drei Klassen (Monomere, Polymere und Oligomere) unterteilt. Von Oligomeren, auch Dimere oder Trimere genannt, wird gesprochen, wenn nur zwei, drei oder einige wenige Grundbausteine durch Hauptvalenzen miteinander verknüpft sind.[563]

Das Wort Kunststoff als solches ist unpräzise, da damit jeder künstlich hergestellte Stoff bezeichnet wird. In der hier vorliegenden Arbeit werden Werkstoffe aus Polymeren betrachtet, weshalb die Bezeichnung Polymerwerkstoffe technisch korrekt ist. Der Begriff Polymer stammt aus dem Griechischen und setzt sich aus den beiden Silben poly = viel und mer (von meros) = Teil zusammen.[564] Da sich die Bezeichnung Kunststoff für Polymere sowohl in der Umgangssprache als auch in der Fachliteratur durchgesetzt hat, werden die Begriffe in Anlehnung an HORNBOGEN und DOMININGHAUS in dieser Arbeit als synonym verwendet.

8.1.1 Einteilung der Kunststoffe

Kunststoffe werden allgemein nach ihren mechanischen Eigenschaften und deren Temperaturabhängigkeit eingeteilt[565]. Es existieren drei Hauptgruppen, die abhängig davon, ob und wie stark die Makromoleküle untereinander vernetzt sind, Thermoplaste, Duroplaste und Elastomere genannt werden[566]. Dabei beeinflusst der Abstand der Kettenmoleküle die zwischenmolekularen Bindungskräfte und ist

560 Vgl. Gehrke, K./Guhr, U. et al. (1996) Makromolekulare Chemie, S. 1
561 Domininghaus, H. (2011) Kunststoffe, S. 1
562 Vgl. Hornbogen, E./Eggeler, G. et al. (2008) Werkstoffe, S. 403
563 Vgl. Gehrke, K./Guhr, U. et al. (1996) Makromolekulare Chemie, S. 2
564 Vgl. Weissbach, W./Dahms, M. et al. (2015) Werkstoffkunde, S. 364
565 Vgl. Hornbogen, E./Eggeler, G. et al. (2008) Werkstoffe, S. 410
566 Vgl. Weissbach, W./Dahms, M. et al. (2015) Werkstoffkunde, S. 365

somit ausschlaggebend für die Eigenschaften der Kunststoffe[567]. Sind die Polymere nur linear oder einzeln verzweigt, so sind die Bindungskräfte deutlich schwächer als bei schwach oder stark vernetzten Polymeren.

8.1.1.1 Thermoplaste

Bei Thermoplasten sind die Makromoleküle nicht untereinander vernetzt, sondern in einer Schlaufenform miteinander verbunden (siehe Abbildung 8-1)[568]. Dieser generell ungeordnete Molekülzustand wird amorph genannt. Die nicht vorhandene Vernetzung hat zur Folge, dass sich schon bei geringen Temperaturen die Kräfte lösen lassen und die Moleküle gegeneinander abgleiten können.[569] Das bedeutet, dass sich der Kunststoff plastisch verformt. Abbildung 8-1 zeigt zum einen die schlaufenartige (amorphe) Verbindung als auch die Zugfestigkeitsverhalten aufgetragen über die Temperatur.

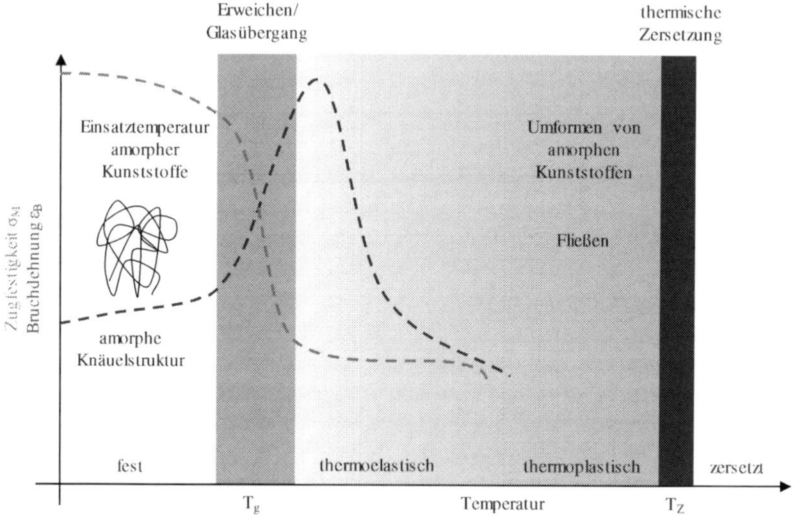

Abbildung 8-1: Zustandsbereiche amorpher Thermoplaste[570]

Die Temperatur, bei der die amorphen Molekülstrukturen erweichen, wird als Glasübergang oder auch Glasübergangstemperatur (T_g) bezeichnet[571]. Der Glasübergang findet, wie in Abbildung 8-1 zu sehen, in einem kleinen Temperaturkorridor von wenigen Grad Celsius statt. Unterhalb des Glasübergangs ist der Kunststoff fest, oberhalb beginnt er zu fließen. Amorphe Thermoplaste werden aus diesem

---

567 Vgl. Domininghaus, H. (2011) Kunststoffe, S. 31

568 Vgl. Domininghaus, H. (2011) Kunststoffe, S. 5; Weissbach, W./Dahms, M. et al. (2015) Werkstoffkunde, S. 365

569 Vgl. Weissbach, W./Dahms, M. et al. (2015) Werkstoffkunde, S. 365

570 Darstellung in Anlehnung an: Bonten, C. (2014) Kunststofftechnik, S. 51

571 Vgl. Bonten, C. (2014) Kunststofftechnik, S. 50

Grund unterhalb der Glasübergangstemperatur im spröden Zustand verwendet, da sie oberhalb der Glasübergangstemperatur bleibend verformen.[572] Das Erwärmen und somit Aufschmelzen und Abkühlen bis zur Erstarrung ist bei Thermoplasten beliebig oft wiederholbar[573].

Ordnen sich die Moleküle bei Abkühlung oberhalb der Glastemperatur regelmäßig an, so werden diese als teilkristalline Thermoplaste bezeichnet[574]. Diese lassen sich bis in den Bereich der Schmelztemperatur einsetzen und sind somit besser temperaturbeständig als amorphe Thermoplaste (siehe Abbildung 8-1)[575]. Die kristallinen Bereiche ermöglichen ein höheres Festigkeitsniveau als amorphe Bereiche über den Glasübergang hinaus[576].

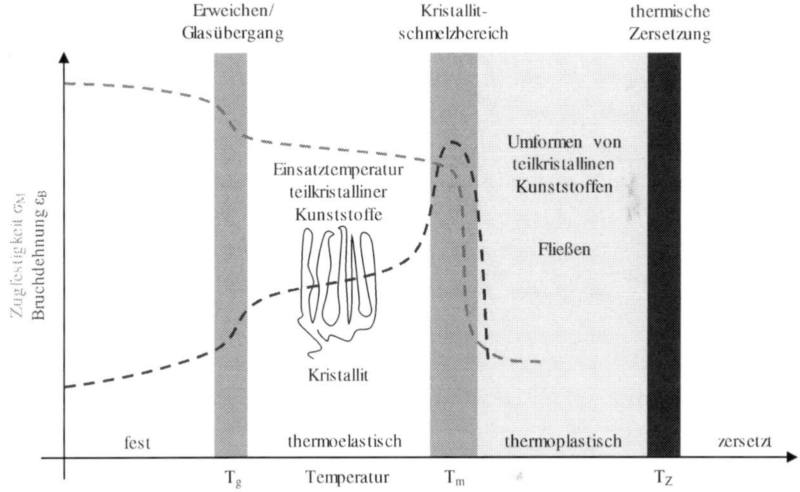

Abbildung 8-2: Zustandsbereiche teilkristalliner Thermoplaste[577]

Wie in Abbildung 8-2 zu sehen, verändern teilkristalline Thermoplaste ihre Eigenschaften beim Glasübergang. Im Bereich zwischen Glas- und Schmelztemperatur liegt ein Gemisch aus amorphen und nicht geschmolzenen Kristalliten vor, was dem Kunststoff ein zäh elastisches (thermoplastisches) Verhalten gibt. Mit steigender Temperatur ist erkennbar, dass die Festigkeit weiter abnimmt und die Bruchdehnung steigt.

Wichtige Thermoplaste sind PP, Polyethylen (PE), PVC, PS, ABS, PA, PC, PET und POM[578]. Diese Thermoplaste sind als Grundstoffe zu verstehen und können mit verschiedenen Zusatzstoffen wie Farbstoffe und Pigmente, Additive zum Schutz vor UV-Strahlung, Nukleierungsmittel zur Erhöhung der Transparenz (nur bei teilkristallinen Thermoplasten), Füllstoffe zur Vergrößerung des Volumens, Weichmacher zur Verringerung der Versprödung, Fasern zur Steigerung der Steifigkeit, Glaskugeln zur

---

[572] Vgl. Bonten, C. (2014) Kunststofftechnik, S. 51; Hornbogen, E./Eggeler, G. et al. (2008) Werkstoffe, S. 413
[573] Vgl. Eyerer, P./Hirth, T. et al. (2008) Polymer engineering, S. 4
[574] Vgl. Eyerer, P./Hirth, T. et al. (2008) Polymer engineering, S. 4
[575] Vgl. Weissbach, W./Dahms, M. et al. (2015) Werkstoffkunde, S. 365
[576] Vgl. Bonten, C. (2014) Kunststofftechnik, S. 51
[577] Darstellung in Anlehnung an: Bonten, C. (2014) Kunststofftechnik, S. 52
[578] Vgl. Weissbach, W./Dahms, M. et al. (2015) Werkstoffkunde, S. 381-386

Verringerung des Schwindungsverhaltens oder Stabilisatoren zur Unterbindung der Abspaltung der Molekülteile verändert werden.[579]

8.1.1.2 Duroplaste und Elastomere

Im Gegensatz zu Thermoplasten bilden Duroplaste (auch Duromere genannt) und Elastomere während der Verarbeitung ein chemisches Raumnetzwerk (siehe Abbildung 8-3)[580]. D.h., dass sich die Makromoleküle untereinander vernetzen. Duroplaste als auch Elastomere bilden sich durch eine chemische Reaktion, die überwiegend von der Temperatur gesteuert wird. Diese meist höhere Temperatur ist eine Aktivierungsenergie für die Vernetzungsreaktion, wodurch der Kunststoff seine Plastizität fast vollständig verliert.[581]

Elastomere sind dabei weitmaschiger vernetzt als Duroplaste[582]. Allerdings haben Elastomere stark geknäuelte Molekülketten[583]. Aus diesem Grund sind sie bei tiefen Temperaturen (unter 0 °C) bis zur Zersetzungstemperatur gummielastisch (vgl. Abbildung 8-3)[584].

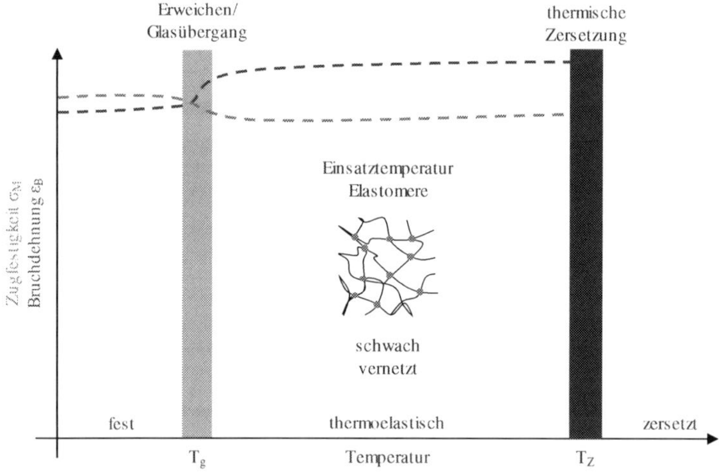

Abbildung 8-3: Zustandsbereiche der Elastomere[585]

Da die Glasübergangstemperatur bei Elastomeren geringer als die Raumtemperatur ist, ist der Werkstoff bei höheren Temperaturen weichelastischer. Bei Belastung können Dehnungen von mehr als 300 %

[579] Vgl. Hornbogen, E./Eggeler, G. et al. (2008) Werkstoffe, S. 413-414; Weissbach, W./Dahms, M. et al. (2015) Werkstoffkunde, S. 8

[580] Vgl. Weissbach, W./Dahms, M. et al. (2015) Werkstoffkunde, S. 387

[581] Vgl. Weissbach, W./Dahms, M. et al. (2015) Werkstoffkunde, S. 387

[582] Vgl. Domininghaus, H. (2011) Kunststoffe, S. 6; Eyerer, P./Hirth, T. et al. (2008) Polymer engineering, S. 4; Hopmann, C./Greif, H. et al. (2015) Technologie der Kunststoffe, S. 8

[583] Vgl. Hornbogen, E./Eggeler, G. et al. (2008) Werkstoffe, S. 426

[584] Vgl. Domininghaus, H. (2011) Kunststoffe, S. 6

[585] Darstellung in Anlehnung an: Bonten, C. (2014) Kunststofftechnik, S. 53

auftreten, die nach Entlastung wieder vollständig zurückgehen.[586] Die weitmaschige Vernetzung verhindert bei diesen extremen Dehnungen das Abgleiten von Molekülketten und hält den Kunststoff zusammen[587].

Bei Duroplasten ist diese Bindung der Molekülketten eng vernetzter als bei Elastomeren[588]. Zudem liegt die Glastemperatur weit oberhalb der Raumtemperatur, was einen der Hauptunterschiede zu den Elastomeren darstellt. Darunter verhalten sich die Kunststoffe sehr hart und spröde. Auch oberhalb der Glastemperatur sind Duroplaste wenig dehnfähig.[589] Daher können sie nicht durch viskoses Fließen verformt werden, sondern müssen im nicht vernetzten Zustand in die gewünschte Form gegossen oder durch Vernetzung gehärtet werden[590].

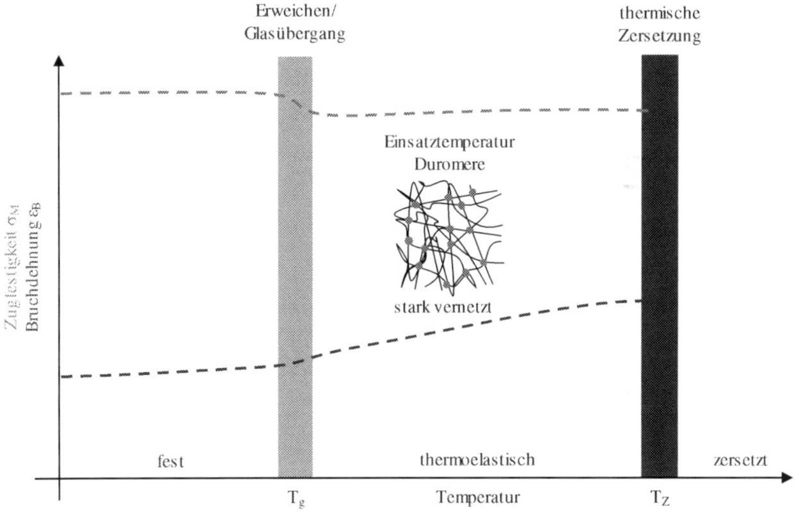

Abbildung 8-4: Zustandsbereiche der Duroplaste[591]

In Abbildung 8-4 ist zu sehen, dass die wenigen nicht vernetzten Bereiche nach Überschreiten der Glastemperatur nur noch kleine elastische Verformungen zulassen, weshalb sich die Bruchdehnung er-

[586] Vgl. Weissbach, W./Dahms, M. et al. (2015) Werkstoffkunde, S. 389
[587] Vgl. Eyerer, P./Hirth, T. et al. (2008) Polymer engineering, S. 4
[588] Vgl. Hopmann, C./Greif, H. et al. (2015) Technologie der Kunststoffe, 8; Hornbogen, E./Eggeler, G. et al. (2008) Werkstoffe, S. 422
[589] Vgl. Bonten, C. (2014) Kunststofftechnik, S. 53
[590] Vgl. Hornbogen, E./Eggeler, G. et al. (2008) Werkstoffe, S. 422
[591] Darstellung in Anlehnung an: Bonten, C. (2014) Kunststofftechnik, S. 53

höht. Die Festigkeit bleibt auf konstant hohem Niveau. Duroplaste eignen sich vor allem für hohe Einsatztemperaturen.[592] Wichtige Duroplaste sind Polyurethane (PUR), Epoxidharze (EP) und Polyesterharze (UP)[593]. Duroplaste als auch Elastomere können über einen großen Temperaturbereich ohne erhebliche Eigenschaftsänderungen eingesetzt werden, haben jedoch eine Zersetzungstemperatur, bei der der Kunststoff thermisch beschädigt wird und seine Eigenschaften verliert[594].

Generell sind Duroplaste und Elastomere nicht schmelzbar – Thermoplaste hingegen schon[595]. Da die Temperatur und das damit verbundene Schubmodul eines des Hauptunterscheidungsmerkmale darstellt, können die Kunststoffe und deren charakteristisches Verhalten wie in Abbildung 8-5 dargestellt und eingeteilt werden[596].

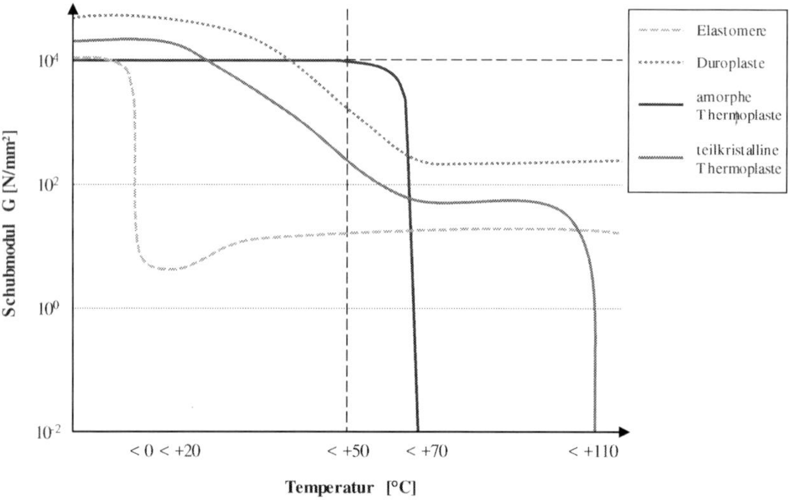

Abbildung 8-5: Schubmodul unterschiedlicher Kunststoffe[597]

Unabhängig von der Einteilung der Kunststoffe nach dem Temperaturverhalten können Kunststoffe auch nach ihrer Vernetzung und Struktur eingeteilt werden (Abbildung 8-6). Thermoplaste werden dabei physikalisch (nach ihrer Struktur), Elastomere chemisch (nach dem Merkmal der Doppelbildung) und Duroplaste nach dem Verfahrensparameter Druck eingeteilt.[598]

---

[592] Vgl. Bonten, C. (2014) Kunststofftechnik, 53; Hopmann, C./Greif, H. et al. (2015) Technologie der Kunststoffe, S. 8

[593] Vgl. Weissbach, W./Dahms, M. et al. (2015) Werkstoffkunde, S. 391

[594] Vgl. Weissbach, W./Dahms, M. et al. (2015) Werkstoffkunde, S. 374

[595] Vgl. Domininghaus, H. (2011) Kunststoffe, S. 6

[596] Vgl. Eyerer, P./Hirth, T. et al. (2008) Polymer engineering, S. 4-5

[597] Darstellung in Anlehnung an:Eyerer, P./Hirth, T. et al. (2008) Polymer engineering, S. 5, 71

[598] Vgl. Eyerer, P./Hirth, T. et al. (2008) Polymer engineering, S. 3

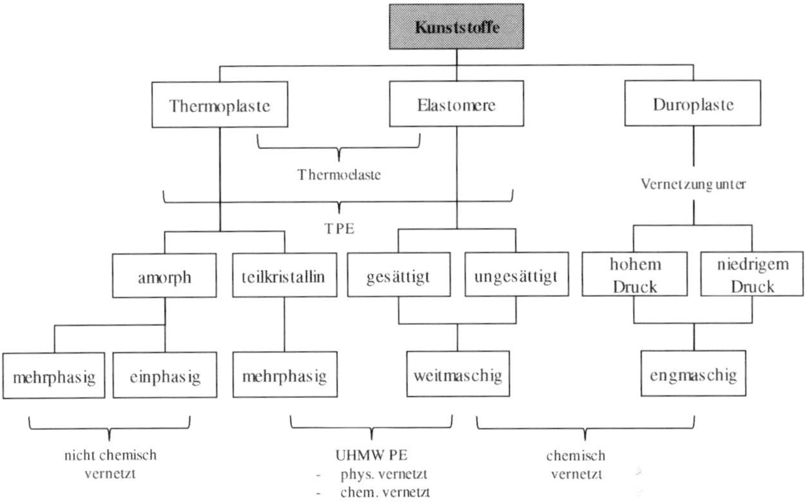

Abbildung 8-6: Einteilung der Kunststoffe[599]

8.1.2 Kunststoffsynthese

Generative Fertigungsverfahren, die auf der Verfestigung von flüssigen Monomeren basieren, arbeiten nach dem Prinzip der (Foto)-Polymerisation. Die Polymerisation ist eine Kettenreaktion, bei der ungesättigte Moleküle zu Makromolekülen (Polymeren) reagieren.[600] Der ausgehärtete Kunststoff entsteht aus vernetzten Makromolekülen, die wiederum aus einem Gemisch von vielen Einzelmolekülen (Monomere) bestehen[601]. Diese Einzelmoleküle werden durch eine chemische Reaktion und die dadurch entstehenden starken Elektronenpaarbindungen zu Makromolekülen ausgebildet[602]. Da ein neuer Stoff (in diesem Fall Kunststoff) aus Bausteinen (hier Monomere) synthetisiert (synthetisieren = zusammenführen) wird, werden solche Herstellungsverfahren auch Syntheseverfahren genannt[603]. Anhand des genauen Ablaufs der Reaktion (Syntheseverfahren) können die sich bildenden Kunststoffe grundsätzlich in eine Polymerisation, Polyaddition und Polykondensation differenziert werden (siehe Abbildung 8-7)[604]. Übergeordnet werden diese den Hauptpolymerisationsarten Additionspolymerisation und Kondensationspolymerisation zugeordnet. Dabei ist die Polymerisation ein Sammelbegriff für alle chemischen Reaktionen, bei denen aus einzelnen Monomeren große Makromoleküle entstehen. Abhängig von der Reaktion werden Additionspolymerisate in Polymerisation (Kettenreaktion) und Polyaddition (Stufenreaktion) unterteilt.[605]

---

599 Darstellung in Anlehnung an: Domininghaus, H. (2011) Kunststoffe, S. 4; Eyerer, P./Hirth, T. et al. (2008) Polymer engineering, S. 3
600 Vgl. Hopmann, C./Michaeli, W. (2015) Kunststoffverarbeitung, S. 22
601 Vgl. Westkämper, E./Warnecke, H.-J. (2010) Fertigungstechnik, S. 58
602 Vgl. Weissbach, W./Dahms, M. et al. (2015) Werkstoffkunde, S. 364
603 Vgl. Hopmann, C./Michaeli, W. (2015) Kunststoffverarbeitung, S. 20
604 Vgl. Hopmann, C./Michaeli, W. (2015) Kunststoffverarbeitung, S. 20-30
605 Vgl. Domininghaus, H. (2011) Kunststoffe, S. 13; Eyerer, P./Hirth, T. et al. (2008) Polymer engineering, S. 19

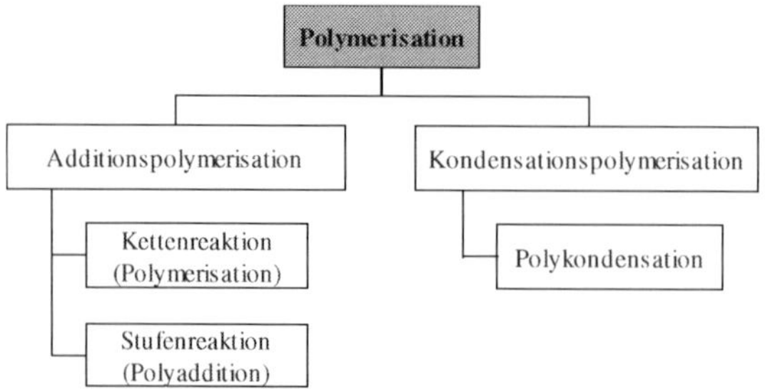

Abbildung 8-7: Einteilung der Polymerisationsarten[606]

Im Folgenden werden die einzelnen Polymerisationsarten im Detail erläutert.

8.1.2.1 Polymerisation

Das Ausgangsmaterial der Polymerisationsreaktion stellen un- oder niedrigvernetzte Monomere dar, die durch Wärme oder Katalysatoren aufspaltbare Kohlenstoff-Doppelbindungen besitzen[607]. Die entscheidene Rolle bei der Polymerisation spielt die Doppelbindung (= Oligomer) zwischen zwei Kohlenstoffatomen im Monomer[608]. Durch eine Kettenreaktion bilden sich die Monomere zu Polymerketten aus[609]. Diese Ausbildung oder Polymerisation kann in die drei Phasen Startreaktion, Kettenfortpflanzungsreaktion und Abbruchreaktion untergliedert werden.[610] Der Verfestigung von Polyacrylaten, welche das Grundmaterial der PolyJet-Werkstoffe darstellen, liegt eine radikale Polymerisation zugrunde. Aus diesem Grund wird diese bei der Beschreibung der drei Phasen genauer erläutert.

Dem Monomer wird als erstes ein Initiator beigefügt, der unter Einstrahlung eines Fotons mit einer bestimmten Wellenlänge in zwei Radikale zerfällt[611]. Diese Reaktion (Zerfall) findet nur lokal in den Bereichen statt, in denen die Fotonenstrahlung vorliegt. Bei der PolyJet-Technologie geschieht dies durch ultraviolette Strahlung. Die dadurch entstandenen und extrem reaktionsfreudigen Radikale suchen nach einem Partner für ihr ungepaartes Elektron[612]. Ein doppeltgebundenes Monomer bietet sich durch Verlassen des stabilen Zustandes für eine Bindung mit dem Radikal an. Durch Verlassen des stabilen Zustandes wird ein weiteres Elektron frei und sucht ebenfalls nach einem Reaktionspartner, welcher in einem weiteren Monomer, welches ebenfalls seinen stabilen Zustand verlässt, gefunden wird. Dies löst die Kettenfortpflanzungsreaktion aus und es bildet sich eine immer länger werdende Kette von Monomeren.[613] Die mögliche Länge einer solchen Monomerkette wird Polymerisationsgrad genannt.[614] Die Kettenfortpflanzungsreaktion ist in Abbildung 8-8 schematisch dargestellt.

---

606 Darstellung in Anlehnung an: Domininghaus, H. (2011) Kunststoffe, S. 14

607 Vgl. Bargel, H.-J./Schulze, G. (2018) Werkstoffkunde, S. 409; Gebhardt, A. (2013) Generative Fertigungsverfahren, S. 47-48

608 Vgl. Hopmann, C./Michaeli, W. (2015) Kunststoffverarbeitung, S. 24

609 Vgl. Gebhardt, A. (2013) Generative Fertigungsverfahren, S. 48

610 Vgl. Gebhardt, A. (2013) Generative Fertigungsverfahren, S. 48; Gehrke, K./Guhr, U. et al. (1996) Makromolekulare Chemie, S. 52

611 Vgl. Gebhardt, A. (2013) Generative Fertigungsverfahren, S. 48

612 Vgl. Hopmann, C./Michaeli, W. (2015) Kunststoffverarbeitung, S. 24

613 Vgl. Gebhardt, A. (2013) Generative Fertigungsverfahren, S. 49

614 Vgl. Bonten, C. (2014) Kunststofftechnik, S. 22

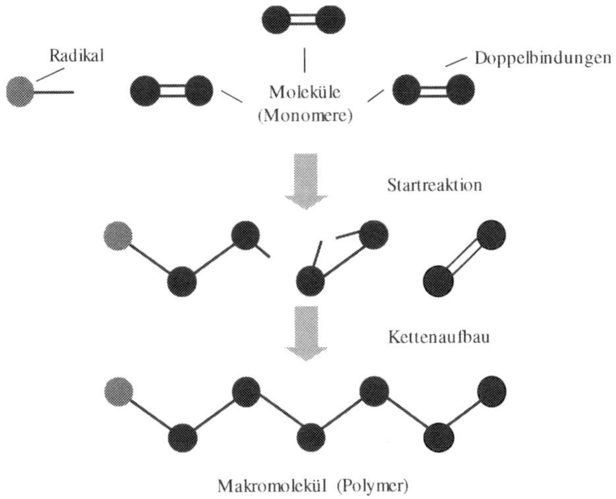

Abbildung 8-8: Schematischer Ablauf radikalischer Polymerisation[615]

Mit steigender Temperatur wirkt dieser Wachstumsreaktion eine Abbaureaktion entgegen, die mit steigender Temperatur an Geschwindigkeit zunimmt. Dabei spalten sich Monomere von der vorher gebildeten Kette wieder ab. Bei der sogenannten Ceiling-Temperatur befinden sich Wachstumsrate und Abbaurate im Gleichgewicht. Die Polymerisationsreaktion verhält sich i.d.R. stark exotherm, was bei den Generativen Fertigungsverfahren allerdings durch die sehr dünnen Schichten und die damit verbundene schnelle Abkühlung kein Problem darstellt.[616] Die Kettenfortpflanzungsreaktion wird schließlich durch eine oder mehrere Abbruchreaktionen gestoppt, die die Ursachen Zusammenschluss zweier Polymerketten zu einer Kette, Reaktion der Polymerkette mit dem Radikal eines Initiators, Übertragung eines Wasserstoffatoms zu einem Makroradikal oder Eliminierung eines bindungsfähigen Wasserstoffatoms haben können.[617] Liegt bei der Polymerisation ausschließlich eine Sorte von Monomeren vor, so entsteht ein sogenanntes Homopolymer. Wird das Polymer aus zwei oder mehr verschiedenen Monomeren gebildet, so wird es als Copolymer (co = mit, zusammen) betitelt.[618] Durch die Kombination diverser Monomere können unterschiedlichste Copolymere entstehen (Abbildung 8-9).

---

615 Darstellung in Anlehnung an: Bonten, C. (2014) Kunststofftechnik, S. 17

616 Vgl. Gebhardt, A. (2013) Generative Fertigungsverfahren, S. 50

617 Vgl. Gebhardt, A. (2013) Generative Fertigungsverfahren, S. 49; Hopmann, C./Michaeli, W. (2015) Kunststoffverarbeitung, S. 25

618 Vgl. Hopmann, C./Michaeli, W. (2015) Kunststoffverarbeitung, S. 26

Statistische Copolymerisation: n A + m B	
Alternierende Copolymerisation: n A + m B	
Block-Copolymerisation: n A + m B	
Pfropf-Copolymerisation: n A + m B oder (n A + m B) + m B oder (n A + m B) + o C	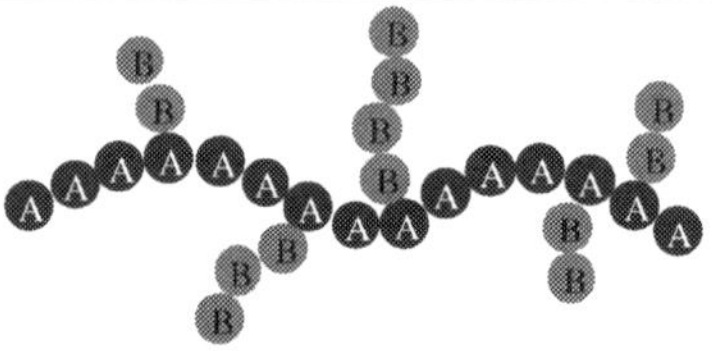

Abbildung 8-9: Unterteilung der Copolymere[619]

Werden solche Copolymere gebildet, ist die Eigenschaft nicht mehr alleine von den Monomerarten abhängig, sondern auch von deren Anordnung und Anzahl. Wie in Abbildung 8-9 zu sehen, kann eine Anordnung der Monomere statistisch (statistisches Copolymer) oder nach festem Muster (alternierendes Copolymer) erfolgen. Zudem können längere Ketten aus kurzen homogenen Abschnitten bestehen (Gradientencopolymer, Blockcopolymer). Zuletzt können auch Seitenketten aus einem Polymer an einer Hauptkette eines anderen Polymers existieren (Pfropfcopolymer). Bei diesen Kombinationen entstehen allerdings keine neuen chemischen Bindungen. Die verschiedenen Phasen können sich teilweise oder komplett ineinander lösen. Somit ist die Eigenschaft neben den beteiligten Polymeren auch vom Grad der Löslichkeit abhängig. Dies zeigt unter anderem, warum eine Normung von Kunststoffen nahezu ausgeschlossen ist, da die verschiedenen Kombinationen eine Vielzahl von Eigenschaften hervorrufen.

8.1.2.2 Polykondensation

Die Kondensationspolymerisation stellt eine Substitutionsreaktion dar, bei der zwei gleich- oder verschiedenartige reaktionsfähige Gruppen von Verbindungen miteinander reagieren. Als Nebenprodukte der Polykondensation können niedermolekulare Verbindungen wie Wasser, Ammoniak, Chlorwasserstoff und Alkohole entstehen.[620] Damit eine Polykondensation stattfinden kann, müssen Moleküle vorliegen, die zwei oder mehrere funktionelle Gruppen besitzen[621]. Eine Reaktion läuft bei der Polykondensation grundsätzlich in zwei Schritten ab. Im ersten Schritt spalten sich Moleküle von den funktionellen Gruppen ab, um im zweiten Schritt das Makromolekül und ein niedermolekulares Nebenprodukt bilden zu können. Das Nebenprodukt muss ständig abgeführt werden, da ansonsten eine Rückreaktion stattfinden kann.[622]

---

[619] Darstellung in Anlehnung an: Eyerer, P./Hirth, T. et al. (2008) Polymer engineering, S. 24

[620] Vgl. Eyerer, P./Hirth, T. et al. (2008) Polymer engineering, S. 29

[621] Vgl. Hopmann, C./Michaeli, W. (2015) Kunststoffverarbeitung, S. 26

[622] Vgl. Hopmann, C./Michaeli, W. (2015) Kunststoffverarbeitung, S. 27

8.1.2.3 Polyaddition

Die Polyaddition verläuft ähnlich wie die Reaktion der Polykondensation mit dem Unterschied, dass keine Teilchen abgespalten werden[623]. Bei der Polyaddition ist ebenfalls zwingend Voraussetzung, dass Moleküle mit zwei oder mehreren funktionellen Gruppen vorliegen[624]. Bei der Reaktion wandert ein Wasserstoffatom (H) von einer zur anderen funktionellen Gruppe. Somit verbinden sich die Moleküle zu einer Kette. Grundsätzlich kann der Reaktionsablauf bei der Polyaddition in drei Schritte aufgeteilt werden: Es liegen zwei Bausteine vor, von denen einer ein Molekülende mit einem leicht abspaltbaren Wasserstoffatom und der andere ein Molekülende mit einer leicht spaltbaren Bindung besitzt. Das Wasserstoffatom spaltet sich ab und die Bindung der anderen funktionellen Gruppe bricht auf. Das Wasserstoffatom wandert zum anderen Baustein über und geht eine Bindung mit einem der Elektronen der aufgespaltenen Bindung ein. Die Bausteine verbinden sich an der Stelle, von der das Wasserstoffatom abgewandert ist, mit dem anderen Elektron der aufgespaltenen Bindung.[625] Abbildung 8-10 verdeutlicht die Vorgänge der drei Schritte zur Bildung eines Polymers.

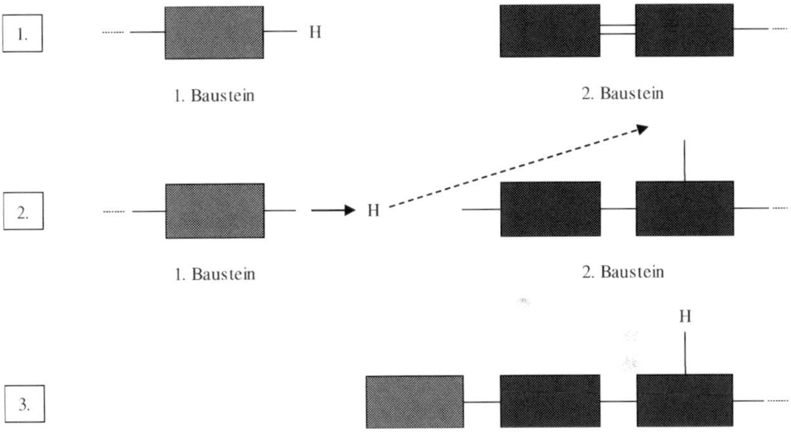

Abbildung 8-10: Schematischer Ablauf der Polyaddition[626]

Bei der Polymerisation ist zu beachten, dass auch die Sonnenstrahlung aus Fotonen besteht und somit den Polymerisationseffekt bei Tageslicht initiiert. Die Strahlungsintensität ist zwar deutlich geringer, führt aber zu einer schlechten Langzeitstabilität der hergestellten Bauteile.[627] Aus diesem Grund können diese Bauteile nicht lange gelagert werden, da sie ihre Eigenschaften verändern. Allerdings ist die Entwicklung neuer Werkstoffe zur Verbesserung der Langzeitstabilität von UV-ausgehärteten Kunststoffen ein großes Forschungsfeld.[628]

---

623 Vgl. Hopmann, C./Michaeli, W. (2015) Kunststoffverarbeitung, S. 29
624 Vgl. Eyerer, P./Hirth, T. et al. (2008) Polymer engineering, S. 27
625 Vgl. Hopmann, C./Michaeli, W. (2015) Kunststoffverarbeitung, S. 29
626 Darstellung in Anlehnung an: Hopmann, C./Michaeli, W. (2015) Kunststoffverarbeitung, S. 29
627 Vgl. Schmid, M. (2014) Zukunftstechnologie Additive Fertigung, S. 8
628 Vgl. Gebhardt, A. (2014) 3D-Drucken, S. 146

8.1.3 Zwischenfazit

Die Darstellung der werkstoffkundlichen Grundlagen zeigt die chemischen Abläufe während des Herstellprozesses im Generativen Fertigungsverfahren. Die Betrachtung der Polymerisationsarten hilft im Verlauf der Arbeit, das Materialverhalten besser einschätzen zu können. Treten beispielsweise im Druckvorgang Materialfehler auf, so können diese unter Umständen auf chemische Zusammenhänge während der Polymerisation zurückgeführt werden. Ebenso sind die werkstoffkundlichen Kenntnisse bei der späteren Versuchsprobenauswertung von großer Bedeutung. Bestimmtes Materialverhalten kann auch hier unter Umständen auf die chemischen Vorgänge zurückgeführt werden.

8.2 Erläuterung der kunststoffbasierenden Generativen Fertigungsverfahren

8.2.1 Selektives Lasersintern

Selektives Lasersintern fällt wie ähnliche Verfahren unter den Überbegriff des Sinterns. Anders als beim industriellen Sintern wird bei generativen Verfahren die Verfestigung nur an ausgewählten Stellen erzeugt[629]. Beim Sintern wird das Material als feines Pulver schichtweise nacheinander aufgetragen und durch einen Laser mit der darunterliegenden Schicht verschmolzen.

Beim Selektiven Lasersintern wird, abhängig vom Maschinenhersteller, aber typischerweise, das Pulver durch eine gegenläufige Rolle oder Wischer als dünne Schicht im Druckbauraum aufgetragen (Abbildung 8-11). Im darauffolgenden Schritt wird das Pulver durch einen Laser in den von der Bauteilgeometrie gewünschten Bereichen auf die darunterliegende Schicht aufgeschmolzen.[630] Anschließend fährt die Bauplattform exakt eine Schichtstärke nach unten, sodass eine Schicht neues Pulver aufgetragen werden kann und der Prozess wieder von neuem beginnen kann[631]. Das nicht aufgeschmolzene Pulver verbleibt im Bauraum und dient als Stützstruktur für die Bauteilgeometrie und kann nach dem Bauprozess größtenteils wiederverwendet werden[632]. Da das nicht für das eigentliche Bauteil benötigte Pulver die Bauteilgeometrie stützt, sind meistens keine zusätzlichen Stützkonstruktionen notwendig[633].

---

[629] Vgl. Gebhardt, A. (2013) Generative Fertigungsverfahren, S. 156
[630] Vgl. Chua, C. K./Leong, K. F. et al. (2010) Rapid prototyping, S. 202-203
[631] Vgl. Gebhardt, A. (2013) Generative Fertigungsverfahren, S. 155
[632] Vgl. Breuninger, J./Becker, R. et al. (2013) Generative Fertigung mit Kunststoffen, S. 30
[633] Vgl. Gibson, I./Rosen, D. W. et al. (2010) Additive manufacturing technologies, S. 108

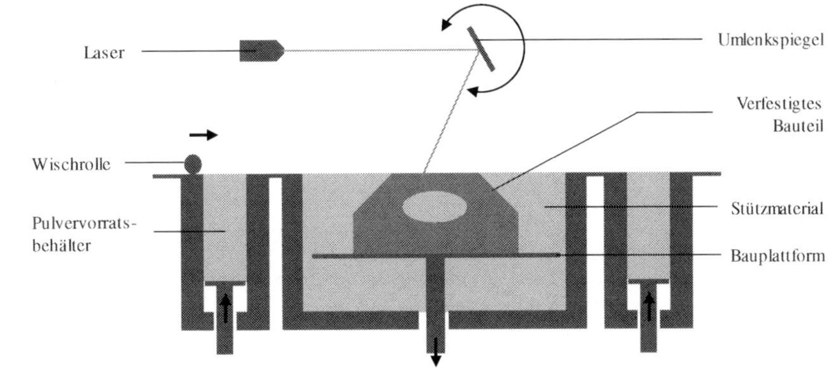

Abbildung 8-11: Selektives Lasersintern[634]

Abhängig davon, inwieweit die Pulverpartikel an- bzw. aufgeschmolzen werden, wird ein mehr oder weniger poröses Bauteil erzeugt und damit zeitgleich auch mehr oder weniger innere Bauteilspannung erzeugt[635].

Beim Selektiven Lasersinter-Verfahren kann ein breites Spektrum von verschiedenen Thermoplasten, wie zum Beispiel Polyamid (PA), Polystyrol (PS) und Polyetheretherketon (PEEK) verwendet werden[636]. Zudem können ebenfalls Metall- und Keramikwerkstoffe verwendet werden[637]. In diesem Fall wird das Keramik- oder Metallpulver mit einer Binderkomponente aus einem Thermoplast oder niedrigschmelzendem Metall umhüllt[638]. Abbildung 8-12 zeigt in der linken Bildhälfte den Ausgangszustand und in der rechten Bildhälfte den gesinterten Zustand.

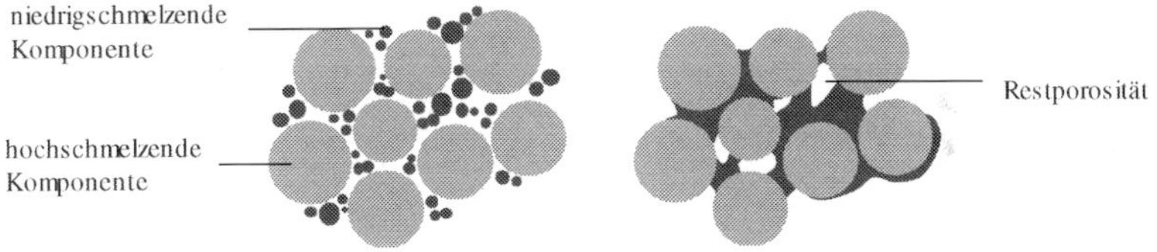

Abbildung 8-12: Prinzip des Sinterns von Mehrkomponenten-Metallpulver[639]

Da die auf diese Weise hergestellten Bauteile aus amorphen Kunststoffen porös sind und Packungsdichten zwischen 60 % bis 85 % aufweisen, können Keramik- und Metallbauteile nach dem Bauprozess in einem Hochtemperaturofen nachgesintert werden[640].

Neben dem Selektiven Lasersinter-Verfahren gehören ebenso Verfahren wie das *Selektive Laser Melting* und das *Selective Mask Sintering* zu der Gruppe der generativen Sinterprozesse. Beim Selektive

[634] Darstellung in Anlehnung an: Chua, C. K./Leong, K. F. et al. (2010) Rapid prototyping, S. 202
[635] Vgl. Gebhardt, A. (2013) Generative Fertigungsverfahren, S. 59-60
[636] Vgl. Breuninger, J./Becker, R. et al. (2013) Generative Fertigung mit Kunststoffen, S. 30
[637] Vgl. Dickens, P. M./Hague, R. J. M. et al. (2006) Rapid manufacturing, S. 66; Gibson, I./Rosen, D. W. et al. (2010) Additive manufacturing technologies, S. 119-120
[638] Vgl. Gebhardt, A. (2013) Generative Fertigungsverfahren, S. 63
[639] Darstellung in Anlehnung an: Gebhardt, A. (2013) Generative Fertigungsverfahren, S. 64
[640] Vgl. Gebhardt, A. (2013) Generative Fertigungsverfahren, S. 159

Laser Melting-Verfahren wird im Gegensatz zum Selektiven Lasersinter-Verfahren das Material, welches ausschließlich aus Metallpulver besteht, vollständig aufgeschmolzen[641]. Durch den höheren Wärmeeintrag zum Aufschmelzen von Titan, Kobalt-Chrom oder Werkzeug- und Edelstahl kann kein Binderzusatz verwendet werden, sodass das Pulver aus dem reinen Grundmaterial besteht[642]. Damit es nicht zu einer Oxidation der Schmelze kommt, wird der Selektive Laser Melting-Prozess üblicherweise unter einer Stickstoffatmosphäre durchgeführt[643]. Dadurch entstehen Metallbauteile, die mit einer Dichte > 99 % den mechanischen Eigenschaften herkömmlich hergestellter Metallbauteilen nahekommen[644].

Im Selective Mask Sintering -Verfahren werden ausschließlich thermoplastische Kunststoffpulver verwendet[645]. Bei diesem Verfahren wird der Schmelzvorgang nicht partiell durch einen Laser, sondern flächig durch einen Infrarotstrahler initiiert[646]. Damit die entsprechende Bauteilgeometrie abgebildet werden kann, fallen die Infrarotstrahlen durch eine sogenannte Maske[647]. Dabei wird die Kontur des Bauteils auf der Maske bei jeder neuen Schicht elektrostatisch auf eine Glasplatte aufgebracht[648].

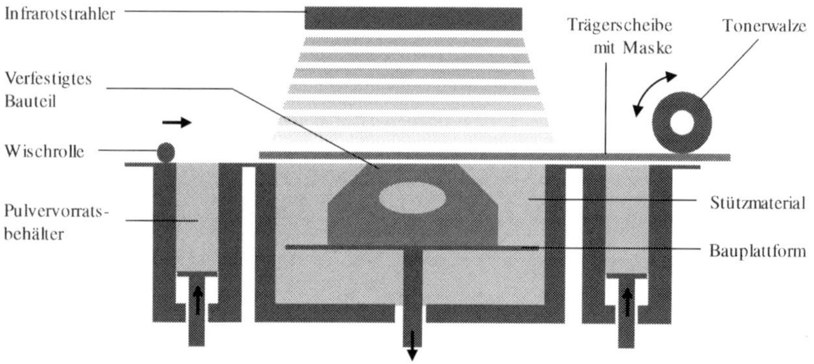

Abbildung 8-13: Selective Mask Sintering[649]

Für dieses Verfahren ergeben sich zusammengefasst folgende Vor- und Nachteile:

---

[641] Vgl. VDI 3405 - (2014) Additive Fertigungsverfahren, S. 10
[642] Vgl. Gibson, I./Rosen, D. W. et al. (2010) Additive manufacturing technologies, S. 113
[643] Vgl. Breuninger, J./Becker, R. et al. (2013) Generative Fertigung mit Kunststoffen, S. 32
[644] Vgl. Gebhardt, A. (2013) Generative Fertigungsverfahren, S. 191
[645] Vgl. Chua, C. K./Leong, K. F. et al. (2010) Rapid prototyping, S. 271; Gebhardt, A. (2013) Generative Fertigungsverfahren, S. 210
[646] Vgl. Breuninger, J./Becker, R. et al. (2013) Generative Fertigung mit Kunststoffen, S. 37
[647] Vgl. Dickens, P. M./Hague, R. J. M. et al. (2006) Rapid manufacturing, S. 69-70; Gibson, I./Rosen, D. W. et al. (2010) Additive manufacturing technologies, S. 130
[648] Vgl. Gebhardt, A. (2013) Generative Fertigungsverfahren, S. 212
[649] Darstellung in Anlehnung an: Breuninger, J./Becker, R. et al. (2013) Generative Fertigung mit Kunststoffen, S. 37

Tabelle 8-1: Vor- und Nachteile des Selective Mask Sintering[650]

Vorteile	Nachteile
• Große Materialpalette, da sämtliche Materialien mit thermoplastischen Verhalten eingesetzt werden können	• Aufwendige Nacharbeit
• Stützkonstruktionen sind aufgrund des Pulverbetts nicht notwendig	• Zeitaufwendige Heiz- und Abkühlvorgänge bei der Verarbeitung von Kunststoffen
• Thermisch unbeeinflusstes Material kann teilweise wiederaufbereitet werden	• Raue Oberflächenqualität aufgrund der Körnung des Pulvers
• Vergleichsweise hohe mechanische Belastbarkeit der gesinterten Bauteile	
• Vergleichsweise niedriger Rohmaterialpreis	

8.2.2 3D-Printing

Beim 3D-Printing oder auch 3D-Drucken wird eine Binderflüssigkeit in ein Pulverbett gespritzt[651]. Ähnlich wie beim Tintenstrahldrucker besitzt der Drucker mehrere Druckköpfe, aus denen das Bindemittel in Form von kleinen Tropfen geschossen wird[652]. So werden Schicht für Schicht durch den Punkt für Punkt Auftrag des Binders die einzelnen Pulverkörner kristallisiert[653]. Zeitgleich verbindet das Bindermaterial auch die einzelnen Bauschichten miteinander. Genau wie bei den Selektiven Lasersinter- oder Selektive Laser Melting-Verfahren wird das Pulver Schicht für Schicht durch eine Walze oder einen Wischer auf der Bauplattform verteilt (Abbildung 8-14).[654] Auch hier verbleibt das ungenutzte Pulver im Bauraum und stützt das Modell ab[655].

---

650 Vgl. Breuninger, J./Becker, R. et al. (2013) Generative Fertigung mit Kunststoffen, S. 30-31; Gebhardt, A. (2013) Generative Fertigungsverfahren, S. 65-66; Gibson, I./Rosen, D. W. et al. (2010) Additive manufacturing technologies, S. 143

651 Vgl. Gebhardt, A. (2013) Generative Fertigungsverfahren, S. 265

652 Vgl. Fastermann, P. (2012) 3D-Druck/Rapid Prototyping, S. 117

653 Vgl. VDI 3405 - (2014) Additive Fertigungsverfahren, S. 15

654 Vgl. Breuninger, J./Becker, R. et al. (2013) Generative Fertigung mit Kunststoffen, S. 29

655 Vgl. Gebhardt, A. (2013) Generative Fertigungsverfahren, S. 267

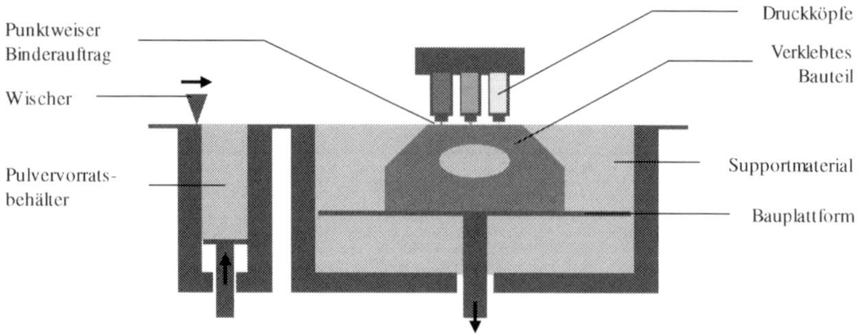

Abbildung 8-14: 3D-Drucken[656]

Wird beim 3D-Printing-Verfahren Farbe zum Binder hinzugegeben, so können farbige Modelle erzeugt werden[657]. Werkstoffe sind üblicherweise Kunststoffe, Kalkpulver mit Epoxid-Hülle, Gips und weitere pulverförmige Materialien[658].

Für dieses Verfahren ergeben sich zusammengefasst folgende Vor- und Nachteile:

Tabelle 8-2: Vor- und Nachteile des 3D-Printing[659]

Vorteile	Nachteile
• Große Kombinationsmöglichkeit vieler unterschiedlicher Pulver- und Bindermaterialien	• Raue Oberflächen von schlechter Qualität aufgrund der Korngröße des Pulvers
• Realisierung verschiedener Bauteileigenschaften in einem Prozess	• Porosität und Instabilität der Bauteile unmittelbar nach dem Bauprozess erfordert zusätzliche Infiltration
• Nicht verklebtes Material kann recycelt werden	• Aufwendige Nachbearbeitung erforderlich
• Supportstrukturen sind nicht notwendig	
• Vergleichsweise hohe Aufbaurate	

8.2.3 Fused Layer Modeling

Beim Fused Layer Modeling hat sich primär ein Verfahren des Unternehmens Stratasys namens Fused Deposition Modeling etabliert[660]. Das Fused Deposition Modeling-Verfahren ist dabei ein geschützter Begriff des Unternehmens Stratasys. Das Fused Deposition Modeling-Verfahren ist identisch zum Fused Layer Modeling-Verfahren. In der VDI-Richtlinie 3405 wird zudem vom Strangablegeverfahren

[656] Darstellung in Anlehnung an: Breuninger, J./Becker, R. et al. (2013) Generative Fertigung mit Kunststoffen, S. 28

[657] Vgl. Gibson, I./Rosen, D. W. et al. (2010) Additive manufacturing technologies, S. 357

[658] Vgl. Fastermann, P. (2012) 3D-Druck/Rapid Prototyping, S. 118

[659] Vgl. Breuninger, J./Becker, R. et al. (2013) Generative Fertigung mit Kunststoffen, S. 29; Gebhardt, A. (2013) Generative Fertigungsverfahren, S. 268; Gibson, I./Rosen, D. W. et al. (2010) Additive manufacturing technologies, S. 207, S. 209-210, S. 216

[660] Vgl. Fastermann, P. (2012) 3D-Druck/Rapid Prototyping, S. 120; Gibson, I./Rosen, D. W. et al. (2010) Additive manufacturing technologies, S. 157

gesprochen[661]. Bei dem Fused Layer Modeling- oder Fused Deposition Modeling-Verfahren werden vorgefertigte drahtförmige thermoplastische Kunststoffe in einer beheizten Düse zu einer teigigen Schmelze aufgeschmolzen[662]. Die Düse fährt dabei frei im Bauraum die Kontur des Bauteils ab und baut so schichtweise das Bauteil auf[663]. Dabei verbindet sich der aufgeschmolzene Draht mit der darunterliegenden Schicht und härtet anschließend aufgrund des Abkühlvorgangs aus[664]. Der verwendete Kunststoffdraht ist im Sprachgebrauch auch als Filament bekannt und wird üblicherweise auf einer Drahtrolle in die Maschine eingespannt[665]. Es existieren dabei meist zwei Rollen und zwei Düsen, die zum einen das Bauteilmaterial und zum anderen das Stützmaterial beinhalten[666].

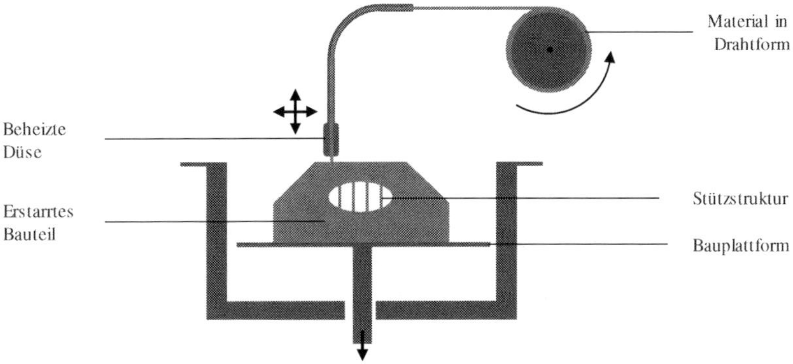

Abbildung 8-15: Fused Deposition Modeling[667]

Die Baumaterialien bzw. Filamente umfassen neben dem am häufigsten verwendeten ABS auch Mischungen mit PC oder Polylactid (PLA)[668]. Dabei weisen Bauteilmaterialien und Stützmaterialien zwei unterschiedliche Polymere auf[669].

Für dieses Verfahren ergeben sich zusammengefasst folgende Vor- und Nachteile:

---

661 Vgl. VDI 3405 - (2014) Additive Fertigungsverfahren, S. 12

662 Vgl. Dickens, P. M./Hague, R. J. M. et al. (2006) Rapid manufacturing, S. 75; Gebhardt, A. (2013) Generative Fertigungsverfahren, S. 249; VDI 3405 - (2014) Additive Fertigungsverfahren, S. 12

663 Vgl. Breuninger, J./Becker, R. et al. (2013) Generative Fertigung mit Kunststoffen, S. 33

664 Vgl. Noorani, R. (2006) Rapid prototyping, S. 84

665 Vgl. Gibson, I./Rosen, D. W. et al. (2010) Additive manufacturing technologies, S. 157

666 Vgl. VDI 3405 - (2014) Additive Fertigungsverfahren, S. 13

667 Darstellung in Anlehnung an: Breuninger, J./Becker, R. et al. (2013) Generative Fertigung mit Kunststoffen, S. 32

668 Vgl. Breuninger, J./Becker, R. et al. (2013) Generative Fertigung mit Kunststoffen, S. 33; Fastermann, P. (2012) 3D-Druck/Rapid Prototyping, S. 120; Gibson, I./Rosen, D. W. et al. (2010) Additive manufacturing technologies, S. 159-160

669 Vgl. VDI 3405 - (2014) Additive Fertigungsverfahren, S. 13

Tabelle 8-3: Vor- und Nachteile des Fused Layer Modeling[670]

Vorteile	Nachteile
• Relativ hohe Aufbauraten	• Bedingt durch die Extrusionsbreite sind Abbildungsgenauigkeit und Auflösung begrenzt und feine Strukturen nicht darstellbar
• Geringer Nacharbeitsaufwand	• Oberflächenqualität ist vergleichsweise schlecht
• Optimierter Materialverbrauch	• Ansatz der Extrusion ist sichtbar
• Verwendung verschiedener Materialien während desselben Druckvorgangs möglich	• Relativ schlechte mechanische Eigenschaften aufgrund von Anisotropien
• Materialwechsel ist ohne aufwendige Reinigungsprozesse der Fertigungsanlage möglich	

8.2.4 Layer Laminate Manufacturing

Das Layer Laminate Manufacturing, zu Deutsch Schicht-Laminat-Verfahren, ist ebenso unter dem Begriff Laminated Object Manufacturing bekannt[671]. Bei diesem Verfahren werden Papierschichten oder Kunststofffolien (experimentell auch Keramikfolien oder Aluminiumfolien) auf die jeweils vorhergehende Schicht laminiert und mittels eines CO_2-Lasers in Form geschnitten[672]. Weitere Maschinenhersteller setzen neben dem Laser auch Messer, einen Heißdraht oder einen Fräser ein[673]. Die einzelnen Folienschichten werden dabei durch Verkleben oder Fügen durch Ultraschall thermisch oder thermisch-chemisch miteinander verbunden[674]. Abbildung 8-16 zeigt, wie das als Rolle vorliegende Folienmaterial über die Bauplattform gespannt und durch eine Laminierwalze miteinander verbunden wird. Das Material, welches die Kontur der herzustellenden Objekte umgibt, dient als Stützstruktur und wird von dem Laser in kleine Würfel zerteilt, damit es im späteren Post-Process leichter entfernt werden kann[675].

[670] Vgl. Breuninger, J./Becker, R. et al. (2013) Generative Fertigung mit Kunststoffen, S. 33; Gebhardt, A. (2013) Generative Fertigungsverfahren, S. 73; Gibson, I./Rosen, D. W. et al. (2010) Additive manufacturing technologies, S. 165; Noorani, R. (2006) Rapid prototyping, S. 92

[671] Vgl. VDI 3405 - (2014) Additive Fertigungsverfahren, S. 16

[672] Vgl. Breuninger, J./Becker, R. et al. (2013) Generative Fertigung mit Kunststoffen, S. 36

[673] Vgl. Gebhardt, A. (2013) Generative Fertigungsverfahren, S. 228

[674] Vgl. VDI 3405 - (2014) Additive Fertigungsverfahren, S. 16

[675] Vgl. Pham, D. T./Dimov, S. S. (2001) Rapid Manufacturing, S. 38

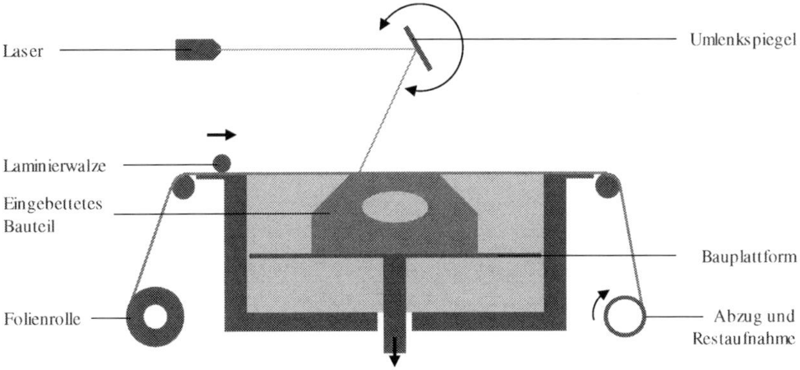

Abbildung 8-16: Schicht-Laminat-Verfahren[676]

Als Material stehen in Rollen oder Plattenformen polyethylenbeschichtete Papierfolien (LOM Paper), Polyesterfolien (LOM Plastic) und glasfaserverstärkte Composites (LOM Composite) zur Verfügung[677]. Auch Metall oder Keramiken können als Ausgangsmaterial verwendet werden[678]. Werden die laminierten Schichten verklebt, so besteht der Kleber aus einem thermisch aktivierbaren Epoxy und die Deckschicht aus Acrylat. Zudem gibt es Polyesterfolien, die wie das Papier mit Polyethylen Co-Polymer als thermisch aktivierbarem Kleber bereits beschichtet sind.[679]

Für dieses Verfahren ergeben sich zusammengefasst folgende Vor- und Nachteile:

Tabelle 8-4: Vor- und Nachteile des Layer Laminate Manufacturing[680]

Vorteile	Nachteile
• Baugeschwindigkeit ist weitestgehend unabhängig von der Bauteilgröße	• Stark unterschiedliche mechanisch-technologische Eigenschaften in der und quer zur Schichtrichtung (Anisotropie)
• Auslegung von Supportstrukturen ist verfahrensbedingt nicht notwendig	• Hoher Nacharbeitsaufwand
• Relativ niedriger Rohmaterialpreis	• Keine dünnen Schichtdicken möglich

8.2.5 Stereolithographie

Die Stereolithographie gilt als Pionier der Generativen Fertigungsverfahren und ist auch unter dem ursprünglichen Namen Stereolithography Apparatus bekannt[681]. Es ist das derzeit genaueste Verfahren

---

676 Darstellung in Anlehnung an: Breuninger, J./Becker, R. et al. (2013) Generative Fertigung mit Kunststoffen, S. 36

677 Vgl. Gebhardt, A. (2013) Generative Fertigungsverfahren, S. 237

678 Vgl. VDI 3405 - (2014) Additive Fertigungsverfahren, S. 16

679 Vgl. Gebhardt, A. (2013) Generative Fertigungsverfahren, S. 237

680 Vgl. Breuninger, J./Becker, R. et al. (2013) Generative Fertigung mit Kunststoffen, S. 36-37; Gebhardt, A. (2013) Generative Fertigungsverfahren, S. 69–70, S. 229; Pham, D. T./Dimov, S. S. (2001) Rapid Manufacturing, S. 39

681 Vgl. Chua, C. K./Leong, K. F. et al. (2010) Rapid prototyping, S. 35

auf dem Markt[682]. Als Stereolithographie werden Verfahren bezeichnet, die das Prinzip der Verfestigung von flüssigen oder pastösen Monomeren durch Polymerisation (vgl. Kapitel 8.1.2.1) umsetzen[683]. Ebenso wie die anderen Generativen Fertigungsverfahren handelt es sich um einen Schicht für Schicht Bauprozess[684]. Die einzelnen Schichten und die Bauteilkontur werden dabei von einem Laser ausgehärtet und mit der darunterliegenden Schicht verbunden[685]. Die Aushärtung geschieht dabei aufgrund des Laserlichts und der Fotoaktivatoren der Prepolymere[686]. Die neue Schicht wird durch einen Wischer glattgezogen. Da das Bauteil nicht in dem übrigen flüssigen Bad verweilen kann, fließt die Flüssigkeit ab[687]. Dies erfordert Stützkonstruktionen in Form von Säulen[688]. Abbildung 8-17 zeigt schematisch das Bauprinzip.

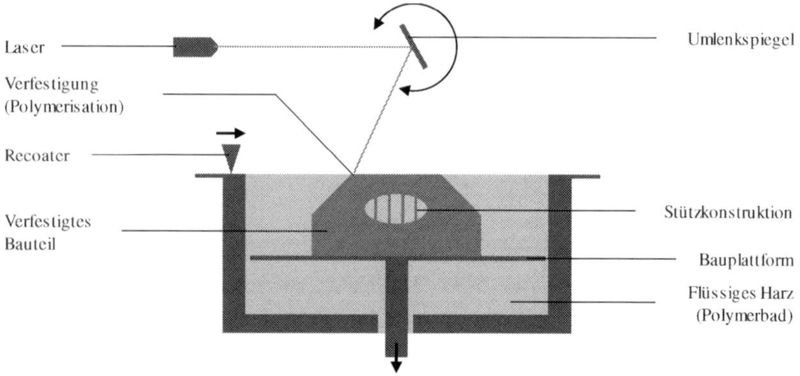

Abbildung 8-17: Stereolithographie[689]

Als Materialien werden flüssige bis pastöse ultraviolett aktivierbare Kunstharze ohne oder mit Füllstoff eingesetzt[690]. Flüssige Duromere sind dabei Epoxidharze oder Acrylate, die die Eigenschaften von ABS, PP oder PC simulieren[691]. In der Regel werden allerdings Epoxidharze verwendet, da sie im Gegensatz zu Acrylaten lediglich einer Schrumpfung von 0,06 % unterliegen. Acrylate weisen Schrumpfungsraten von bis zu 0,6 %, also dem 10-Fachen mehr, auf.[692] Da Epoxidharze allerdings anfällig für Feuchtigkeit sind und damit die Polymerisation behindern können, werden i.d.R. Kombinationen aus Acrylaten und Epoxidhartzen verwendet, um die Vorteile beider Materialien auszunutzen[693].

---

682 Vgl. Schmid, M. (2015) Selektives Lasersintern, S. 8
683 Vgl. Gebhardt, A. (2013) Generative Fertigungsverfahren, S. 105
684 Vgl. Noorani, R. (2006) Rapid prototyping, S. 59
685 Vgl. Dickens, P. M./Hague, R. J. M. et al. (2006) Rapid manufacturing, S. 59; Fastermann, P. (2012) 3D-Druck/Rapid Prototyping, S. 121
686 Vgl. VDI 3405 - (2014) Additive Fertigungsverfahren, S. 9
687 Vgl. Fastermann, P. (2012) 3D-Druck/Rapid Prototyping, S. 122
688 Vgl. Gebhardt, A. (2013) Generative Fertigungsverfahren, S. 106; Fastermann, P. (2012) 3D-Druck/Rapid Prototyping, S. 122
689 Darstellung in Anlehnung an: Breuninger, J./Becker, R. et al. (2013) Generative Fertigung mit Kunststoffen, S. 27
690 Vgl. VDI 3405 - (2014) Additive Fertigungsverfahren, S. 9
691 Vgl. Fastermann, P. (2012) 3D-Druck/Rapid Prototyping, S. 122
692 Vgl. Gebhardt, A. (2013) Generative Fertigungsverfahren, S. 108
693 Vgl. Gibson, I./Rosen, D. W. et al. (2010) Additive manufacturing technologies, S. 66-67

Für dieses Verfahren ergeben sich zusammengefasst folgende Vor- und Nachteile:

Tabelle 8-5: Vor- und Nachteile der Stereolithographie[694]

Vorteile	Nachteile
• Höchste Genauigkeit und vergleichsweise hochwertige Oberflächen realisierbar	• Auswahl der Materialien auf fotosensitive Werkstoffe beschränkt
• Hohlräume innerhalb des Bauteils sind durch kleine Drainageöffnungen leicht und vollständig zu reinigen	• Hoher Nacharbeitsaufwand, manuelle Entfernung der Supportstrukturen
• Nicht vernetztes Material kann wiederverwendet werden	• Vergleichsweise schlechte mechanische Eigenschaften
• Einfache Herstellung komplexer Modelle oder Bauteile mit großen Abmessungen	• Bauteile müssen zur vollständigen Aushärtung nachvernetzt werden

8.2.6 Digital Light Processing

Der Digital Light Process ist mit der Stereolithographie eng verwandt[695]. Der wichtigste Unterschied besteht in der Belichtung, die beim Digital Light Process mit Maske und UV-Lampe erfolgt[696]. Dabei strahlt die UV-Lampe flächig auf einen Mikrochip, der aus sehr vielen kleinen Spiegeln (Digital Micromirror Device) besteht[697]. Durch die Bewegung der Spiegel wird so das Licht entweder auf den Bauraum oder davon weggelenkt[698]. Dieses Verfahren ist auch ein Schichtbauverfahren, das allerdings nur in z-Richtung arbeitet, da die UV-Lampe die gesamte Fläche auf einmal bestrahlt[699]. Wie bei der Stereolithographie wird ein Material für das Bauteil und das Stützmaterial verwendet[700]. In Abbildung 8-18 ist dargestellt, dass beim Digital Light Process-Verfahren die Belichtung auch von unten erfolgen kann und somit ein geringeres Vorhaltevolumen an flüssigem Fotopolymer benötigt wird.

---

694 Vgl. Breuninger, J./Becker, R. et al. (2013) Generative Fertigung mit Kunststoffen, S. 27-28; Gebhardt, A. (2013) Generative Fertigungsverfahren, S. 15, S. 57-58
695 Vgl. VDI 3405 - (2014) Additive Fertigungsverfahren, S. 17
696 Vgl. Gebhardt, A. (2013) Generative Fertigungsverfahren, S. 115
697 Vgl. Breuninger, J./Becker, R. et al. (2013) Generative Fertigung mit Kunststoffen, S. 28
698 Vgl. Gibson, I./Rosen, D. W. et al. (2010) Additive manufacturing technologies, S. 92
699 Vgl. Fastermann, P. (2012) 3D-Druck/Rapid Prototyping, S. 123
700 Vgl. Gebhardt, A. (2013) Generative Fertigungsverfahren, S. 115

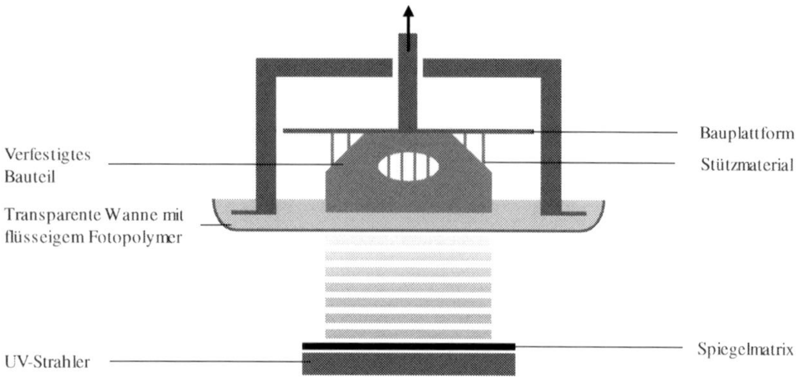

Abbildung 8-18: Digital Light Processing[701]

Beim Digital Light Process-Verfahren kommen Werkstoffe analog zum Stereolithographie-Verfahren zum Einsatz, die flüssig oder pastös sein können. In der Regel sind dies auch UV-aktivierbare Kunstharze wie Oligomere oder Monomere (vgl. Kapitel 8.1.2).[702] Da UV-Lampen eine geringere Intensität als Laser besitzen, werden als Baumaterialien Acrylate verwendet, die eine höhere Reaktivität als Epoxidharze aufweisen[703]. Nachteilig bei Acrylaten ist der im Vergleich zu Epoxidharzen niedrigere E-Modul, weshalb mit dem Digital Light Process-Verfahren hergestellte Bauteile geringere mechanische Eigenschaften aufweisen als die mit dem Stereolithographie-Verfahren hergestellten Erzeugnisse[704].

Für dieses Verfahren ergeben sich zusammengefasst folgende Vor- und Nachteile:

Tabelle 8-6: Vor- und Nachteile des Digital Light Processing[705]

Vorteile	Nachteile
• Sehr gute Abbildungsgenauigkeit	• Die Bauteile weisen geringe mechanische und thermische Belastbarkeiten auf
• Sehr gute Oberflächenqualitäten mit scharfen Kanten	• Bei hoher Genauigkeit sind nur kleine Querschnitte möglich
• Materialsparender Bauprozess	• Stützstrukturen müssen mechanisch entfernt werden
• Aufbaurate hoch und größtenteils unabhängig von Bauteilgröße und -komplexität	

701 Darstellung in Anlehnung an: Breuninger, J./Becker, R. et al. (2013) Generative Fertigung mit Kunststoffen, S. 38

702 Vgl. VDI 3405 - (2014) Additive Fertigungsverfahren, S. 17

703 Vgl. Gebhardt, A. (2013) Generative Fertigungsverfahren, S. 116

704 Vgl. Eschl, J. (2001) Eigenschaften von Stereolithographiematerialien, S.57, 70

705 Vgl. Breuninger, J./Becker, R. et al. (2013) Generative Fertigung mit Kunststoffen, S. 38; Chua, C. K./Leong, K. F. et al. (2010) Rapid prototyping, S. 74; Fastermann, P. (2012) 3D-Druck/Rapid Prototyping, S. 123; Gibson, I./Rosen, D. W. et al. (2010) Additive manufacturing technologies, S. 92

8.2.7 Polymerdrucken

Das Polymerdrucken ist unter den Namen PolyJet-Modeling oder auch Multi Modeling bekannt[706]. Beides sind unternehmensspezifische Namen. Dieses Verfahren ist dem des Stereolithographie-Verfahrens ähnlich[707]. Beim PolyJet-Modeling wird in einem Schicht für Schicht Bauprozess durch Linie für Linie Auftragen von Fotopolymer-Flüssigharzen (Polymere mit Fotoaktivatoren) mit unmittelbarem Aushärten durch UV-Strahler das Bauteil erzeugt[708]. Der Druckkopf ähnelt dabei dem eines Tintenstrahldruckers, ist allerdings noch zusätzlich mit UV-Lampen bestückt[709]. Die Verfestigung des Materials erfolgt durch Fotopolymerisation. Es wird immer eine vollständige Schicht gedruckt, wobei das Bauteil und die nicht zum Bauteil gehörenden Bereiche durch getrennte Düsenreihen gleichzeitig beschickt werden.[710] Durch mehrere Düsenreihen können so unterschiedliche Materialien wie Farben oder Shore-Härten miteinander kombiniert werden[711]. Das Stützmaterial hat eine gelartige Konsistenz und muss vom fertigen Bauteil durch ein Medium oder mechanisch abgelöst werden[712]. Damit empfindliche Konstruktionsmerkmale nicht beschädigt werden, kann das Bauteil in ein Wasserbad gelegt werden, um Stützkonstruktionen zu entfernen[713]. Beim PolyJet-Modeling-Verfahren entstehen direkt beim Fertigungsprozess hohe Oberflächengüten, die mit geringfügiger manueller Nachbearbeitung für Nachfolgeprozesse mit hohen Anforderungen, wie z.B. bei der Galvanik, präpariert werden können[714].

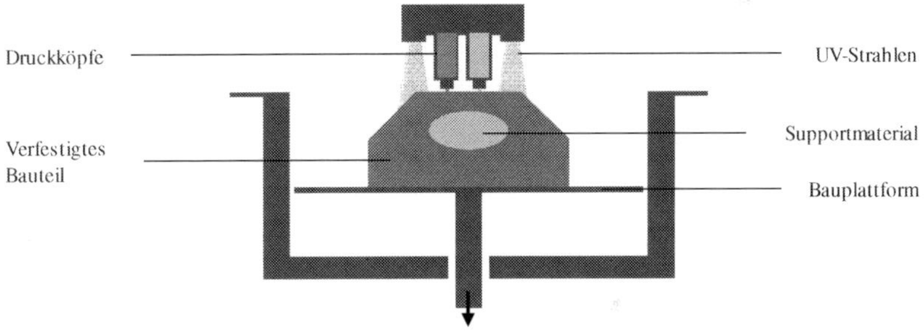

Abbildung 8-19: Polymerdrucken[715]

Genau wie beim Digital Light Process (vgl. Kapitel 8.2.6) wird das Material mit einer geringeren Intensität (UV-Lampe) als beim Laser ausgehärtet, weshalb auch hier Acrylate anstelle von Epoxidharzen als Baumaterial verwendet werden[716].

Für dieses Verfahren ergeben sich zusammengefasst folgende Vor- und Nachteile:

---

706 Vgl. Gebhardt, A. (2013) Generative Fertigungsverfahren, S. 116
707 Vgl. Breuninger, J./Becker, R. et al. (2013) Generative Fertigung mit Kunststoffen, S. 34
708 Vgl. VDI 3405 - (2014) Additive Fertigungsverfahren, S. 14
709 Vgl. Fastermann, P. (2012) 3D-Druck/Rapid Prototyping, S. 123
710 Vgl. Gebhardt, A. (2013) Generative Fertigungsverfahren, S. 116
711 Vgl. Fastermann, P. (2012) 3D-Druck/Rapid Prototyping, S. 123
712 Vgl. Chua, C. K./Leong, K. F. et al. (2010) Rapid prototyping, S. 57; Dickens, P. M./Hague, R. J. M. et al. (2006) Rapid manufacturing, S. 60
713 Vgl. Grimm, T. (2002) Stereolithography, Selective Laser Sintering and PolyJet, S. 7
714 Vgl. Fischer, F. (2015) FDM and PolyJet 3D Printing, S. 6
715 Darstellung in Anlehnung an: Breuninger, J./Becker, R. et al. (2013) Generative Fertigung mit Kunststoffen, S. 34
716 Vgl. Gebhardt, A. (2013) Generative Fertigungsverfahren, S. 116

Tabelle 8-7: Vor- und Nachteile des Polymerdruckens[717]

Vorteile	Nachteile
• Hohe Abbildungsgenauigkeit mit qualitativ hochwertigen Oberflächen	• Hoher Stützmaterialverbrauch
• Große Materialpalette und Möglichkeit, verschiedene Materialien in einem Druckprozess zu verarbeiten	• Vergleichsweise hohe Materialkosten
• Nacharbeitsaufwand sehr gering	• Stützmaterial muss mit Wasser entfernt werden
• Skalierbarkeit des Verfahrens	• Materialauswahl auf Monomere begrenzt, die bei ultravioletter Strahlung vernetzen
• Keine Nachbelichtung des Bauteils notwendig	
• Verfahren inkl. Post-Prozess vergleichsweise sehr schnell	
• Sehr dünne Wandstärken realisierbar	
• Erzeugung verschiedener mechanischer Eigenschaften	
• Einzige Verfahren, welches eine Vielzahl unterschiedlicher Materialien verarbeiten kann	
• Sicherer und einfacher Prozess hinsichtlich Materialhandhabung	

8.3 Parametrisierungsmöglichkeiten der Bedienersoftware Objet Studio

Die Bedienung des Druckers wird durch die Software *Objet Studio* gesteuert. Die hier vorliegende Untersuchung wird auf Basis der Softwareversion 9.2.8.3 von 2016 vorgenommen. Der Vorteil der Software ist, dass alles voreingestellt und der Drucker sehr anwenderfreundlich ist. Ein gravierender Nachteil ist allerdings, dass an der Software nichts verändert werden kann und die zur Auswahl stehenden Parameter des Herstellers so angenommen werden müssen. Im Nachfolgenden werden die einzelnen Einstellmöglichkeiten kurz erläutert und daraus die Einstellmöglichkeiten und Kombinationen abgeleitet.

Bevor Eigenschaften in der Software eingestellt werden können, muss zunächst ein STL-Datensatz importiert werden. Alternativ kann in diesem Programm eine SLC-Datei (Stereo-Lithography-Contour) hochgeladen werden. SLC-Dateien beschreiben zweidimensionale Konturen von dreidimensionalen Objekten.[718] Ebenso alternativ kann das OBJDF-Format, welches die Geometrie eines Objektes und die Materialien beschreibt, hochgeladen werden[719].

---

[717] Vgl. Breuninger, J./Becker, R. et al. (2013) Generative Fertigung mit Kunststoffen, S. 35; Chua, C. K./Leong, K. F. et al. (2010) Rapid prototyping, S. 58-59; Eichmann, M. (2007) PolyJet-Technologie, S. 1-2; Fastermann, P. (2012) 3D-Druck/Rapid Prototyping, S. 124; Gebhardt, A. (2013) Generative Fertigungsverfahren, S. 116; Gibson, I./Rosen, D. W. et al. (2010) Additive manufacturing technologies, S. 198

[718] Vgl. Stratasys Ltd. (2014) Objet1000 3D Printer System, S. 24

[719] Vgl. Stratasys Ltd. (2014) Objet1000 3D Printer System, S. 45

Die Benutzeroberfläche der Software startet mit dem zur Verfügung stehenden Bauraum und den drei Hauptkategorien *Tray Settings*, *Model Settings* und *Job Manager*. Diese drei Reiter stellen die Grundfunktionsebenen des Programms dar. Unter *Tray Settings* können Einstellungen vorgenommen werden, welche die Bauteile in einem Druckvorgang im Bauraum betreffen. Bei *Model Settings* hingegen können nur Einstellungen vorgenommen werden, die ausschließlich das Bauteil betreffen. Der letzte Reiter *Job Manager* dient zur Verwaltung einzelner Druckaufträge und gibt Informationen über die Füllstände der Materialkartuschen, bereits gedruckte Aufträge und zukünftig anstehende. Zudem können Informationen wie die Bezeichnung des Auftrags und Auftraggebers, die Zeit bis zur Fertigstellung, der Verbrauch von Fertigungs- und Stützmaterial, der Druckmodus sowie der Materialtyp ausgelesen werden. Im Einstellbereich *Model Settings* gibt es die Möglichkeit, zehn Blickwinkel auf die Bauplattform einzustellen, um das eingeladene Model besser zu betrachten. Zudem können vier Ansichten gleichzeitig nebeneinander geöffnet werden. Diese Einstellungen können über die Schaltfläche *View* vorgenommen werden. Beim Einladen des Bauteils schlägt die Software automatisch die günstigste Lage des Bauteiles im Bauraum vor. Günstig bedeutet an dieser Stelle, dass die Bauzeit und die prognostizierten Verbräuche am geringsten sind. Da der Drucker eine Richtungsabhängigkeit vorweist, ist die Lage des Bauteils für die späteren Eigenschaften ausschlaggebend. Aus diesem Grund kann die Lage des Bauteils, nachdem es angewählt wurde, über die Schaltflächen *Move* durch den Anwender frei im Raum verschoben werden. Alternativ steht mit der Schaltfläche *Translate* die Möglichkeit zur Verfügung, das Bauteil mit kartesischen Koordinaten zu bewegen. Zusätzlich besteht die Möglichkeit, in der Schaltfläche *Translate* das Bauteil um die drei kartesischen Achsen im Winkel zu verändern. Hierzu muss der Bediener die Schaltfläche *Rotate* anwählen. Da die Platzierung des Bauteils direkten Einfluss auf den Verbrauch des Stützmaterials hat, ist eine gesonderte Platzierung abzuwägen.

Neben der Ausrichtung des Bauteils gibt es gleich mehrere Möglichkeiten, die Größe des Bauteils noch im Bauraum zu verändern. Über die Schaltfläche *Dimensions* können Werte in Millimeter oder Inch eingegeben werden. Zusätzlich kann über die Schaltfläche *Uniform Scale* das Bauteilverhältnis proportional verändert werden. Als letzte Möglichkeit kann über die Schaltfläche *Scaling* das Bauteil um ein beliebiges Vielfaches vergrößert oder verkleinert werden. Neben der Größe und Lage des Bauteils im Bauraum können weitere Parameter, die erheblichen Einfluss auf den Herstellungsvorgang und das spätere Fertigungsergebnis haben, eingestellt werden. So kann unter dem Reiter *Job Settings* eingestellt werden, ob ein Bauteil *Matte* oder *Glossy* gedruckt werden soll. Diese Einstellung bestimmt primär, ob das Bauteil über eine glatte glänzende oder matte Oberfläche verfügen soll. Bei der Einstellung *Matte* wird das gesamte Bauteil in Stützmaterial eingehüllt. Über die Schaltfläche *Advanced* unter der Bezeichnung *Grid Style* kann zudem ausgewählt werden, ob die Stärke des Supportmaterials *Heavy*, *Normal* oder *Lite* sein soll. Dies hat Auswirkungen auf die Dichte des Stützmaterials. Zudem kann in dieser Einstellung angegeben werden, ob das Bauteil hohl, also *Hollow* gedruckt werden soll.

Die Software bietet weitere Hilfestellungen zur vereinfachten Bedienung. Ist beispielsweise der gesamte Bauraum mit Proben voll, so kann unter dem Reiter *Color* die visuelle Farbe in der Software verändert werden. Abhängig vom Material kann das Bauteil mit einem weiteren Material über die Schaltfläche *Multiple Materials* umhüllt werden. Ob die Materialkombination möglich ist, zeigt das Programm automatisch an. Eine solche Anwendung ist beispielsweise interessant, wenn ein Bauteil mit einem klarem Material umhüllt werden soll.

Eine weitere ausschlaggebende Einstellung ist die des zu verwendenden Materials. Unter dem Reiter *Current Loaded* zeigt der Drucker dem Anwender an, welches Material in Form von Materialkartuschen eingelegt ist. Die Software bietet neben der Anzeige die Auswahlmöglichkeiten *Single Material* oder *Multiple Materials*. Hiermit kann eingestellt werden, ob alle Bauteile im Bauraum aus demselben Material gedruckt werden sollen oder ob es Bauteile mit unterschiedlichen Materialien geben soll. Zudem ist es möglich, unter dem Reiter *Colors* über die Schaltfläche *Legend* die im Drucker befindlichen und kombinierbaren Materialien miteinander zu kombinieren. Diese Einstellung kann einen Einfluss auf die späteren Materialeigenschaften haben.

Sind die Grundeinstellungen vorgenommen, so wird über die Schaltfläche *Validate* überprüft, ob der Druckauftrag durchgeführt werden kann und keine Restriktionen verletzt wurden. Beispielsweise wird geprüft, ob die Bauteile nicht über die Bauplattform herausragen oder die Bauteile ineinander liegen. Entsprechend der Prüfung gibt die Software durch *Validation Succeeded* oder *Validation Failed* aus, ob der Druckvorgang gestartet werden kann. Sollte es ein *Validation Failed* geben, so gibt die Software die Fehlerursache aus.

Unter dem Reiter *Tray Settings* werden die letzten Einstellungen vorgenommen und Informationen angezeigt. Unter der Schaltfläche *Estimate* ist es möglich, Informationen über den Materialverbrauch und die Bauzeit in Erfahrung zu bringen. Im gleichen Reiter *Built Process* ist die Schaltfläche *Build* zu finden, mit der der Herstellprozess eingeleitet wird. Hier wird die letzte, aber ebenso für spätere Bauteileigenschaften wichtige Einstellung festgelegt. Es öffnet sich ein Fenster, in dem der Druckmodus *High Quality*, *High Speed* oder *Digital Material* ausgewählt werden. *Digital Material* ist bei einer Kombination von Materialien automatisch ausgewählt und es kann nichts anderes eingestellt werden. In allen anderen Fällen kann zwischen den Einstellungen *High Quality* und *High Speed* gewählt werden. Wie der Name bereits angibt, ist ein *High Speed* Druck schneller und verbraucht zudem weniger Material. Bei *High Quality* druckt der Drucker entsprechend langsamer, aber auch genauer. Auch diese Einstellung hat vermutlich eine Auswirkung auf die späteren Bauteileigenschaften.

Die Software Objet Studie ist eine für den Anwender geschlossene Software zur Bedienung des Druckers, lässt aber dennoch Einstellungsmöglichkeiten zu. Dadurch lassen sich die Bauteile konstruktiv, optisch und funktional auf bestimmte Anforderungen hin verändern.

Zusammenfassend ist festzuhalten, dass die Software wie eine Bedienoberfläche einer Maschine funktioniert, mit der verschiedene Fertigungsparameter eingestellt werden können. Diese Einstellungsmöglichkeiten sind die Grundlage für die Untersuchung in dieser Arbeit.

8.4 Beschreibung der Versuchsaufbauten

Bevor die Versuchsaufbauten im Detail beschrieben werden, wird eine eindeutige Probenbezeichnung eingeführt. In den folgenden Unterkapiteln werden die Versuchs- und Messeinrichtungen beschrieben, um die Aktivitätsdiagramme zu den jeweiligen Versuchs- und Messstellen definieren zu können.

8.4.1 Drucker

Abbildung 8-20 zeigt den *Drucker Objet500 Connex2*, der für diese Arbeit verwendet wird. Die druckerspezifischen Eigenschaften sind bereits in Kapitel 2.7 beschrieben worden. Aus diesem Grund wird an dieser Stelle auf weitere Details verzichtet.

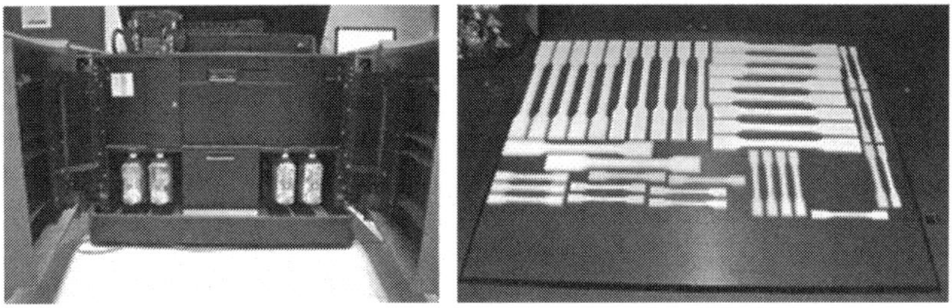

Abbildung 8-20: Drucker mit Materialkartuschen (links); Bauraum (rechts)

8.4.2 Reinigungskabine

Nachdem die Probekörper gedruckt und aus dem Bauraum des Druckers entnommen wurden, folgt die Entfernung des noch anhaftenden Stützmaterials. Hierfür steht eine Reinigungskabine des Unternehmens Krumm vom *Modell RK30* zur Verfügung. Das Entfernen des Stützmaterials geschieht dabei mit einem Wasserstrahl, der mit einer Trinkwasserleitung verbunden ist. Ein Kompressor sorgt für entsprechenden Wasserdruck am Düsenaustritt. Über ein Fusspedal wird der Wasserstrahl gestartet und wieder gestoppt.

Die Entnahme des Probekörpers und die anschließende Reinigung stellen laut FMEA das größte Risiko einer Verwechslung der Proben dar. Nach der Reinigung werden die Probekörper in entsprechende Register in Ordnern abgelegt, sodass eine Verwechslung ausgeschlossen werden kann.

Abbildung 8-21: Sortierbrett für die Probekörperentnahme

Abbildung 8-21 zeigt ein speziell für die Entnahme und Reinigung der Probekörper vorgesehenes *Sortierbrett*. Das Sortierbrett ist nach dem Layout der Druckproben im Bauraum des Druckers gefertigt. So findet jede Probe nach der Entnahme aus dem Bauraum in einer ausgefrästen Tasche des Sortierbrettes Platz. Anschließend kann jede einzelne Probe für die Reinigung entnommen und dann wieder an den entsprechenden Platz zurückgelegt werden. Nach der Reinigung werden die Probekörper in die mit den entsprechenden Namen beschrifteten Register eingefügt.

8.4.3 Umluft Kammerofen

Für den Vorgang der thermischen Nachbehandlung der Probekörper aus dem Material ABS Ivory wird ein *Vier-Kammer-Umluftofen* der Firma Snol verwendet. Der Ofen besitzt vier temperaturunabhängige und separat einstellbare Kammern. Die maximale Ofentemperatur beträgt 200 °C. Neben hermetisch schließenden Türen besitzt der Ofen prozessgestützte Temperaturregelungen[720]. Mithilfe des Ofens wird bei dem Material Digital ABS die von Stratasys vorgegebene thermische Nachbehandlung für definierte Proben durchgeführt.

8.5 Beschreibung und Ablauf der Materialprüfverfahren

Messungen und Prüfungen dienen der Wissenschaft und Forschung und dem Handwerk und der Industrie als Grundlage für globale Zusammenarbeit. Einheitliche Grundlagen, Normen und Regelwerke bieten die Basis für diese Zusammenarbeit.[721] Zu untersuchende Eigenschaften von Werkstoffen lassen sich in vier übergeordnete Arten physikalische, chemische, technologische und ökologische Werkstoffeigenschaften unterteilen. Dabei können die physikalischen Werkstoffeigenschaften weiter in die Unterkategorien elektrische, mechanische, optisch-akustische, tribologische, thermische und sonstige physikalische Eigenschaften unterschieden werden.[722] In den folgenden Unterkapiteln werden die entsprechenden Prüfverfahren aus den oben genannten Kategorien für die in Kapitel 2.3.4 relevanten Anforderungen näher betrachtet und erläutert.

8.5.1 Maßhaltigkeit

Die Überprüfung der Maßhaltigkeit fällt unter die physikalischen Werkstoffeigenschaften und weiter unter die optisch-akustischen Eigenschaften. Das Ziel im hier vorliegenden Anwendungsfall ist es, die exakte Abweichung der Maße in Hinblick auf den CAD-Datensatz zu ermitteln. Mit der Einhaltung der Maßhaltigkeit geht das Toleranzverhalten für spätere Werkzeuge einher.

Toleranzen und Maße werden durch eine technische Zeichnung des Werkstückes vorgegeben. Werden diese eingehalten, so erfüllt das Werkstück seine Funktion. Das in der Fertigungszeichnung vorgegebene Nennmaß kann allerdings in der Fertigung nur angenähert erreicht werden. Jedes Werkstück weicht mehr oder weniger vom Nennmaß ab. Dem in der Zeichnung vorgegebenen Nennmaß steht das Istmaß des gefertigten Werkstücks gegenüber. Der Unterschied beider Maße wird Maßabweichung genannt. Eine Toleranz lässt dabei eine Abweichung des Istmaßes zum Nennmaß zu. In diesem Fall wird von Abmaß gesprochen. Die Toleranz wird durch das untere Abmaß A_u und das obere Abmaß A_o beschrieben. Oberes und unteres Abmaß werden mit Vorzeichen (plus und minus) gekennzeichnet, sodass sich durch triviale Addition der Abmaße zum Nennmaß das Mindestmaß bzw. Höchstmaß ergibt.[723]

---

[720] Vgl. Boldt, J. (2017) Beschreibung technische Daten, S. 1-2
[721] Vgl. Keferstein, C. P./Marxer, M. (2018) Fertigungsmesstechnik, S. 17
[722] Vgl. Czichos, H./Skrotzki, B. et al. (2014) Werkstoffe, S. 58-78
[723] Vgl. Keferstein, C. P./Marxer, M. (2018) Fertigungsmesstechnik, S. 23

Die Maßhaltigkeit wird durch die Messung der Höhe und Breite der Probe bestimmt. DIN EN ISO 16012 beschreibt die normgerechte Durchführung der Maßhaltigkeitsprüfungen mit Universalprobekörpern der DIN EN ISO 3167 und der Kunststoffspezifikationen der DIN EN ISO 20753[724]. Zusätzlich wird bei der Messung die DIN EN ISO 3650 zur Vermessung von Parallelendmaßen einbezogen[725].

Zur Messung der Maßhaltigkeit von Breite und Höhe werden jeweils drei Werte ermittelt, aus denen der Mittelwert gebildet wird. Die Anzahl der Messpunkte ist von der Größe und Form des Probekörpers abhängig, muss aber für jedes Maß mindestens drei Messstrecken betragen. Diese Messtrecken sollen möglichst weit auseinanderliegen, damit ein guter Mittelwert gebildet werden kann. Der arithmetische Mittelwert wird als Maß des Probekörpers verwendet.[726]

8.5.2 Oberflächenrauheit und -welligkeit

Oberflächen eines Werkstückes weisen nie ideale geometrische Gestalten auf. Sie sind durch den jeweiligen Fertigungsprozess immer mit größeren oder kleineren dreidimensionalen Gestaltabweichungen behaftet. Für Messungen der Oberflächengestalt wird in der Industrie und Forschung überwiegend das elektrische Tastschnittverfahren mit mechanischer Abtastung eingesetzt. Durch die Messung wird von der dreidimensionalen Oberfläche ein zweidimensionales Oberflächenprofil erzeugt, welches zur objektiven Bestimmung von Maßzahlen genutzt wird. Es ist allerdings zu beachten, dass ein Oberflächenprofil lediglich einen kleinen Ausschnitt der dreidimensionalen Oberfläche darstellt.[727]

Das Profil einer technischen Oberfläche stellt eine Überlagerung von Gestaltabweichungen unterschiedlicher Ordnungen dar. DIN 4760 definiert diese Gestaltabweichungen in Rauheit, Welligkeit und Formabweichung durch die Wellenlänge der Profilunregelmäßigkeiten.[728] Die Wellenlänge der Profilunregelmäßigkeit beschreibt dabei die unterschiedlichen Wellenlängenbereiche. Abbildung 8-22 zeigt die definierten Gestaltabweichungen der DIN 4760.

---

[724] Vgl. DIN EN ISO 16012 - (2016) Maße von Probekörpern, S. 4-10; DIN EN ISO 3167 - (2014) Vielzweckprobekörper, S. 1-13; DIN EN ISO 20753 - (2014) Probekörper, S. 1-23

[725] Vgl. DIN EN ISO 3650 - (1999) Parallelendmaße, S. 1-13

[726] Vgl. DIN EN ISO 16012 - (2016) Maße von Probekörpern, S. 8

[727] Vgl. Bodschwinna, H./Hillmann, W. (1992) Oberflächenmeßtechnik, S. 1, 4, 8

[728] Vgl. DIN 4760 - (1982) Gestaltabweichungen, S. 1-2

Gestaltabweichung	Beispiele für die Art der Abweichung	Beispiele für die Entstehungsursache
1. Ordnung: Formabweichungen	Geradheits-, Ebenheits-, Rundheits-abweichungen, u.a.	Fehler in den Führungen der Werkzeug-maschine, Durchbiegungen der Maschine oder des Werkstücks, falsche Einspannung des Werkstücks, Härteverzug, Verschleiß
2. Ordnung: Welligkeit	Wellen (siehe DIN 4761)	Außermittige Einspannung, Form- oder Laufabweichungen eines Fräsers, Schwingungen der Werkzeugmaschine oder des Werkzeugs
3. Ordnung: Rauheit	Rillen (siehe DIN 4761)	Form der Werkzeugschneide, Vorschub oder Zustellung des Werkzeugs
4. Ordnung: Rauheit	Riefen Schuppen Kuppen (siehe DIN 4761)	Vorgang der Spanbildung (Reißspan, Scherspan, Aufbauschneide), Werkstoffverformung beim Strahlen, Knospenbildung bei galvanischer Behandlung
5. Ordnung: Rauheit Anmerkung: nicht mehr in einfacher Weise bildlich darstellbar	Gefügestruktur	Kristallisationsvorgänge, Veränderung der Oberfläche durch chemische Einwirkung (z. B. Beizen), Korrosionsvorgänge
6. Ordnung: Rauheit Anmerkung: nicht mehr in einfacher Weise bildlich darstellbar	Gitteraufbau des Werkstoffs	

Abbildung 8-22: Gestaltabweichungen nach DIN 4760[729]

Eine getrennte Messung von Rauheit und Welligkeit ist im Allgemeinen zweckmäßig, da diese Profilanteile unterschiedliche Entstehungsursachen aufweisen. Zudem haben sie unterschiedlichen Einfluss auf die Funktionstauglichkeit des Werkstückes. Die Rauheit entsteht zum Beispiel bei spanender Fertigung durch die Form der Werkzeugschneide und den Vorschub sowie durch den Vorgang der Spanbildung durch Abreißen der Späne und Materialquetschungen. Ursachen der Welligkeit können Formfehler eines Fräsers bei der Bearbeitung oder außermittige Einspannungen sein.[730]

Für die Messung der Rauigkeit und Welligkeit wird in dem hier vorliegenden Fall das elektrische Tastschnittverfahren angewandt. Bei diesem Verfahren wird mit einer Tastspitze ein senkrechter Profilschnitt der zu prüfenden Oberfläche abgetastet und ausgewertet. Vorzugsweise sollte dabei das sogenannte Querprofil aufgenommen werden, welches quer zur Bearbeitungsrichtung vorzufinden ist. Abbildung 8-23 zeigt den schematischen Aufbau eines elektrischen Tastschnittgerätes.

---

729 Darstellung in Anlehnung an: DIN 4760 - (1982) Gestaltabweichungen, S. 2

730 Vgl. Bodschwinna, H./Hillmann, W. (1992) Oberflächenmeßtechnik, S. 8-9

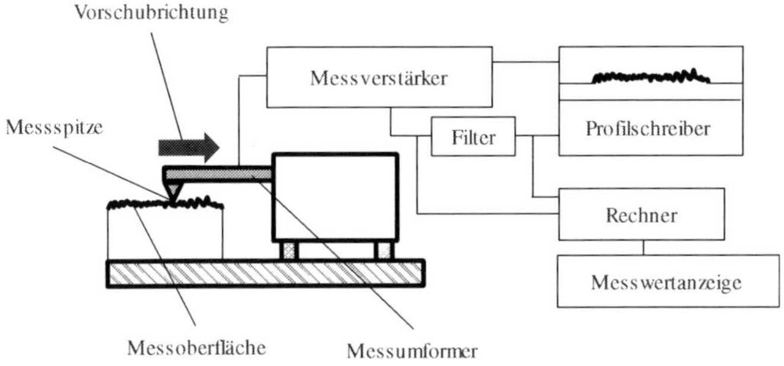

Abbildung 8-23: Schematische Darstellung des elektrischen Tastschnittverfahrens[731]

Abbildung 8-23 zeigt, wie eine Tastspitze aus Diamant durch eine Vorschubbewegung mit konstanter Geschwindigkeit geradlinig über die entsprechende Oberfläche verfährt. Dabei werden die Auf- und Abbewegungen der Messspitze durch einen Messverstärker und Filter an den Computer übertragen. Der Filter hat dabei die Funktion, die unterschiedlichen Gestaltabweichungen (Rauigkeit, Welligkeit, etc.) zu trennen und aufzunehmen. Der Filter für das Rauheitsprofil wird auch Hochpassfilter genannt und die Aufgaben in der DIN 4777 beschrieben[732]. Neben der Trennung zwischen Rauheit und Welligkeit erstellt dieser eine mittlere Linie, die als Bezugslinie gilt. Für die Welligkeit ist ein Wellenfilter nach DIN 4768 auszuwählen[733]. Der Hochpassfilter misst kurze Sinuswellen unverändert und nimmt diese auf (Amplitudenübertragung 100 %). Lange Sinuswellen, die der Welligkeit entsprechen, werden dazu ganz unterdrückt (Amplitudenübertragung 0 %). Abbildung 8-24 zeigt ein beispielhaftes Oberflächenprofil, welches aus fünf Sinuswellen besteht. Dabei ist nur die Wellenlänge L1 der Welligkeit angehörig. Die anderen vier Sinuswellen (L2-L5) bilden die Rauigkeit.[734]

---

[731] Darstellung in Anlehnung an: Bodschwinna, H./Hillmann, W. (1992) Oberflächenmeßtechnik, S. 9
[732] Vgl. DIN 4777 - (1990) Profilfilter bei Tastschnittgeräten, S. 3
[733] Vgl. DIN 4768 - (1990) Ermittlung der Rauheitskenngrößen, S. 1
[734] Vgl. Bodschwinna, H./Hillmann, W. (1992) Oberflächenmeßtechnik, S. 12

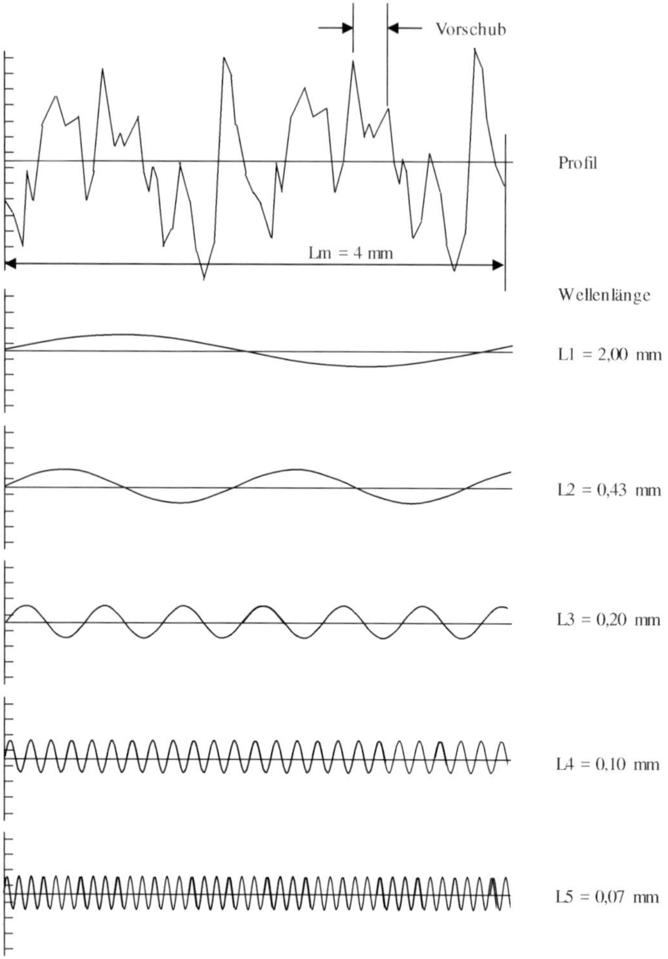

Abbildung 8-24: Oberflächenprofil von fünf Sinuswellen[735]

Nach DIN 4768 ist bei Kunststoffen für die Rauheitsmessung ein Profilfilter der Grenzwellenlänge von $\lambda_c = 8$ mm zu verwenden. Dieser bewirkt, dass die Wellenlänge L1 sehr stark reduziert wird und somit die Wellenlängen der Rauheit vollständig erfasst werden.[736]

Nachdem die Welligkeit durch den Filter herausgenommen wurde, kann die Auswertung der Rauheit erfolgen. Die wichtigsten Kenngrößen zur Charakterisierung der Oberfläche sind der arithmetische Mittenrauhwert R_a, die Rautiefe R_t, die gemittelte Rautiefe R_z und die maximale Rautiefe R_{max}. Der arith-

[735] Darstellung in Anlehnung an: Bodschwinna, H./Hillmann, W. (1992) Oberflächenmeßtechnik, S. 13

[736] Vgl. DIN 4768 - (1990) Ermittlung der Rauheitskenngrößen, S. 1-2

metische Mittenrauhwert R_a ist das arithmetische Mittel der absoluten Beträge der Abstände y des Rauheitsprofils von der Mittellinie innerhalb der Gesamtmessstrecke l_m. Mit den in DIN 4768 festgelegten Messbedingungen ist die Kenngröße definiert und kann wie folgt berechnet werden:

Formel 8-1: Berechnung der arithmetischen Mittenrauheit[737]

$$R_a = \frac{1}{lm} * \int_{x=0}^{x=lm} |y| \, dx$$

Die Rautiefe R_t ist der vertikale Abstand zwischen dem höchsten und dem tiefsten Punkt des Rauheitsprofils innerhalb der Messstrecke. Bei definitionsgemäßer Anwendung kennzeichnet die Rautiefe R_t Ausreißer und hat demnach nur geringe Aussagekraft auf die gemittelte Rauheit. Für die gemittelte Rautiefe R_z sind genormte Messbedingungen beschrieben. Die Messstrecke l_m wird in fünf identische Teillängen l_e aufgeteilt. Von jedem Teilstück wird die Rautiefe bestimmt. Um Ausreißer auf den Messwert zu minimieren, wird über fünf Einzelrautiefen Z_1 bis Z_5 ein Wert gemittelt.[738] Die Berechnung der gemittelten Rautiefe ergibt sich zu:

Formel 8-2: Berechnung der Rautiefe[739]

$$Rz = \frac{Z1 + Z2 + Z3 + Z4 + Z5}{5}$$

Abbildung 8-25 stellt das Vorgehen der Messung der gemittelten Rautiefe R_z und der maximalen Rautiefe R_{max} dar. Dabei ist die maximale Rautiefe R_{max} die größte Einzelrautiefe innerhalb der Gesamtmessstrecke l_m.[740]

---

737 Vgl. DIN 4768 - (1990) Ermittlung der Rauheitskenngrößen, S. 1

738 Vgl. DIN 4768 - (1990) Ermittlung der Rauheitskenngrößen, S. 2

739 Vgl. DIN 4768 - (1990) Ermittlung der Rauheitskenngrößen, S. 1-2; Bodschwinna, H./Hillmann, W. (1992) Oberflächenmeßtechnik, S. 38

740 Bodschwinna, H./Hillmann, W. (1992) Oberflächenmeßtechnik, S. 38-39

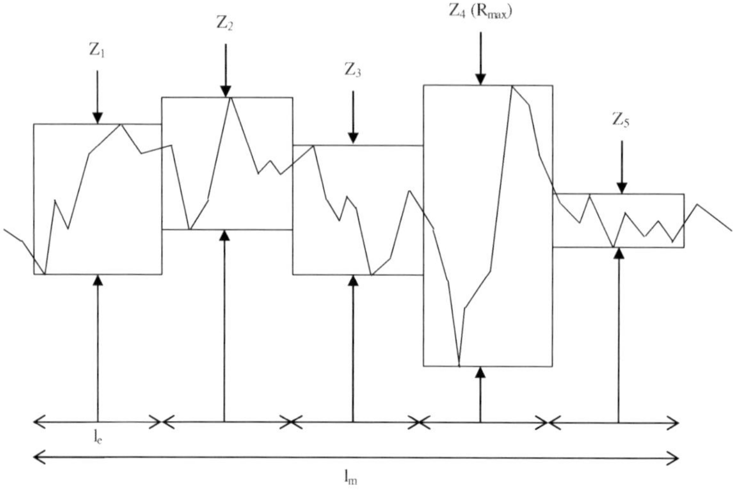

Abbildung 8-25: Gemittelte Rautiefe[741]

Zur Durchführung der Messung einer Oberfläche wird die DIN EN ISO 4288 herangezogen, welche die Regeln für Tastschnittverfahren und für die Beurteilung der Oberflächenbeschaffenheit festlegt[742]. Die ermittelten Ergebnisse des Tastschnittverfahrens sind in DIN EN ISO 4287 in Form der Benennung und Definition der Kenngrößen geregelt.[743] Die Nenneigenschaften des eigentlichen Tastschnittgerätes sind zudem in der DIN EN ISO 3274 vorgeschrieben[744]. In der hier vorliegenden Arbeit werden diese Normen umgesetzt.

8.5.3 Shore-Härte D

Zur Bestimmung der Härte bei Kunststoffen werden mit einem Eindruckversuch der Eindringwiderstand und die Eindringtiefe definierter Körper in eine Kunststoffoberfläche bestimmt. Zwischen Härte und Elastizitätsmodul besteht ein Zusammenhang, sofern der elastische Verformungsanteil bei der Prüfung überwiegt. Ist dies nicht der Fall, so sind die Kennwerte für eine mögliche Berechnung von Formteilen nicht geeignet.[745]

Bei Kunststoffen und Elastomeren werden die Shore-Härten A und D nach Rockwell bestimmt. Die entsprechende Norm für die Prüfverfahren ist die DIN EN ISO 868. Bei der Shore-Härte A wird der Widerstand gegen das Eindringen eines Kegelstumpfes bestimmt. Die Shore-Härte D verwendet einen Kegel mit abgerundeter Spitze[746]. In der Regel werden Shore-Härte A-Prüfungen bei weichen Kunststoffen und Elastomeren angewandt, Shore-Härte D-Prüfungen hingegen bei harten Kunststoffen oder

[741] Darstellung in Anlehnung an: DIN 4768 - (1990) Ermittlung der Rauheitskenngrößen, S. 1
[742] Vgl. DIN EN ISO 4288 - (1998) Oberflächenbeschaffenheit, S. 1-12
[743] Vgl. DIN EN ISO 4287 - (2010) Oberflächenbeschaffenheit, S. 1-27
[744] Vgl. DIN EN ISO 3274 - (1998) Oberflächenbeschaffenheit, S. 1-15
[745] Vgl. Bargel, H.-J./Schulze, G. (2018) Werkstoffkunde, S. 472-473; Frick, A./Stern, C. (2011) Kunststoffprüfung, S. 326
[746] Vgl. DIN EN ISO 868 - (2003) Eindruckhärte, S. 6

Thermoplasten. Da in diesem Fall harte Kunststoffe vermessen werden sollen, wird das Shore-Härte-Verfahren nach D angewandt.[747]

Die DIN EN ISO 868 schreibt vor, dass bei der Härteprüfung bei Kunststoffen drei Sekunden nach Aufdrücken des Härteprüfers nach 15(±1) Sekunden die Härte bestimmt wird. Bei Kunststoffen kann das Aufdrücken des Härteprüfers ein deutlich plastisches Verhalten aufweisen. Abbildung 8-26 zeigt die Prüfeinrichtung für Härteprüfungen nach A und D.[748]

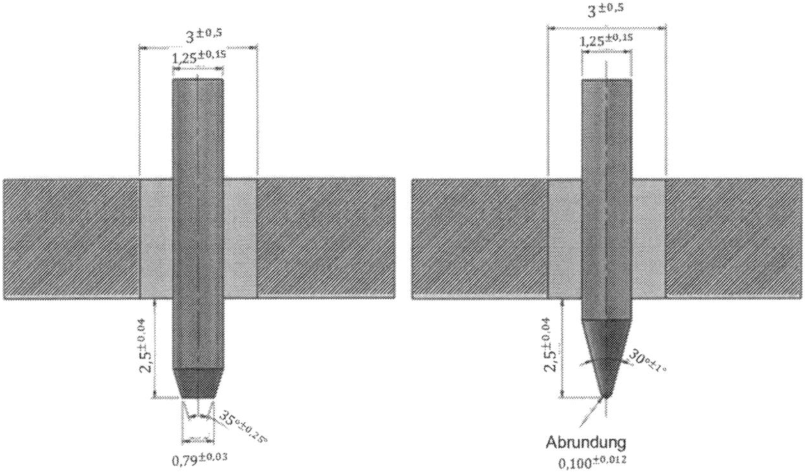

Abbildung 8-26: Eindringkörper (links nach Härteprüfung A, rechts nach D)[749]

Das Prüfverfahren nach Shore D drückt einen 5 kg schweren federbelasteten Eindringkörper gegen die Probe. Je nach Härte dringt dieser mehr oder weniger in die Oberfläche der Probe ein. Maximal kann dieser jedoch 2,5 mm eindringen, was einer Shore-Härte D von null entspricht. Dringt der Härteprüfer 0 mm ein, so liegt eine Shore-Härte D von 100 vor. Bei der Messung muss die Spitze des Eindruckkörpers mindestens 9 mm von jeder Kante des Probekörpers entfernt sein. Zudem schreibt die DIN EN ISO 868 vor, dass fünf Messungen in einem Mindestabstand von 6 mm erfolgen müssen. Die Mindestdicke eines Probekörpers muss dabei 4 mm betragen.[750]

8.5.4 Zugversuch

Der in Kapitel 2.3.4 verwendete Begriff der Strukturfestigkeit ist ein übergeordneter Begriff und enthält mehrere Angaben und Eigenschaften eines Werkstoffes, die über einen Zugversuch bestimmt werden können[751]. Der Zugversuch ist in DIN EN ISO 6892-1 genormt und beschrieben. Beim Zugversuch wird stoßfrei eine Probe langsam und unter stetig steigender Zugbeanspruchung auseinandergezogen[752]. Da für diese Norm Metalle zugrunde gelegt sind, gibt es eine weitere Norm namens DIN EN

747 Vgl. Baur/Saechtling, H. et al. (2013) Kunststoff Taschenbuch, S. 91
748 Vgl. DIN EN ISO 868 - (2003) Eindruckhärte, S. 8
749 Darstellung in Anlehnung an: Baur/Saechtling, H. et al. (2013) Kunststoff Taschenbuch, S. 92
750 Vgl. DIN EN ISO 868 - (2003) Eindruckhärte, S. 8
751 Vgl. Frick, A./Stern, C. (2011) Kunststoffprüfung, S. 301
752 Vgl. Heine, B. (2015) Werkstoffprüfung, S. 150

ISO 527-1, die speziell für Kunststoffanwendungen ausgelegt ist[753]. Die wichtigsten charakteristischen Kennwerte des Zugversuchs sind:

- Zugspannung: Kraft bezogen auf den Anfangsquerschnitt des Probekörpers
- Dehnung: Änderung der Messlänge bezogen auf die Anfangsmesslänge
- Zugmodul: Steigung der Kurve im Spanungs-Dehnungsdiagramm
- Streckpunkt: Spannung und Dehnung, an dem die Steigung Null ist
- Bruchpunkt: Spannung und Dehnung im Moment des Probenbruchs
- Poissonsche Zahl: negatives Verhältnis von Querdehnung zur Längsdehnung

Um die Versuche durchzuführen, werden i.d.R. zylindrische (auch Rundproben) oder Flachzugproben verwendet. Durch die Geometrie der Proben wird eine gute Näherung eines einachsigen Spannungszustandes gesichert. Die Geometrie der Probe weist eine Abhängigkeit zu manchen Kenngrößen auf. Aus diesem Grund ist die Proportionalität mit dem sogenannten Proportionalitätsfaktor k genormt. Um eine Vergleichbarkeit mit früheren Normen herzustellen, muss der Proportionalitätsfaktor für Kurzproben k = 6,65 und bei Langproben k = 11,28 betragen. Mit diesen Proportionalitätsfaktoren gilt:

Formel 8-3: Berechnung der Messstrecke L_0[754]

$$L_0 = 5{,}65 \cdot \sqrt{S_0} = 5 \cdot \sqrt{\frac{4 \cdot S_0}{\pi}} = 5 \cdot \sqrt{\frac{4 \cdot \pi \cdot d_0^2}{\pi \cdot 4}} = 5 \cdot d_0$$

$$und\ 11{,}28 \cdot \sqrt{S_0}\ zu\ L_0 = 10 \cdot d_0$$

$$L_0 = 11{,}28 \cdot \sqrt{S_0} = 10 \cdot \sqrt{\frac{4 \cdot S_0}{\pi}} = 10 \cdot \sqrt{\frac{4 \cdot \pi \cdot d_0^2}{\pi \cdot 4}} = 10 \cdot d_0$$

Die Dimensionierung einer Zugprobe nach DIN 50125 baut auf die oben genannte Formel auf. Die Variation des k-Wertes ist möglich, da es sich nach wie vor um eine Proportionalprobe handelt. Allerdings muss dann der Wert der Bruchdehnung A_k nach dem Index des verwendeten k-Wertes angepasst werden.[755]

Im Kurzzeit-Zugversuch nach DIN EN ISO 527-1, der in dieser Arbeit seine Anwendung findet, werden stabförmige flache Probekörper mit konstanter, in der Prüfnorm vorgegebener Geschwindigkeit gedehnt und dabei die Kraft F und Längenänderung ΔL der Messtrecke L_0 aufgezeichnet. Die relevanten Werte eines Zugversuchs sind die Spannung σ [N/mm^2], welche sich aus dem Quotienten von Kraft F und ursprünglichen Querschnitt A_0 bildet, und die Dehnung ε [%], welche sich aus dem Quotienten von Längenänderung und ursprünglicher Länge bildet.[756] Abbildung 8-27 zeigt ein Spannungs-Dehnungs-Diagramm von fünf verschiedenen Kunststoffen samt der charakteristischen Kennwerte, die zur Beurteilung von Kunststoffen herangezogen werden.

---

753 Vgl. Frick, A./Stern, C. (2011) Kunststoffprüfung, S. 301
754 Vgl. Heine, B. (2015) Werkstoffprüfung, S. 151
755 Vgl. DIN 50125 - (2016) Zugproben, S. 10-12; Heine, B. (2015) Werkstoffprüfung, S. 151
756 Vgl. DIN EN ISO 527-1 - (2012) Zugeigenschaften b, S. 10

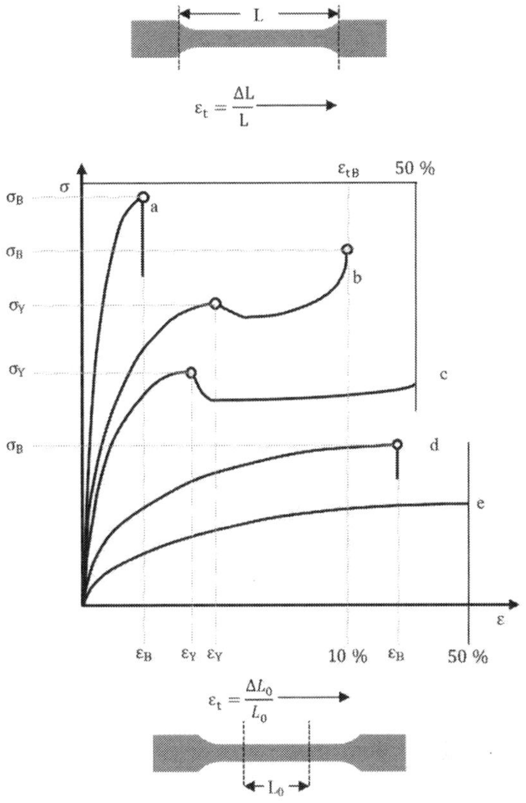

E	= Zug-Elastizitätsmodul	ε_B	= Bruchdehnung
σ_B	= Bruchspannung	ε_Y	= Streckdehnung
σ_y	= Streckspannung	ε_{tB}	= nominelle Bruchdehnung
σ_{50}	= Spannung bei 50 % Dehnung		

Abbildung 8-27: Schematisches Diagramm von Zugproben von Kunststoffen[757]

8.5.5 Zugversuch unter Temperatureinfluss

Für den in dieser Arbeit vorliegenden Anwendungsfall ist es von Bedeutung, einen Vergleich der Proben unter Temperaturverhalten zu ermitteln. Für thermische Analysen stehen eine Reihe von Messverfahren wie die dynamische Differenzkalorimetrie (DDK), die Thermogravimetrie (TGA), die thermomechanische Analyse (TMA) oder die dynamisch-mechanische (-thermische) Analyse (DMA) auch DMTA) zur Verfügung. Zudem können verschiedene Messdaten, wie die Glasübergangstemperatur oder Wärmeformbeständigkeitstemperatur, über das sogenannte Vicat- oder HDT-Verfahren ermittelt werden. Alle diese Verfahren sind sehr speziell und bieten zahlreiche Zustandsgrößen von Kunststoffen in Abhängigkeit der Temperatur. Allerdings sind die Messverfahren sehr aufwendig und für einen qualitativen Vergleich der Proben zu kosten- und zeitintensiv. In dem hier vorliegenden Anwendungsfall

---

[757] Darstellung in Anlehnung an: Baur/Saechtling, H. et al. (2013) Kunststoff Taschenbuch, S. 87

soll lediglich ein Vergleich zwischen den Proben ermittelt werden, um Rückschlüsse auf die Parametrisierung ziehen zu können. Für einen solchen Fall ist die Bestimmung der Glasübergangstemperatur zu komplex. Aus diesem Grund wird an dieser Stelle ebenfalls der Zugversuch herangezogen. Bei diesen Versuchen findet die Prüfung allerdings in einer temperierten Kammer statt. Der Zugversuch läuft dabei wie in Kapitel 5.4.4 ab, allerdings mit dem Unterschied, dass kleinere Proben verwendet werden. DIN EN ISO 6892-2 beschreibt die Prüfung in der Temperaturkammer der Zugprüfmaschine.[758] Für den konkreten Anwendungsfall der Kunststoffe wird die Norm DIN EN ISO 527-2 herangezogen. Auch bei der Zugprüfung in der Temperaturkammer wird der Kurzzeit-Zugversuch nach DIN EN ISO 527-2 durchgeführt. Ebenso wie bei der vorhergehend beschriebenen Zugprüfung verlangt die Norm fünf Wiederholungen einer Probe.[759]

8.5.6 Festlegung der Probekörpergeometrien

Für die Durchführung der Messuntersuchungen müssen die geforderten Bedingungen der einzelnen Normen erfüllt werden. Um die Versuchsumfänge zu reduzieren ist es ratsam, möglichst wenige Probekörpergeometrien zu verwenden. Mit steigender Anzahl der Probekörpergeometrien steigt auch der Material- und Zeitbedarf beim Druck der Proben. Aus diesem Grund wird auf den Vielzweckprobekörper *Typ A* nach DIN EN ISO 3167 zurückgegriffen. Dieser Probekörper ist ganz oder in Teilen für die in dieser Arbeit durchgeführten Prüfverfahren zulässig. Abbildung 8-28 zeigt den gewählten Vielzweckprobekörper mit entsprechenden Maßen. Die Unterscheidung zwischen *Typ A* und *Typ B* ist in der Art der Herstellung begründet. Auf den Vielzweckprobekörper nach *Typ A* wird zurückgegriffen, wenn dieser durch formgebende Verfahren hergestellt wird. *Typ B* kommt bei mechanisch arbeitenden Verfahren, wie beispielsweise dem Fräsen aus Halbzeugen, zum Tragen.[760] Da in der vorliegenden Arbeit die Probekörper generativ, also urformend bzw. fügend hergestellt werden, kommt der Vielzweckprobekörper nach *Typ A* zum Einsatz.

---

[758] Vgl. DIN EN ISO 6892-2 - (2011) Zugversuch, S. 8-12
[759] Vgl. DIN EN ISO 527-2 - (2012) Zugeigenschaften, S. 9
[760] Vgl. DIN EN ISO 3167 - (2014) Vielzweckprobekörper, S. 4-9

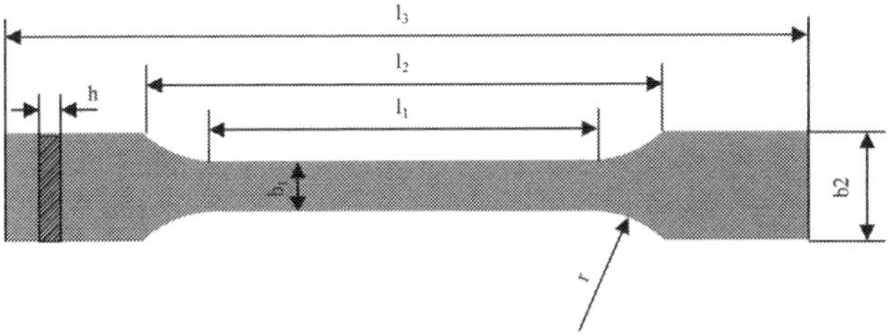

Probekörper		A	B
l_3	Gesamtlänge[a]	≥ 150 Empfohlener Wert[b] 170	≥ 150
l_1	Länge des schmalen parallelen Teils	80 ± 2	50,0 ± 0,5
r	Radius	20 bis 25 Empfohlener Wert[b] 24 ± 1	≥ 60[c] Empfohlener Wert[b] 60,0 ± 0,5
l_2	Abstand zwischen den breiten parallelen Teilen[d]	104 bis 113	106 bis 120 Empfohlener Bereich[b] 106 bis 110
b_2	Breite an den Enden	20,0 ± 0,2	
b_1	Breite des engen Teils	10,0 ± 0,2	
h	Dicke	4,0 ± 0,2	
a	Die für den Typ A empfohlene Gesamtlänge von 170 mm entspricht ISO 294-1 und ISO 10724-1. Für einige Werkstoffe kann es erforderlich sein, die Schultern zu verlängern (z. B. um eine Gesamtlänge von 200 mm zu erreichen), um Bruch oder Rutschen in den Einspannklemmen der Prüfmaschine zu vermeiden.		
b	Die empfohlenen Werte und Bereiche werden mit der nächsten überarbeiteten Ausgabe dieser Norm verbindlich. Die unteren Grenzabmaße für den Radius verringern die Bereiche der an den Übergängen zwischen den schmalen parallelen und den abgerundeten Teilen auftretenden Spannungskonzentrationen. Für Zugprüfungen vom Typ B kann in Verbindung mit den kleineren Grenzabmaßen für den Abstand zwischen den breiten parallelen Teilen ein gemeinsamer Wert für den anfänglichen Abstand zwischen den Einspannklemmen verwendet werden (siehe ISO 527-2).		
c	$r = \frac{(l_2 - l_1)^2 + (b_2 - b_1)^2}{4(b_2 - b_1)}$		
d	Ergibt sich aus l_1, r, b_1 und b_2, jedoch innerhalb der angegebenen Grenzabmaße.		

Abbildung 8-28: Vielzweckprobekörper[761]

Damit der eingesetzte Vielzweckprobekörper auch die geforderten Abstände der fünf Messpunkte bei der Oberflächenhärte einhält, muss dieser verlängert werden. Hierzu wurden die Schultern des Probekörpers an einer Seite um durch die Norm DIN EN ISO 3167 zulässige 15 mm verlängert[762]. Abbildung 8-29 zeigt den herzustellenden Vielzweckprobekörper für diese Arbeit.

[761] Darstellung in Anlehnung an: DIN EN ISO 3167 - (2014) Vielzweckprobekörper, S. 5
[762] Vgl. DIN EN ISO 3167 - (2014) Vielzweckprobekörper, S. 9

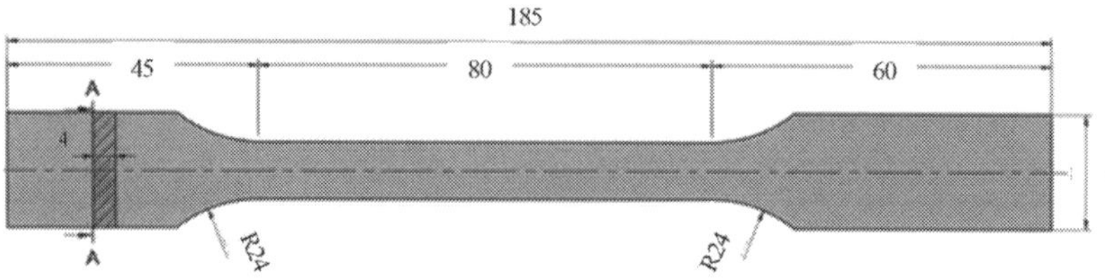

Abbildung 8-29: Verlängerter Vielzweckprobekörper *Typ A*[763]

Zur Messung von Probekörpern unter Temperatureinfluss wird ein Zugversuch in einer temperierten Kammer unternommen (vgl. Kapitel 8.5.5). Da diese Kammer kleiner ist, muss auch ein kleinerer Vielzweckprobekörper zum Einsatz kommen. Aus diesem Grund wird der Vielzweckprobekörper A12 nach DIN EN ISO 20753 verwendet. Die Probekörpergeometrie ist dabei identisch zur DIN EN ISO 3167 allerdings im Maßstab 1:2. Ebenso wie der Vielzweckprobekörper nach DIN EN ISO 3167, wurde auch der kleinere an der Schulter um 10 mm verlängert, allerdings hier an beiden Enden. Somit kann der Probekörper besser in der Versuchseinrichtung eingespannt werden. Abbildung 8-30 zeigt den entsprechend verkleinerten Vielzweckprobekörper mit den entsprechenden Maßen nach DIN EN ISO 20753.

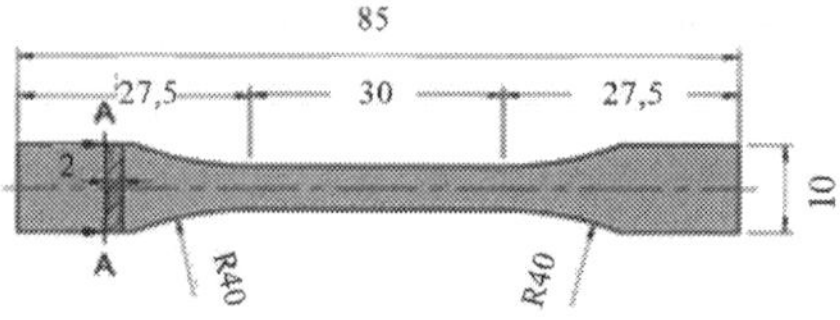

Abbildung 8-30: Verlängerter Vielzweckprobekörper *Typ A12*[764]

Da Vielzweckprobekörper in diversen Normen aufgegriffen und beschrieben werden, soll an dieser Stelle darauf hingewiesen werden, dass der Vielzweckprobekörper *Typ A* nach DIN EN ISO 3167 identisch zur Ausführung A1 der DIN EN ISO 20753 und ebenso identisch mit Typ 1A aus der DIN EN ISO 527-2 ist. Der kleinere Vielzweckprobekörper vom *Typ A12* aus DIN EN ISO 20753 ist zudem identisch mit dem Typ 1BA aus der DIN EN ISO 527-2[765].

Mit den beiden ausgewählten Vielzweckprobekörpern ist es möglich, alle geplanten Materialprüfverfahren in dieser Arbeit durchzuführen. Abbildung 8-31 zeigt den größeren der beiden Probekörper mit entsprechenden Messpunkten und Messbereichen für die Prüfungen der Oberflächenrauheit, Maßhaltigkeit, Oberflächenhärte und den eigentlichen Zugversuch. Der kleine Probekörper dient lediglich dem Zugversuch unter Temperatureinfluss.

---

763 Darstellung in Anlehnung an: DIN EN ISO 3167 - (2014) Vielzweckprobekörper, S. 5

764 Darstellung in Anlehnung an: DIN EN ISO 20753 - (2014) Probekörper, S. 10

765 Vgl. DIN EN ISO 527-2 - (2012) Zugeigenschaften, S. 9; DIN EN ISO 20753 - (2014) Probekörper, S. 10; DIN EN ISO 3167 - (2014) Vielzweckprobekörper, S. 10

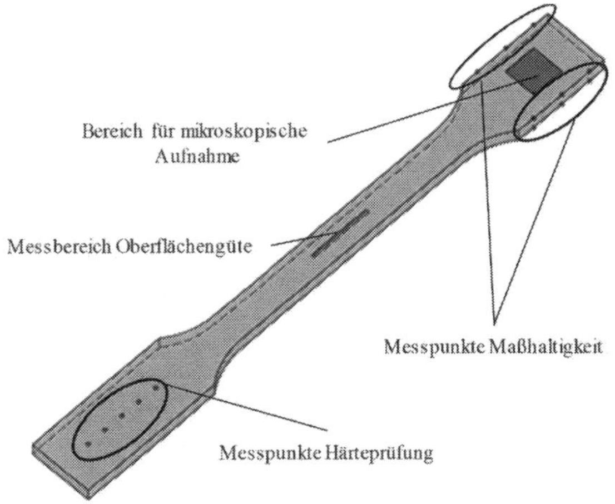

Abbildung 8-31: Messpunkte und -bereiche der Materialprüfverfahren

Mit den beiden modifizierten Probekörpern nach DIN EN ISO 3167 und DIN 20753 ist es möglich, alle Prüfungen nach entsprechend geltender Norm durchzuführen[766]. Die Anzahl der Probekörper wird jeweils durch den Zugversuch bestimmt, der in Summe fünf Wiederholungen verlangt. Aus diesem Grund sind pro Parametervariation des Versuchsplans aus der Software JMP fünf große und fünf kleine Probekörper zu drucken.

[766] DIN EN ISO 20753 - (2014) Probekörper, S. 5-8; DIN EN ISO 3167 - (2014) Vielzweckprobekörper, S. 8-17

8.6 Aktivitätsdiagramme

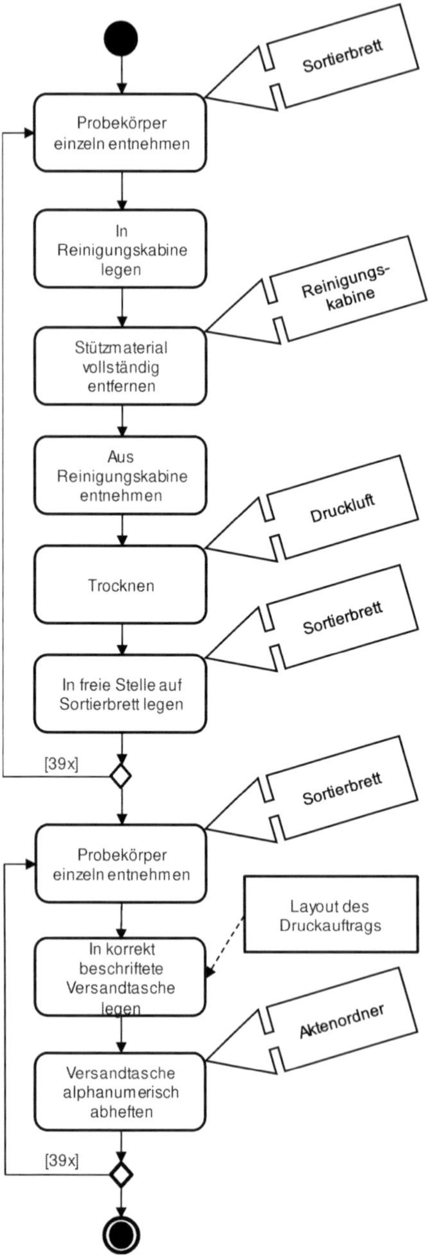

Abbildung 8-32: Aktivitätsdiagramm zur Stützmaterialentfernung

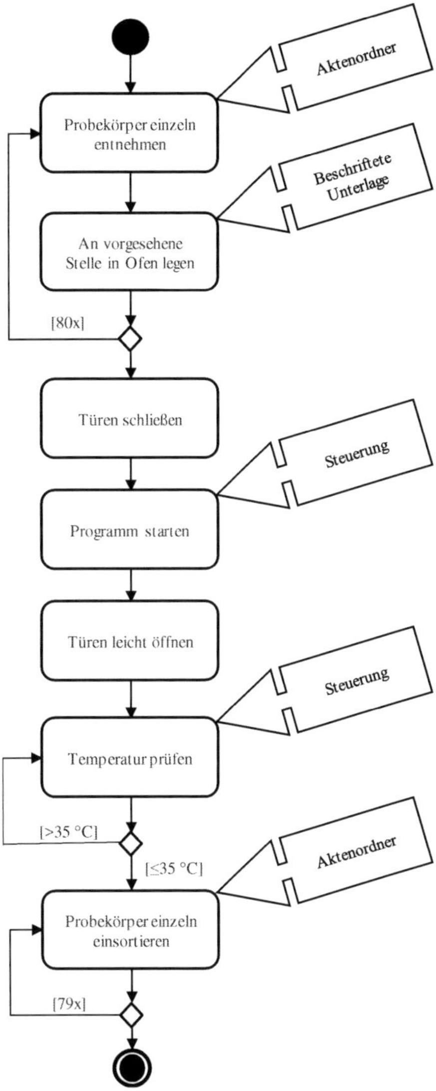

Abbildung 8-33: Aktivitätsdiagramm zur thermischen Nachbehandlung

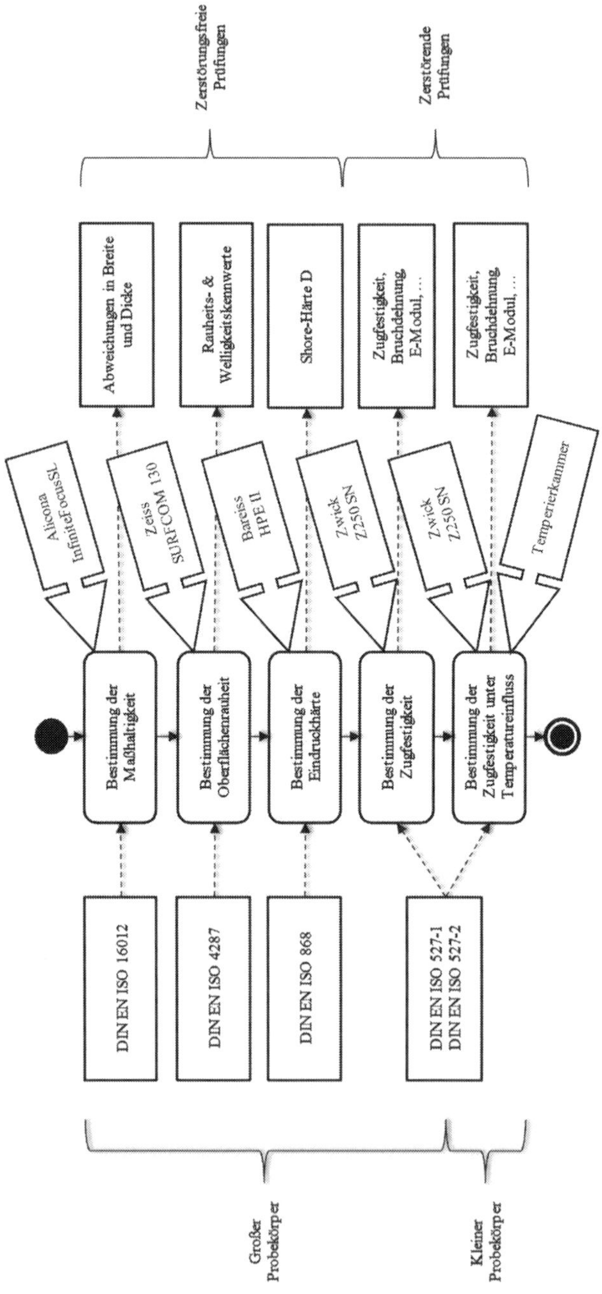

Abbildung 8-34: Aktivitätsdiagramm zur Reihenfolge der Materialprüfungen

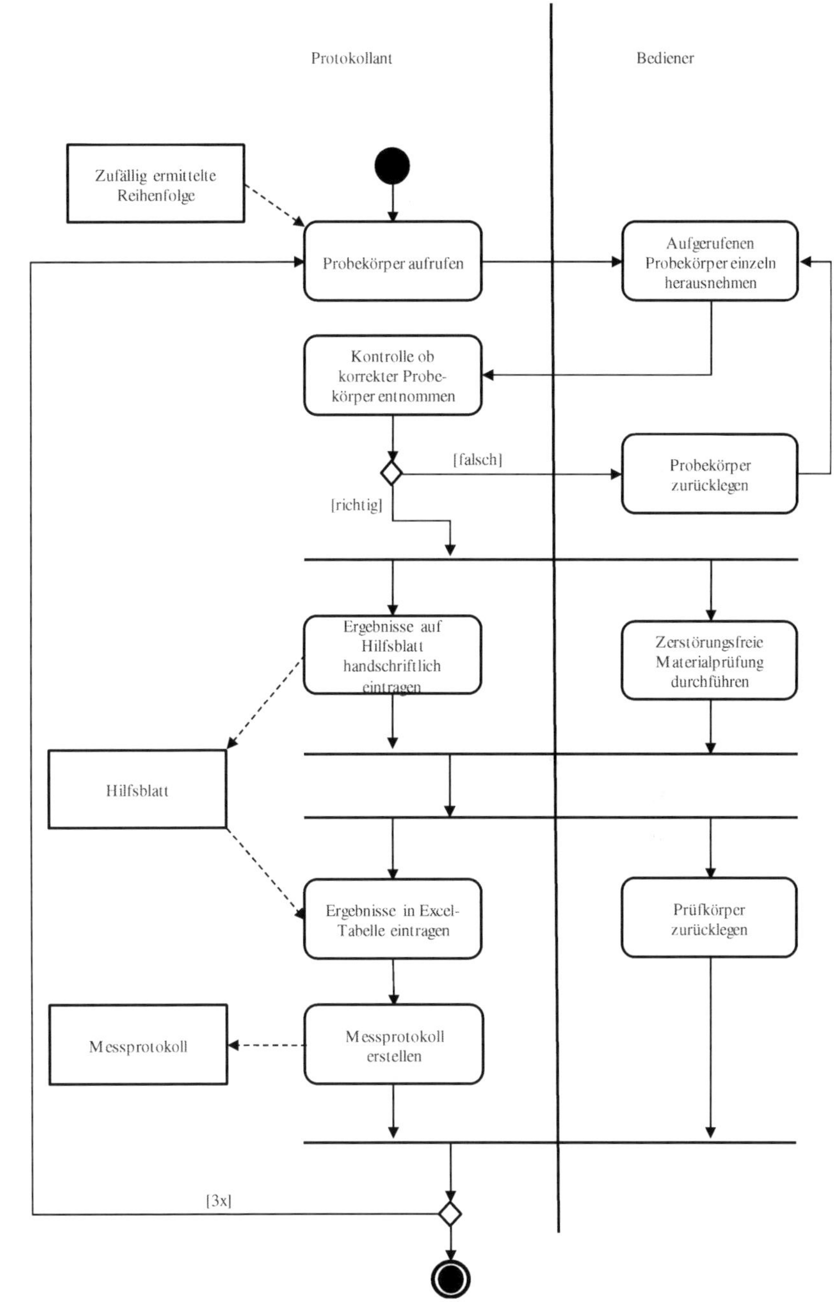

Abbildung 8-35: Aktivitätsdiagramm zur zerstörungsfreien Prüfung

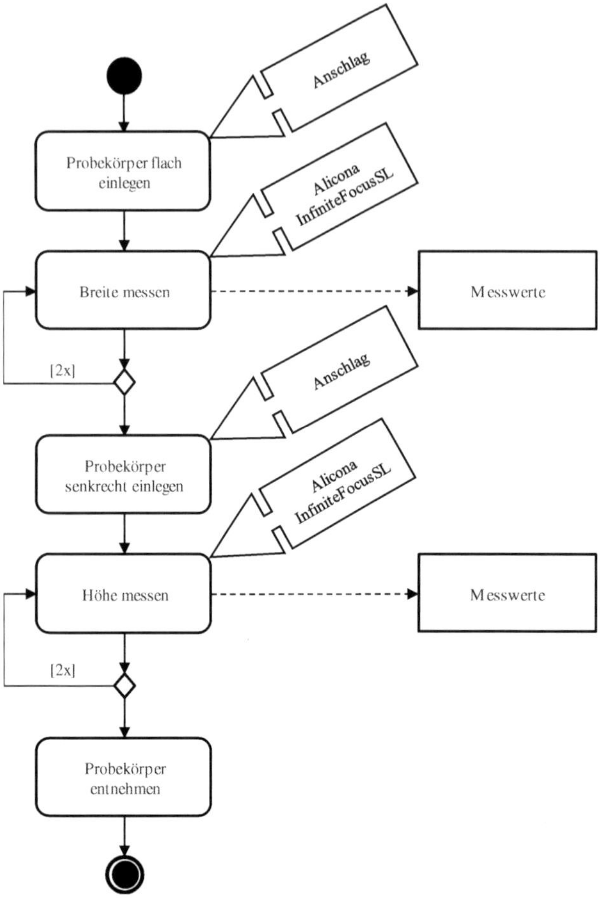

Abbildung 8-36: Aktivitätsdiagramm zur Maßhaltigkeitsprüfung

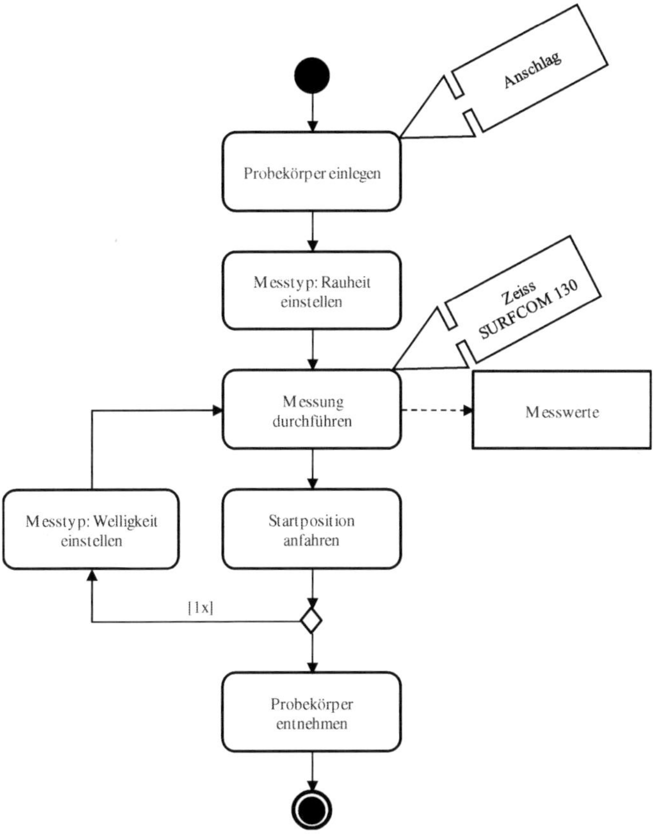

Abbildung 8-37: Aktivitätsdiagramm zur Oberflächenrauheitsprüfung

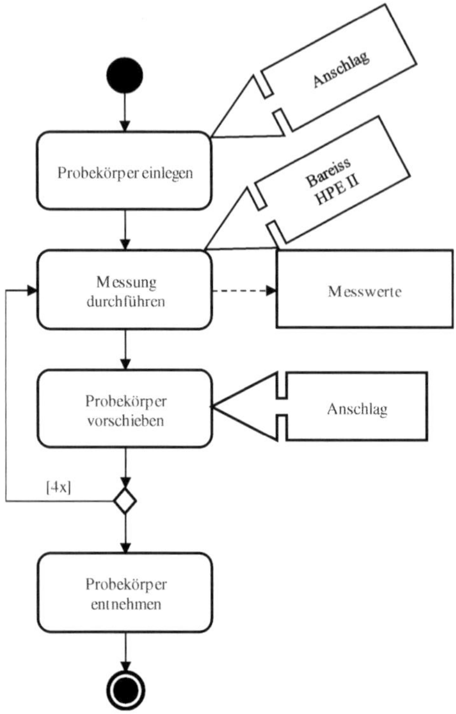

Abbildung 8-38: Aktivitätsdiagramm zur Shore Härte D Prüfung

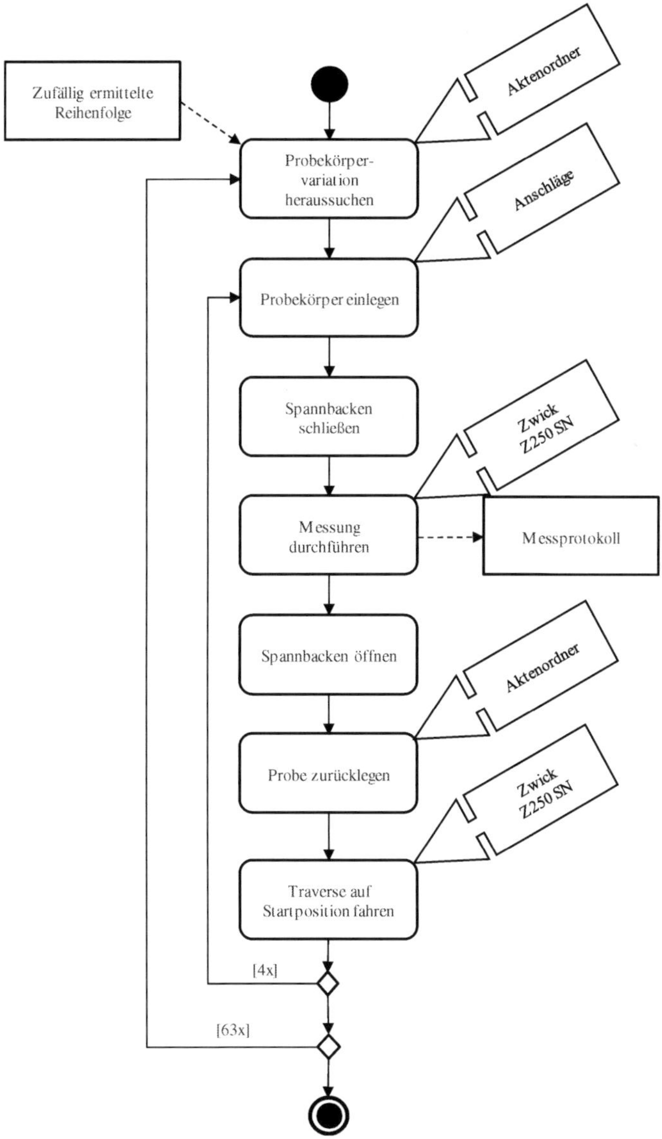

Abbildung 8-39: Aktivitätsdiagramm zur Zugfestigkeitsprüfung

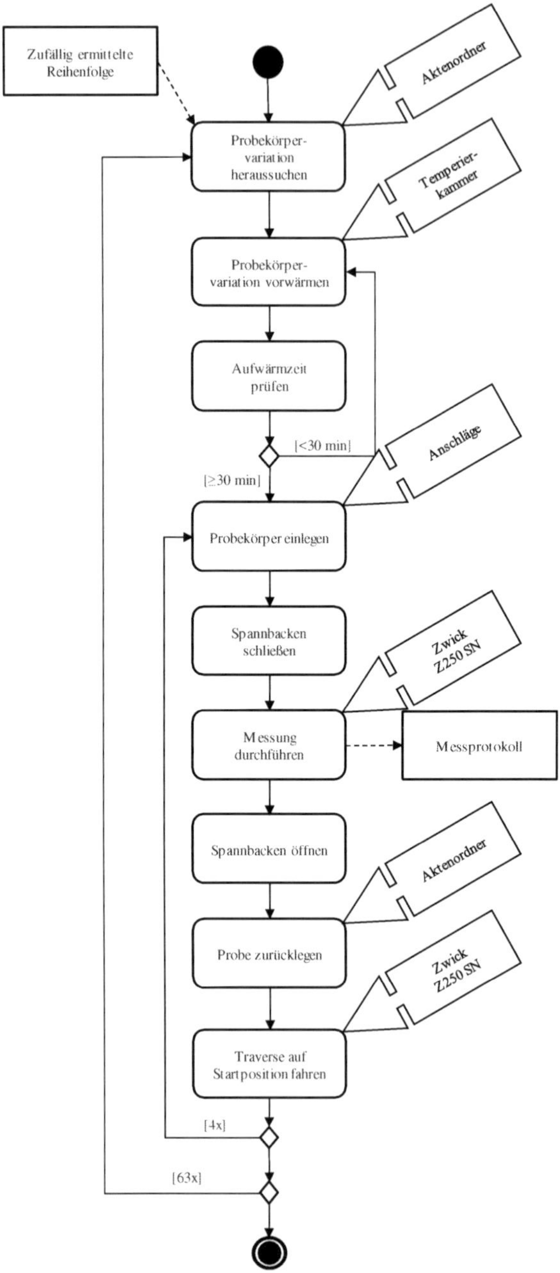

Abbildung 8-40: Aktivitätsdiagramm zur Zugfestigkeitprüfung unter Temperatureinfluss

8.7 Prüfprotokolle

Zur Dokumentation der Versuchsdurchführungen vom eigentlichen Druck der Probekörper und der Materialprüfungen werden Protokolle geführt. Ziel der Protokolle ist es, die äußeren Bedingungen sowie spezielle maschinenbezogene Größen festzuhalten. Durch das akribische Dokumentieren ist es zu einem späteren Zeitpunkt möglich, Abweichungen ggf. auf die Messaufnahme oder veränderte äußere Bedingungen zurückzuführen. Da die äußeren Störgrößen wie Temperatur, Luftfeuchtigkeit und Luftdruck nicht Teil des Versuchsplanes sind, werden diese explizit aufgenommen. Die gezogene Systemgrenze der Versuchsplanung grenzt diese Störgrößen aufgrund von minimalen Einflüssen aus. Die minimalen Einflüsse sind durch kurz aufeinander folgende Versuche sowie konstante Hallentemperatur und Feuchtigkeit begründet. Dennoch werden auch geringe Abweichungen dokumentiert.

Neben den Protokollen für die Herstellung der Proben werden auch Protokolle für die Materialprüfungen erstellt. Die Inhalte dieses Protokolls werden maßgeblich durch die Vorschriften in den entsprechenden Normen bestimmt. Da in dieser Arbeit mehrere Materialprüfungen durchgeführt werden, ergeben sich verschiedene Ansprüche an die Protokolle. Lediglich in DIN EN ISO 4287 zur Bestimmung der Oberflächenbeschaffenheit gibt es keine Forderungen, weshalb dieses Protokoll an die restlichen durchgeführten Prüfungen angelehnt wird. Die Protokolle sind einheitlich aufgebaut und bestehen im oberen Teil der Seite aus Angaben zu Datum, Umwelteinflüssen, den zu prüfenden Probekörpern, dem Messgerät sowie dessen Einstellungen. Im unteren Teil des Protokolls werden die erfassten Messwerte übersichtlich gelistet. Falls eine Versuchsreihe aus einer Norm verlangt wird (z.B. Zugprüfung mit fünf Probekörpern), so werden von den Ergebnissen der Mittelwert, die Standardabweichung sowie die Varianz ermittelt und eingetragen. Zusätzlich wird eine kleine Grafik auf Grundlage der Daten ausgegeben. Aus den Normen ergeben sich nachstehende Daten, die erhoben werden sollten. Dabei werden in der hier vorliegenden Arbeit nicht alle Empfehlungen aus der Norm umgesetzt, da diese in speziellen Anwendungsfällen keine Sinnhaftigkeit ergeben.

Maßhaltigkeit:[767]

- Verweis auf die vorliegende Internationale Norm
- Art und Bezeichnung des Kunststoffmaterials
- Art des Probekörpers
- Angewendete Konditionierung
- Angewendetes Messgerät
- Für jeden Probekörper:
    - Anzahl der Messungen, die für jedes Maß durchgeführt wurden
    - Arithmetische Mittelwerte der Messungen, die für jedes Maß durchgeführt wurden
- Jegliche Abweichung vom festgelegten Verfahren
- Datum der Messung

[767] Vgl. DIN EN ISO 16012 - (2016) Maße von Probekörpern, S. 10

Härte:[768]

- Verweis auf die Internationale Norm
- Alle notwendigen Angaben für eine vollständige Kennzeichnung des geprüften Materials
- Beschreibung der Probekörper einschließlich ihrer Dicke
- Bei einem zusammengesetzten Probekörper die Anzahl der Schichten
- Prüftemperaturen und relative Feuchte, wenn die Härte des Materials von der Feuchtigkeit abhängt
- Typ des verwendeten Durometers (A oder D)
- Falls bekannt und erforderlich die zwischen der Herstellung der Probekörper und der Härtemessung vergangene Zeit
- Einzelwerte der Eindruckhärte und des Zeitintervalls, nach dem jeweils abgelesen wurde
- Mittelwert der Eindruckhärte
- Einzelheiten der Vorgehensweise, die nicht in dieser internationalen Norm festgelegt wurden, sowie Ereignisse, die möglicherweise die Ergebnisse beeinflusst haben.

Zugprüfung:[769]

- Hinweis auf den betreffenden Teil von DIN EN ISO 527
- Alle Daten zur vollständigen Kennzeichnung des geprüften Werkstoffs einschließlich Art, Herkunft, Herstellernachweis und Geschichte, soweit bekannt
- Beschreibung der Art und Form des Werkstoffs, ob es sich um ein Fertigteil, Halbzeug, eine Prüfplatte oder einen Probekörper handelt
- Hauptmaße, Gestalt, Herstellungsbedingungen, Schichtfolge und alle Vorbehandlungen
- Probekörpertyp, Breite und Dicke des parallelen Teils mit Mittelwert, Mindest- und Höchstwerten
- Herstellungsverfahren der Probekörper und alle Einzelheiten der verwendeten Fabrikationsverfahren
- Orientierung des Probekörpers relativ zum Fertigteil oder Halbzeug, dem er entnommen wurde, wenn der Werkstoff in Form eines Fertigteils oder eines Halbzeugs vorliegt
- Anzahl der geprüften Probekörper
- Normalklima bei der Vorbehandlung und bei der Prüfung und alle besonderen vorbereitenden Behandlungen, falls nach der zutreffenden Werkstoff- oder Produkt-Norm verlangt wird
- Genauigkeitsklasse der Prüfmaschine und des Extensometers (siehe DIN EN ISO 7500-1, DIN EN ISO 9513)
- Art der Einrichtung zum Messen der Verformung (Längenänderung) oder Dehnung sowie die Messlänge L0
- Art der Spanneinrichtung, der Klemmenabstand L
- Prüfgeschwindigkeiten
- Einzelne Prüfergebnisse und festgelegte Eigenschaften
- Mittelwert (die Mittelwerte) der gemessenen Eigenschaft(en), angegeben als kennzeichnender Wert/kennzeichnende Werte für den geprüften Werkstoff

---

[768] Vgl. DIN EN ISO 868 - (2003) Eindruckhärte, S. 8-9
[769] Vgl. DIN EN ISO 527-1 - (2012) Zugeigenschaften a, S. 23

- Standardabweichung und/oder den Variationskoeffizienten und/oder die Vertrauensgrenzen des Mittelwerts, falls verlangt
- Hinweis darauf, ob irgendwelche Probekörper verworfen oder ersetzt wurden, und falls dies so ist, die Gründe sowie die Gründe für die Prüfung nicht konformer Probekörper
- Datum der Prüfung

Aus den entsprechenden Normen wurden entsprechende Prüfprotokolle abgeleitet. Abbildung 8-41 zeigt ein exemplarisches Versuchsprotokoll für die Herstellung der Proben.

30/01/17

07:55 Uhr

Prüfprotokoll **A00000-1**

Prüfnorm	EN ISO 16012	Werkstoff	Digital ABS Ivory
Art und Bezeichnung	Bestimmung der linearen Maße von Probekörpern	Raumtemperatur	21,6 °C
Probentyp	1A	rel. Luftfeuchtigkeit	54 %
Dicke	4 mm	Alter Prüfkörper	29 d
verwendetes Messgerät	Alicona InfiniteFocusSL	Konditionierung	>88h bei 23/50 Klasse 2

Bediener: Krüger

Prüfergebnisse:

Breite

Soll	#1	#2	#3	
20000	20230	20177	20161	µm

Mittelwert	$\bar{x}$	20189,3	µm
Standardabweichung	s	29,488	µm
Varianz	n	869,556	µm

Dicke

Soll	#1	#2	#3	
4000	4056	4017	3975	µm

Mittelwert	$\bar{x}$	4016,0	µm
Standardabweichung	s	33,076	µm
Varianz	n	1094,000	µm

Seriengrafik:

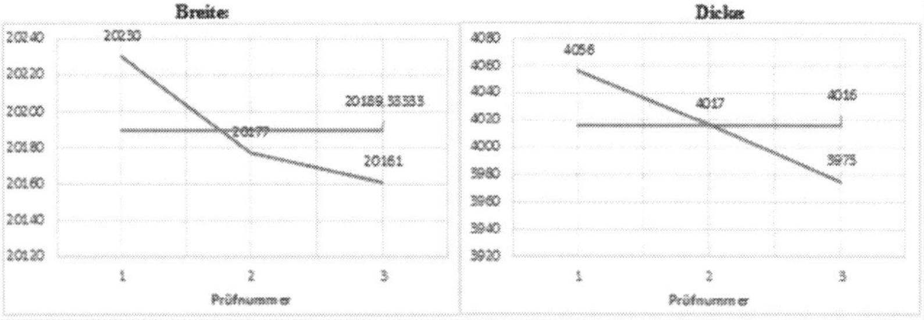

Abbildung 8-41: Exemplarisches Prüfprotokoll der Maßhaltigkeitsprüfung

8.8 Aufstellen des Versuchsplans mit der Software JMP

Im Eingabefenster von JMP wird der vollfaktorielle Versuchsplan für die hier vorliegende Arbeit ausgewählt (vgl. Kapitel 4.3.4).

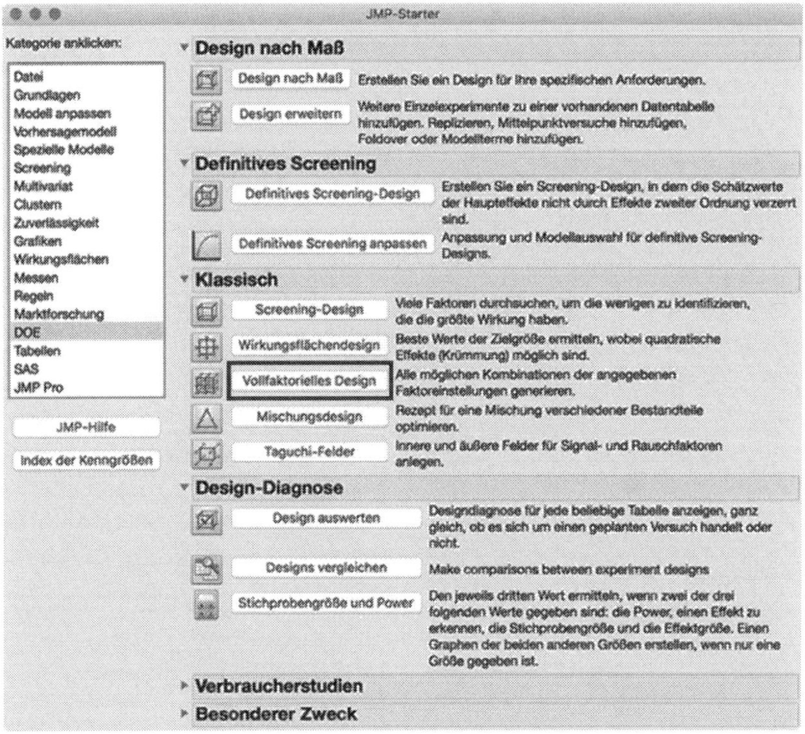

Abbildung 8-42: JMP Startfenster

In dem folgenden Dialogfeld (Abbildung 8-43) werden nun die zuvor ermittelten bzw. bestimmten Zielgrößen und Faktoren eingetragen. Bei „Zielgrößen" werden die jeweiligen Zielgrößen mit den dazugehörigen Zielen eingetragen. Bei der Festlegung der Ziele werden die Erkenntnisse aus Kapitel 2.3 zur Abschätzung herangezogen. Es kann aus den Zielen „Maximieren", „Minimieren", „Zielwert" und „nichts" gewählt werden. Beispielsweise soll die Zugfestigkeit möglichst hoch sein, also maximal. Die Oberflächenrauheit sollte für die Abbildungsgenauigkeit der meisten Produkte sehr gering sein. Zu beachten gilt, dass es auch einzelne Anwendungsfälle gibt, bei denen zum Beispiel die Oberflächenqualität für Texturen oder anschließende Beschichtungen rauer sein muss. In der hier vorliegenden Arbeit wird der minimale Wert für die Oberflächenrauheit angestrebt. Optional können noch untere und obere Grenzen sowie die Gewichtungen variiert werden, was in diesem Fall aber nicht vorgenommen wird.

Anschließend werden bei „Faktoren" die jeweiligen Faktoren eingetragen. Da die Faktoren je zwei konkrete Werte annehmen und nicht stetig verlaufen, ist der Typ jedes Faktors kategorial. Abschließend werden zu jedem Faktor die Faktorstufen (hier: Werte) eingetragen. Abbildung 8-43 zeigt die entsprechend vorgenommenen Einstellungen.

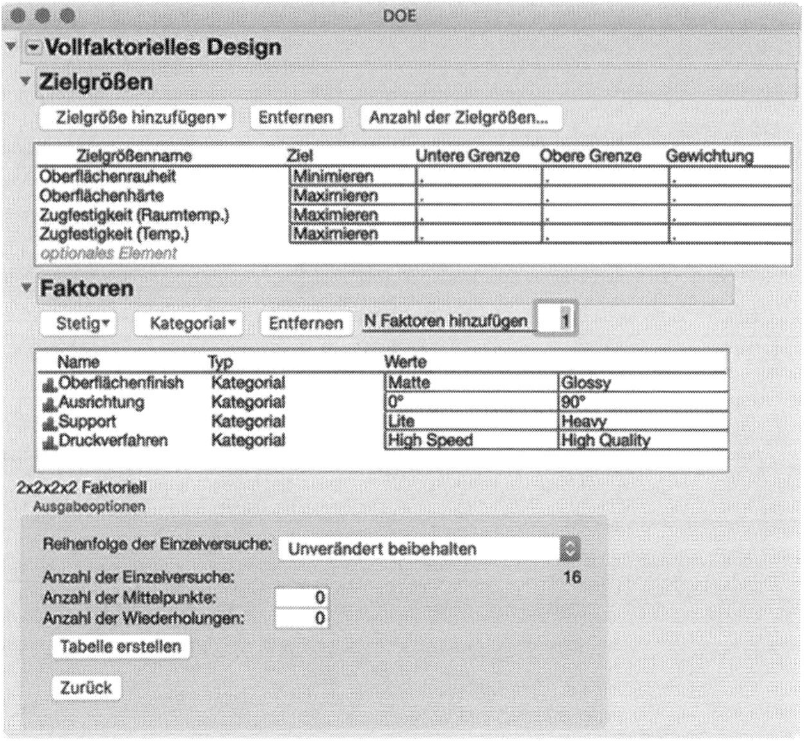

Abbildung 8-43: Auswahl des vollfaktoriellen Designs

Mit der Wahl des vollfaktoriellen Versuchsplans sowie der Eingabe der Zielgrößen und Faktoren erstellt das Programm nun den entsprechend durchzuführenden Versuchsplan. Abbildung 8-44 stellt den Versuchsplan für das Material VeroGray dar.

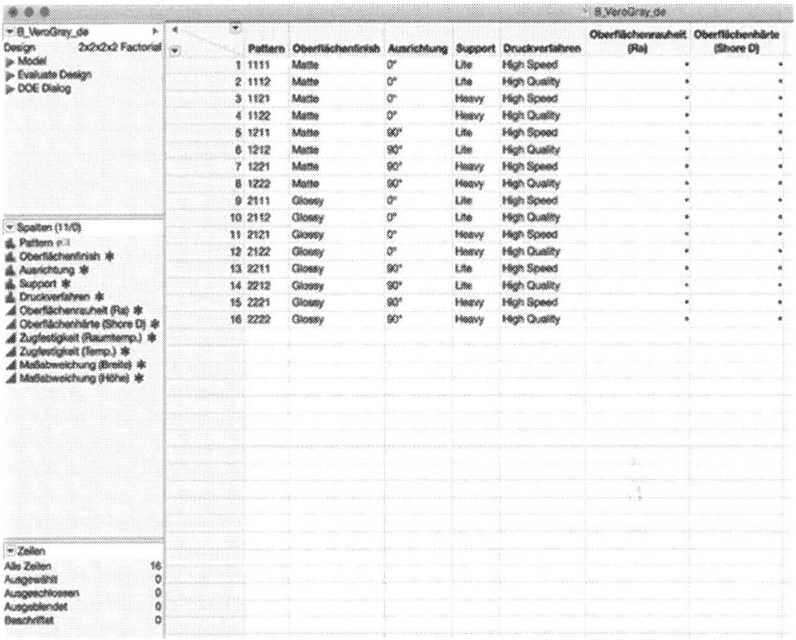

Abbildung 8-44: Versuchsplan in JMP am Beispiel des Materials VeroGray

Zu erkennen sind die 16 verschiedenen Parametrisierungen und die Felder für die Zielgrößen in der rechten Hälfte des Bildes, die mit den gemessenen Werten der Zielgrößen für die weitere Auswertung sorgfältig befüllt werden müssen.

8.9 Auswertung der Versuchsergebnisse mit der Software JMP

Im Dialogfenster des Versuchsplans (Abbildung 8-45) wird der Reiter „Model" angewählt. Es öffnet sich ein neues Fenster (Abbildung 8-45), in welchem die Modellspezifikationen des Modells eingestellt und angepasst werden können. Hier wird unter anderem der Charakter der Auswertungsmethodik festgelegt.

Als Rollenvariablen werden die jeweiligen Zielwerte hinzugefügt. Die Modelleffekte ergeben sich aus den Faktoren. Hier kann auch der Grad der Modelleffekte gewählt werden. Bei Grad eins handelt es sich nur um die jeweiligen Einzelfaktoren (Oberflächenfinish, Ausrichtung, weitere). Bei Grad zwei und höher werden die Faktoren kombiniert, sodass beispielsweise der Effekt „Oberflächenfinish*Ausrichtung" entsteht, welcher Rückschlüsse darauf gibt, ob der Effekt eines Faktors auf das Ergebnis eines anderen Faktors Auswirkungen vorweist. Es werden also die Wirkungszusammenhänge bzw. Abhängigkeiten dieser Effekte untersucht.

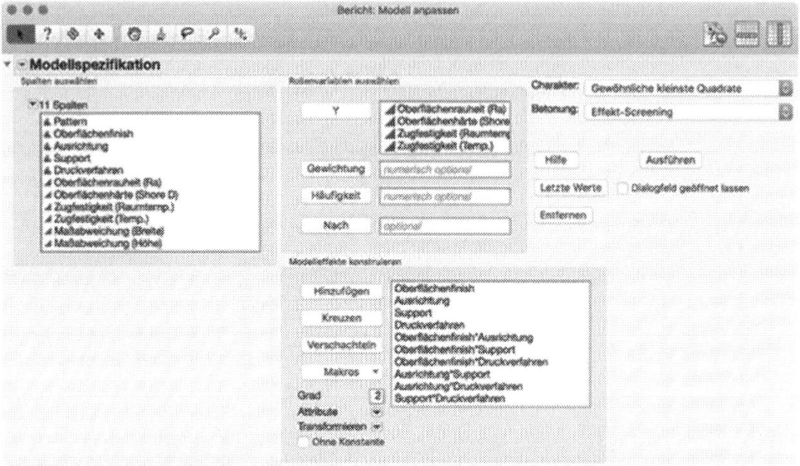

Abbildung 8-45: Einstellung der Modellspezifikation am Beispiel VeroGray

Wurden sämtliche Einstellungen getroffen, kann das Modell nach Anwählen der Schaltfläche „Ausführen" ausgewertet werden. Es öffnet sich ein neues Fenster, in welchem das Modell mithilfe der angewandten Auswertungscharakteristik ausgewertet wird. Dieses Fenster enthält unter anderem die Effektzusammenfassung, welche Aufschluss über die statistische Signifikanz der jeweiligen Einflussfaktoren gibt (vgl. Kapitel 4.2.4 und Abbildung 8-46). Außerdem enthält es für jede analysierte Zielgröße eine eigene, aufklappbare Unterkategorie sowie das Analysediagramm zur Vorhersage der Einflüsse der Faktoren auf die Zielgrößen. Dieses ist in Abbildung 8-46 dargestellt und erläutert.

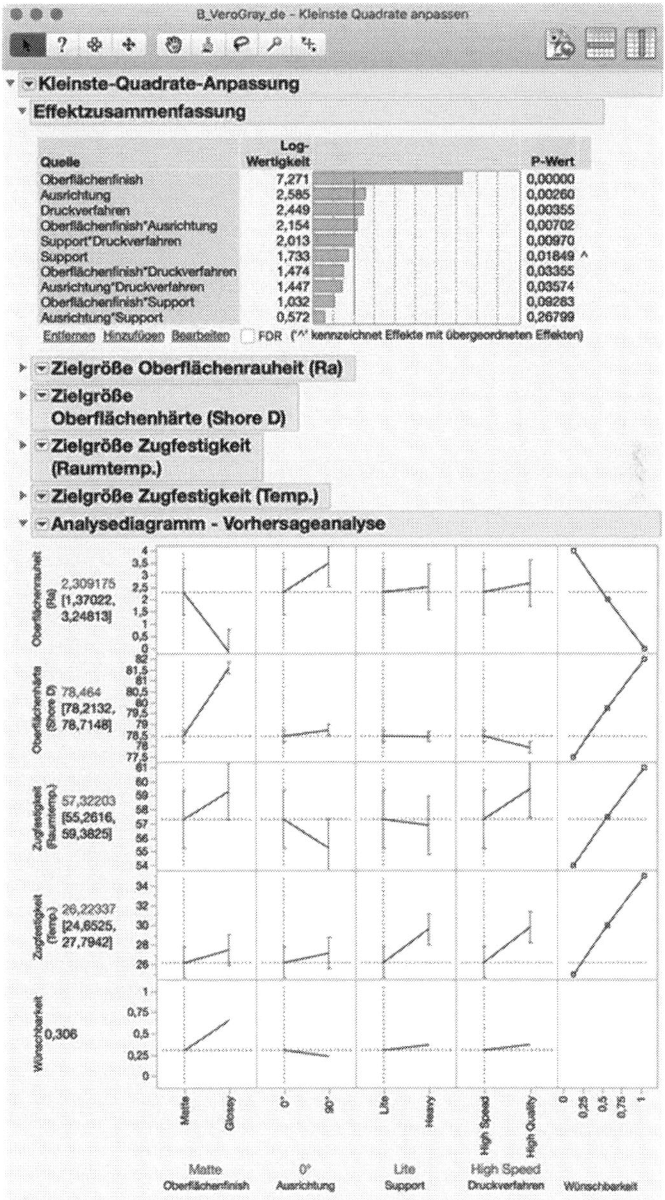

Abbildung 8-46: Auswertfenster der Software JMP[770]

[770] Darstellung in Anlehnung einer Vorveröffentlichung: Kampker, A./Kreisköther, K./et al. (2017) Material and Parameter Analysis of the PolyJet Process, S. 1250

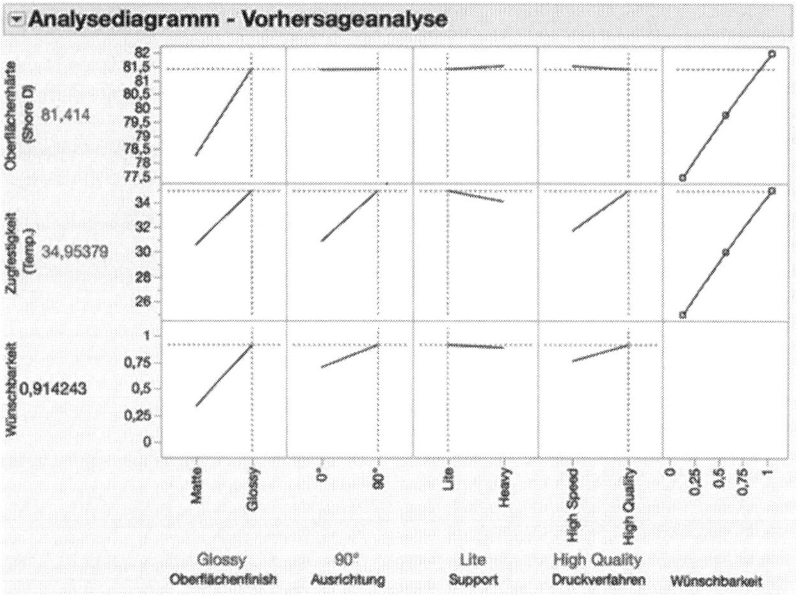

Abbildung 8-47: Analysediagramm für VeroGray zur Oberflächenhärte und Zugfestigkeit[771]

Mithilfe von Abbildung 8-47 soll das Vorgehen der Auswertung erläutert werden. In diesem Beispiel wurden das Material VeroGray und die Zielgrößen Oberflächenhärte sowie Zugfestigkeit (bei 35 °C) ausgewählt. Prinzipiell ist es möglich, jede Kombination der Zielgrößen auszuwählen. Als Parameter wurden in diesem Beispiel alle vier Parameter des Druckers ausgewählt. Das Ziel der Zielgrößen Oberflächenhärte und Zugfestigkeit ist in beiden Fällen die Maximierung der Zielgrößen, also eine maximale Oberflächenhärte und eine maximale Zugfestigkeit. Dies kann ebenfalls an den Geraden in der rechten Spalte erkannt werden (Wünschbarkeit). Diese Geraden fangen jeweils bei dem minimal möglichen Wert an (Wünschbarkeit entspricht 0) und steigen dann linear bis zum jeweiligen Höchstwert (Wünschbarkeit 1). Als weitere Ziele könnten zudem die Minimierung einer Zielgröße sowie die Erreichung eines Zielwertes gesetzt werden.

Mit der in Abbildung 8-47 dargestellten Parametrisierung (*Matte*, 0, *Lite*, *High Speed*) wird eine Wünschbarkeit bzw. eine Zielerreichung von 20,67 % erreicht. Dieser Wert ergibt sich aus den jeweiligen Wünschbarkeiten der Einzelzielgrößen (ca. 25 % für Oberflächenhärte und ca. 15 % für Zugfestigkeit). Ebenfalls aus der Darstellung ablesbar ist der Effekt, den eine Änderung eines Parameters auf die Zielgröße hat. So verändert beispielsweise der Wechsel des Parameters Oberflächenfinsih von *Matte* auf *Glossy* die Zielgröße Oberflächenhärte in Shore D von 78,464 auf 81,6. Ferner werden die Konfidenzintervalle für die Zielgrößen in Abbildung 8-46 angezeigt. Während der grau hinterlegte Wert den Erwartungswert der jeweiligen Zielgröße widerspiegelt, sind in den eckigen Klammern die Werte des unteren und oberen Konfidenzintervalls aufgeführt.

---

[771] Darstellung in Anlehnung einer Vorveröffentlichung: Kampker, A./Kreisköther, K./et al. (2017) Material and Parameter Analysis of the PolyJet Process, S. 1250

Abbildung 8-48 zeigt, dass sich die ideale Parametrisierung in diesem Beispiel zu *Glossy*, *90 °*, *Lite* und *High Quality* ergibt. So wird eine Oberflächenhärte (Shore D) von 81,414 und eine Zugfestigkeit von 34,95 MPa erreicht. Das Ziel, sowohl die Oberflächenhärte als auch die Zugfestigkeit bei gleicher Gewichtung der Zielgrößen zu maximieren, wird zu 91,4 % erreicht. Dieser Wert setzt sich aus den Werten der einzelnen Zielerreichungen bzw. Wünschbarkeiten zusammen. Je mehr Zielgrößen festgelegt werden, desto geringer kann die Wahrscheinlichkeit der Zielerreichung sein. Die Abhängigkeit, die die Zielgrößen zueinander haben (Wechselwirkungseffekt), zeigt die Software JMP im Auswertefenster der Vorhersagbarkeit (siehe Abbildung 8-48).

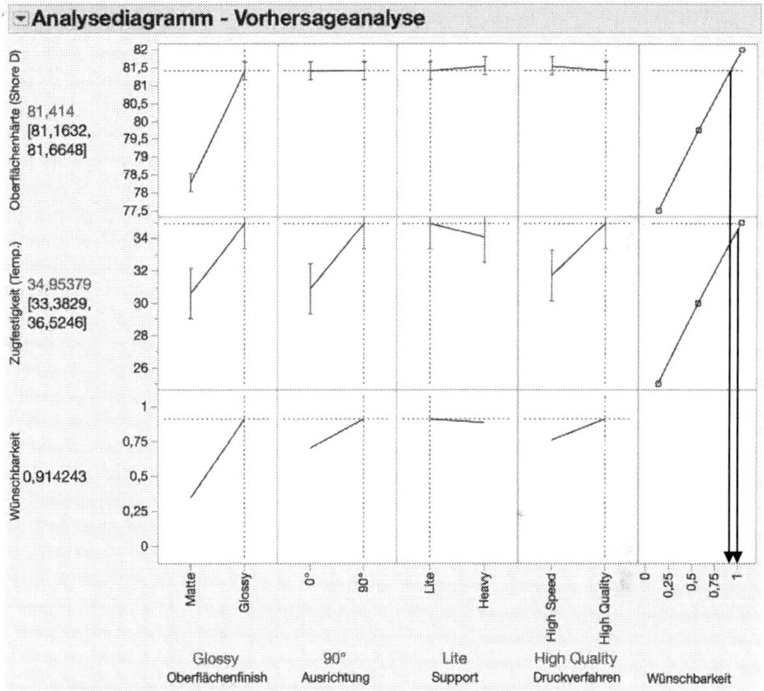

Abbildung 8-48: Vorhersagbarkeit des Analysediagramms[772]

Dem Analysediagramm kann zudem der Einfluss der jeweiligen Faktoren bzw. Parameter auf die Zielgrößen entnommen werden. Eine große Steigung der Geraden bedeutet einen starken Effekt auf die jeweilige Zielgröße bei Änderung eines Parameters, während eine kleine Steigung einen kleinen Effekt bedeutet. Die Gerade in der Vorhersageanalyse kann als Gradient verstanden werden. Der Gradient ist umso steiler, je größer die Änderung der Zielgröße bei Änderung eines Faktors ist.

[772] Darstellung in Anlehnung einer Vorveröffentlichung: Kampker, A./Kreisköther, K./et al. (2017) Material and Parameter Analysis of the PolyJet Process, S. 1250

Formel 8-4: Berechnung des Gradienten

$$\frac{\Delta Zielgröße}{\Delta Faktoränderung}$$

Im obigen Beispiel bewirkt die Änderung des Oberflächenfinishes von *Glossy* zu *Matte* eine Änderung der Oberflächenhärte auf 78,27 Shore D und die Änderung der Zugfestigkeit auf 30,6 MPa (siehe Abbildung 8-47 und Abbildung 5-13). Die Änderung des Faktors Ausrichtung hat hingegen kaum einen Einfluss auf die Oberflächenhärte. Somit kann der Einfluss der Faktorenänderung direkt aus den jeweiligen Analysediagrammen bzw. der Vorhersageanalyse entnommen werden.

Das Werkzeug der Vorhersageanalyse kann genutzt werden, um jede Kombination von Parametern zu optimieren und um die jeweiligen Effekte der Faktoren auf die Zielgröße zu untersuchen. Werden in der Software JMP entsprechende Parameter geändert, so sagt das Modell die Erreichbarkeit der gewünschten Zielgrößen vorher. Zudem sind die Abhängigkeiten der Zielgrößen ersichtlich.

9 Literatur

3D Systems Corporation (2017) 3D Stereolithography Printers
3D Stereolithography Printers - The gold standard in Stereolithography (SLA) 3D printing. URL: https://www.3dsystems.com/sites/default/files/2017-05/3D-Systems_SLA_Specsheet_A4_US_2017.05.16_WEB.pdf, 11.07.2017.

alphacam GmbH (2016) Spritzgusswerkzeug aus dem 3D-Drucker
Spritzgusswerkzeug aus dem 3D-Drucker – alphacam beleuchtet die Vorzüge und Einsatzgebiete. URL: http://www.alphacam.de/fileadmin/user_upload/Landingpages/Seminar_KSF/KSF_Seminar_Workshop_2016_03.pdf, 08.02.2017.

American Society for Testing and Materials (2013) ASTM 2792-12a - Additive Manufacturing Technologies
Standard Terminology for Additive Manufacturing Technologies, ASTM International, Pennsylvania, USA, 2013.

Antony, J. (1998) experimental design
Some key things industrial engineers should know about experimental design, 1998.

Arntz, K. (2013) Werkzeugbau
Der Werkzeugbau im Wandel - Industrielle Prozessketten für höchste Kundenzufriedenheit, Fulda, 24. Januar 2013.

ASTM International (2014) ASTM D638-14 - Test Method for Tensile Properties
Standard Test Method for Tensile Properties of Plastics1, Beuth Verlag GmbH, Berlin, 15. Dezember 2014.

Baetge, J. (1975) Grundlagen der Wirtschafts- und Sozialkybernetik
Grundlagen der Wirtschafts- und Sozialkybernetik - Betriebswirtschaftliche Kontrolltheorie, VS Verlag für Sozialwissenschaften, Wiesbaden, 1975.

Barclift, M./Williams, C. (2015) Mechanical Properties Of Parts Manufactured
Examining Variability In The Mechanical Properties Of Parts Manufactured Via PolyJet Direct 3D Printing, Material & Design, 5. Dezember 2015. Elsevier Dezember 2015.

Bargel, H.-J./Schulze, G. (2018) Werkstoffkunde
Werkstoffkunde, 12., bearb. Aufl.; Springer-Verlag, Berlin, Heidelberg, 2018.

Bast, J./Awiszus, B. et al. (2020) Fertigungstechnik
Grundlagen der Fertigungstechnik, 7., vollständig überarbeitete und erweiterte Auflage; Fachbuchverlag Leipzig im Carl Hanser Verlag, Müchen, 2020.

Baur/Saechtling, H. et al. (2013) Kunststoff Taschenbuch
Saechtling Kunststoff Taschenbuch, 31. Ausg.; Hanser, München, 2013.

Berger, U./Hartmann, A. et al. (2013) Additive Fertigungsverfahren
Additive Fertigungsverfahren - Rapid Prototyping, Rapid Tooling, Rapid Manufacturing, 1. Aufl.; Verl. Europa-Lehrmittel, Haan-Gruiten, 2013.

Birkert, A. R./Haage, S. et al. (2013) Herstellung komplexer Karosserieteile
Umformtechnische Herstellung komplexer Karosserieteile - Auslegung von Ziehanlagen, Springer Vieweg, Berlin, 2013.

Blanco, D./Fernandez, P. et al. (2014) Nonisotropic experimental characterization
Nonisotropic experimental characterization of the relaxation modulus for PolyJet manufactured parts, The Materials Science of Additive Manufacturing, 17. September 2014. Journal of Materials Research 2014.

Bodschwinna, H./Hillmann, W. (1992) Oberflächenmeßtechnik
Oberflächenmeßtechnik mit Tastschnittgeräten in der industriellen Praxis, 1. Aufl.; Beuth, Berlin, 1992.

Boldt, J. (2017) Beschreibung technische Daten
4 x 80 l /200° C - Beschreibung technische Daten. URL: http://www.boldt-waermetechnik.de/index.php/oefen/bis-200-c/4-x-80-l-200-c, 19.04.2017.

Bonnet, M. (2014) Kunststofftechnik
Kunststofftechnik - Grundlagen, Verarbeitung, Werkstoffauswahl und Fallbeispiele, 2., überarb. und erw. Aufl.; Springer Vieweg, Wiesbaden, 2014.

Bonten, C. (2014) Kunststofftechnik
Kunststofftechnik - Einführung und Grundlagen, Hanser, Carl, München, 2014.

Boos, W./Pitsch, M. et al. (2015) World of Tooling
World of Tooling, 1. Aufl.; RWTH Aachen Werkzeugmaschinenlabor, Aachen, 2015.

Bortz, J./Döring, N. (2006) Forschungsmethoden und Evaluation
Forschungsmethoden und Evaluation - Für Human- und Sozialwissenschaftler ; mit 87 Tabellen, 4., überarb. Aufl., [Nachdr.]; Springer-Medizin-Verl., Heidelberg, 2006.

Brajih, T./Drstvensek, I. et al. (2006) Optimizing scale factors of the PolyJet
Optimizing scale factors of the PolyJet rapid prototyping procedure by genetic programming, International OCSCO World Press 2006.

Brecher, C./KERMER-MEYER, A. et al. (2010) Thermoplastische Organobleche
Thermoplastische Organobleche für die Grossserie. In: ATZextra, Nr. 10, 15. Jg., 2010, S. 28 - 32.

Breuninger, J./Becker, R. et al. (2013) Generative Fertigung mit Kunststoffen
Generative Fertigung mit Kunststoffen - Konzeption und Konstruktion für Selektives Lasersintern, Springer, Berlin, Heidelberg, 2013.

Brunner, F. J. (2014) Japanische Erfolgskonzepte
Japanische Erfolgskonzepte - KAIZEN, KVP, Lean Production Management, Total Productive Maintenance, Shopfloor Management, Toyota Production System, GD3 - Lean Development, 3., überarb. Aufl.; Hanser, München, 2014.

Bühring-Polaczek, A./Michaeli, W. et al. (2014) Urformen
Handbuch Urformen, [vollst. überarb. Neuaufl.]; Hanser, München, 2014.

Cazon, A./Morer, P. et al. (2014) PolyJet technology for product prototyping
PolyJet technology for product prototyping - Tensile strength and surface roughness properties, Journal of Engineering Manufacture 2014.

Chua, C. K./Leong, K. F. et al. (2010) Rapid prototyping
Rapid prototyping - Principles and applications, 3rd ed.; World Scientific, Singapore, Hackensack, NJ, 2010.

Czichos, H./Skrotzki, B. et al. (2014) Werkstoffe
Das Ingenieurwissen: Werkstoffe, Springer Vieweg, Berlin, 2014.

Den Haan, L. (2015) 3D-Druck
3D-Druck - Chancen für die Spritzgussindustrie, Brugg, CH, 17. September 2015.

Dickens, P. M./Hague, R. J. M. et al. (2006) Rapid manufacturing
Rapid manufacturing - An industrial revolution for the digital age, [Elektronische Ressource]; Wiley, Chichester [u.a.], 2006.

DIN Deutsches Institut für Normung e. V. (1980) DIN 75200 - Brennverhalten von Werkstoffen
Bestimmung des Brennverhaltens von Werkstoffen der Kraftfahrzeuginnenausstattung, Beuth Verlag GmbH, Berlin, September 1980.

DIN Deutsches Institut für Normung e. V. (1982) DIN 4760 - Gestaltabweichungen
Gestaltabweichungen, Beuth Verlag GmbH, Berlin, Juni 1982.

DIN Deutsches Institut für Normung e. V. (1987) DIN 24450 - Verarbeiten von Kunststoff und Kautschuk
Maschinen zum Verarbeiten von Kunststoff und Kautschuk, Beuth Verlag GmbH, Berlin, Februar 1987.

DIN Deutsches Institut für Normung e. V. (1990) DIN 4768 - Ermittlung der Rauheitskenngrößen
Ermittlung der Rauheitskenngrößen Ra, Rz, Rmax mit elektrischen Tastschnittgeräten, Beuth Verlag GmbH, Berlin, Mai 1990.

DIN Deutsches Institut für Normung e. V. (1990) DIN 4777 - Profilfilter bei Tastschnittgeräten
Profilfilter zur Anwendung in elektrischen Tastschnittgeräten, Beuth Verlag GmbH, Berlin, Mai 1990.

DIN Deutsches Institut für Normung e. V. (1998) DIN EN ISO 4288 - Oberflächenbeschaffenheit
Geometrische Produktspezifikationen (GPS) - Oberflächenbeschaffenheit: Tastschnittverfahren Regeln und Verfahren für die Beurteilung der Oberflächenbeschaffenheit, Beuth Verlag GmbH, Berlin, April 1998.

DIN Deutsches Institut für Normung e. V. (1998) DIN EN ISO 3274 - Oberflächenbeschaffenheit
Oberflächenbeschaffenheit: Tastschnittverfahren Nenneigenschaften von Tastschnittgeräten, Beuth Verlag GmbH, Berlin, April 1998.

DIN Deutsches Institut für Normung e. V. (1999) DIN EN ISO 3650 - Parallelendmaße
Längennormale – Parallelendmaße, Beuth Verlag GmbH, Berlin, Februar 1999.

DIN Deutsches Institut für Normung e. V. (2003) DIN 8580 - Fertigungsverfahren
Fertigungsverfahren, Beuth Verlag GmbH, Berlin, September 2003.

DIN Deutsches Institut für Normung e. V. (2003) DIN 8583 - Fertigungsverfahren Druckumformen
Fertigungsverfahren Druckumformen, Teil 1: Allgemeines Einordnung, Unterteilung, Begriffe, Beuth Verlag GmbH, Berlin, September 2003.

DIN Deutsches Institut für Normung e. V. (2003) DIN EN ISO 868 - Eindruckhärte
Bestimmung der Eindruckhärte mit einem Durometer (Shore-Härte), Beuth Verlag GmbH, Berlin, Oktober 2003.

DIN Deutsches Institut für Normung e. V. (2008) DIN EN ISO 291 - Kunststoffe
Kunststoffe – Normalklimate für Konditionierung und Prüfung, Beuth Verlag GmbH, Berlin, August 2008.

DIN Deutsches Institut für Normung e. V. (2010) DIN EN ISO 4287 - Oberflächenbeschaffenheit
Geometrische Produktspezifikation (GPS) – Oberflächenbeschaffenheit: Tastschnittverfahren – Benennungen, Definitionen und Kenngrößen der Oberflächenbeschaffenheit, Beuth Verlag GmbH, Berlin, Juli 2010.

DIN Deutsches Institut für Normung e. V. (2011) DIN EN ISO 6892-2 - Zugversuch
Metallische Werkstoffe – Zugversuch – Teil 2: Prüfverfahren bei erhöhter Temperatur, Beuth Verlag GmbH, Berlin, Mai 2011.

DIN Deutsches Institut für Normung e. V. (2012) DIN EN ISO 527-1 - Zugeigenschaften a
Kunststoffe - Bestimmung der Zugeigenschaften, Beuth Verlag GmbH, Berlin, Juni 2012.

DIN Deutsches Institut für Normung e. V. (2012) DIN EN ISO 527-1 - Zugeigenschaften b
Kunststoffe – Bestimmung der Zugeigenschaften – Teil 1: Allgemeine Grundsätze, Beuth Verlag GmbH, Berlin, Juni 2012.

DIN Deutsches Institut für Normung e. V. (2012) DIN EN ISO 527-2 - Zugeigenschaften
Kunststoffe – Bestimmung der Zugeigenschaften – Teil 2: Prüfbedingungen für Form- und Extrusionsmassen, Beuth Verlag GmbH, Berlin, Juni 2012.

DIN Deutsches Institut für Normung e. V. (2014) DIN EN ISO 20753 - Probekörper
Kunststoffe – Probekörper, Beuth Verlag GmbH, Berlin, Juli 2014.

DIN Deutsches Institut für Normung e. V. (2014) DIN EN ISO 3167 - Vielzweckprobekörper
Kunststoffe - Vielzweckprobekörper, Beuth Verlag GmbH, Berlin, November 2014.

DIN Deutsches Institut für Normung e. V. (2016) DIN EN ISO 16012 - Maße von Probekörpern
Kunststoffe – Bestimmung der linearen Maße von Probekörpern, Beuth Verlag GmbH, Berlin, Februar 2016.

DIN Deutsches Institut für Normung e. V. (2016) DIN 50125 - Zugproben
Prüfung metallischer Werkstoffe – Zugproben, Beuth Verlag GmbH, Berlin, Dezember 2016.

DINg, Y./Lan, H. et al. (2004) rapid tooling
An integrated manufacturing system for rapid tooling based on rapid prototyping, Elsevier 2004.

Domininghaus, H. (2011) Kunststoffe
Kunststoffe - Eigenschaften und Anwendungen, 8., bearb. Aufl.; Springer, Berlin [u.a.], 2011.

Dorothee Quitter (2013) 3D-Druck
3D-Druck - Spritzgusswerkzeuge aus Kunststoff drucken. URL: http://www.konstruktionspraxis.vogel.de/spritzgusswerkzeuge-aus-kunststoff-drucken-a-427350/, 08.02.2017.

Droysen, M. (2014) Generative Fertigungsverfahren
Überblick über Generative Fertigungsverfahren - Mehr als Rapid Prototyping. In: Werkzeug & Formenbau, Nr. 2, 2014, S. 48 - 49.

Eckstein, L./Schmitt, F. et al. (2010) Leichtbau
Leichtbau - Bei Elektrofahrzeugen. In: ATZ, Nr. 11, 112. Jg., 2010, S. 788 - 795.

Eichmann, M. (2007) PolyJet-Technologie
Anwendungen und Applikationen mit der PolyJet-Technologie von Objet, 4. Aufl.; Düsseldorf, 2007.

Engelmann, S. (2012) Advanced thermoforming
Advanced thermoforming - Methods, machines and materials, applications and automation, John Wiley & Sons, Hoboken, N.J., 2012.

Ensthaler, J./Grimm, T. et al. (2014) Additive Fertigungsverfahren
Additive Fertigungsverfahren. URL: https://www.vdi.de/fileadmin/vdi_de/redakteur_dateien/gpl_dateien/VDI_Statusreport_AM_2014_WEB.pdf, 17.02.2017.

Eschl, J. (2001) Eigenschaften von Stereolithographiematerialien
Die mechanischen Eigenschaften von Stereolithographiematerialien während der Aushärtung, Dissertation, Universität Stuttgart, 27. November 2001.

Eversheim, W./Klocke, F. (1998) Werkzeugbau mit Zukunft

Werkzeugbau mit Zukunft - Strategie und Technologie, Springer, Berlin [u.a.], 1998.

Eyerer, P./Hirth, T. et al. (2008) Polymer engineering

Polymer engineering - Technologien und Praxis, Springer, Berlin, Heidelberg, 2008.

Fastermann, P. (2012) 3D-Druck/Rapid Prototyping

3D-Druck/Rapid Prototyping - Eine Zukunftstechnologie - kompakt erklärt, 1., neue Ausg; Springer, Berlin, 2012.

Fischer, F. (2015) FDM and PolyJet 3D Printing

FDM and PolyJet 3D Printing - Determining which technology is tight for your application, Eden Prairie, 2015.

Flicke, F. (2017) 3D-Druck

Der 3D-Druck setzt zum Siegeszug an. URL: http://www.handelsblatt.com/technik/hannover-messe/produktionstechnik-der-3d-druck-setzt-zum-siegeszug-an/19514044.html, 10.07.2017.

Fortus - 3D Production Systems (2017)

Fortus - 3D Production Systems. URL: http://usglobalimages.stratasys.com/Main/Files/Machine_Spec_Sheets/PSS_FDM_FortusSystemsMaterialsOverview.pdf?v=635832637185031244, 11.07.2017.

Frick, A./Stern, C. (2011) Kunststoffprüfung

Praktische Kunststoffprüfung, Hanser, München, 2011.

Friedrich, H. E. (2013) Leichtbau

Leichtbau in der Fahrzeugtechnik, Springer Fachmedien, Wiesbaden, s.l., 2013.

Frisch, M./Dörnhöfer, A. et al. (2011) Fertigungsrestriktionen

Fertigungsrestriktionen in der Topologieoptimierung. URL: https://epub.uni-bayreuth.de/2638/1/KT2011_Michael_Frisch_Beitrag_sw.pdf, 13.04.2017.

Fritz, A. H. (2012) Fertigungstechnik

Fertigungstechnik, 10., neu bearb. Aufl.; Springer Vieweg, Berlin [u.a.], 2012.

Gebhardt, A. (2000) Rapid Prototyping

Rapid Prototyping - Werzeuge für die schnelle Produktentwicklung, Aachen, 2000.

Gebhardt, A. (2012) Understanding additive manufacturing

Understanding additive manufacturing - Rapid prototyping, rapid tooling, rapid manufacturing, Hanser, Munich, 2012.

Gebhardt, A. (2013) Generative Fertigungsverfahren

Generative Fertigungsverfahren - Additive Manufacturing und 3D Drucken für Prototyping - Tooling - Produktion, 4. Auflage; Hanser, München, 2013.

Gebhardt, A. (2014) 3D-Drucken

3D-Drucken - Grundlagen und Anwendungen des Additive Manufacturing (AM), [Elektronische Ressource]; Hanser, München, 2014.

Gehrke, K./Guhr, U. et al. (1996) Makromolekulare Chemie

Makromolekulare Chemie - Ein Lehrbuch für Chemiker, Physiker, Materialwissenschaftler und Verfahrenstechniker, 2., überarb. und erw. Aufl.; Birkhäuser, Basel [u.a.], 1996.

Gibson, I./Rosen, D. W. et al. (2010) Additive manufacturing technologies

Additive manufacturing technologies - Rapid prototyping to direct digital manufacturing, Springer, New York, 2010.

Grimm, T. (2002) Stereolithography, Selective Laser Sintering and PolyJet
Stereolithography, Selective Laser Sintering and PolyJet - Evaluating and Applying the Right Technology, Austin, Texas, 2002.

Groß/Jürgen (2016) 3D Printing
Welcome To The Home Of 3D Printing - Spritzgießen mit gedruckten Formen, Schorndorf, 12.05.2016.

Grote, K.-H./Feldhusen, J. (2007) Dubbel
Dubbel - Taschenbuch für den Maschinenbau, 22. Aufl.; Springer, s.l., 2007.

Gruß, A./Megges, A. et al. (2014) Kunststoffeinsatz im Fahrzeugbau
CHEManager - Auto-Trends: Kunststoffeinsatz im Fahrzeugbau steigt weiter. URL: http://www.chemanager-online.com/news-opinions/grafiken/auto-trends-kunststoffeinsatz-im-fahrzeugbau-steigt-weiter, 18.04.2017.

Gundlach, C. (2004) Statistische Versuchsplanung
Entwicklung eines ganzheitlichen Vorgehensmodells zur problemorientierten Anwendung der statistischen Versuchsplanung, Disseration, Universität Kassel, 2004.

Gunnar Knüpffer (2012) 4-Augen-Prinzip
4-Augen-Prinzip sichert Qualität bei Rofin. URL: https://www.produktion.de/technik/produktivitaet/id-4-augen-prinzip-sichert-qualitaet-bei-rofin-218.html, 13.04.2017.

Hagemann, F. (2009) Formflexible Werkzeuge
Ein formflexibles Werkzeug für das Rapid Tooling beim Spritzgiessen, H. Utz, München, 2009.

Hagemann, F./Zäh, M. (2006) Wirtschaftliche Fertigung mit Rapid-Technologien
Wirtschaftliche Fertigung mit Rapid-Technologien - Anwender-Leitfaden zur Auswahl geeigneter Verfahren, Hanser, München, 2006.

Hans Ulrich (1984) Management
Management, Haupt, Bern, 1984.

Hanumaiah, N./Ravi, B. et al. (2006) Rapid hard tooling
Rapid hard tooling process selection using QFD-AHP methodology, Vol. 17, 2006.

Heine, B. (2015) Werkstoffprüfung
Werkstoffprüfung - Ermittlung von Werkstoffeigenschaften ; mit zahlr. Tabellen, 3., aktualisierte Aufl.; Carl Hanser Fachbuchverlag, München, 2015.

Heinrich Krahn/Dieter Eh et al. (2007) Konstruktionsbeispiele für die Praxis
1000 Konstruktionsbeispiele für die Praxis, 2., erw. Aufl.; Hanser, München, Wien, 2007.

Herbert Kubicek (1976) Forschungskonzeptionen in der Betriebswirtschaftslehre
Empirische und handlungstheoretische Forschungskonzeptionen in der Betriebswirtschaftslehre - Bericht über d. Tagung in Aachen, März 1976, Poeschel, Stuttgart, 1976.

Hoffmann, H. (2012) Umformen
Handbuch Umformen, Hanser, München, 2012.

Hopmann, C./Greif, H. et al. (2015) Technologie der Kunststoffe
Technologie der Kunststoffe - Lern- und Arbeitsbuch für die Aus- und Weiterbildung, 4., aktualisierte Aufl.; Hanser, München, 2015.

Hopmann, C./Michaeli, W. (2015) Kunststoffverarbeitung
Einführung in die Kunststoffverarbeitung, 7., aktualisierte Auflage; Hanser, München, 2015.

Hornbogen, E./Eggeler, G. et al. (2008) Werkstoffe
Werkstoffe - Aufbau und Eigenschaften von Keramik-, Metall-, Polymer- und Verbundwerkstoffen, 9., vollst. neu bearb. Aufl.; Springer, Berlin [u.a.], 2008.

Hündorf, J./Wunderwald, E. et al. (2017) Automotive Testing
Automotive Testing - Prüfen nach Automobilstandards im akkreditierten Labor. In: Kunststoff Institut Lüdenscheid, 2017, S. 1 - 4.

Ituarte, I./Coatanea, E. et al. (2015) Additive Manufacturing in Production
Additive Manufacturing in Production - A Study Case Applying Technical Requirements, 15th Nordic Laser Materials Processing Conference, 25.-27. August 2015. Elsevier, London 2015.

Jansen, S. (2014) Generative Fertigung
Generative Fertigung von konturnah temperierten Werkzeugen mittels Selective Laser Melting, 1. Aufl.; Apprimus Verl., Aachen, 2014.

Jaroschek, C. (2019) Spritzgießen
Spritzgießen für Praktiker, 4., aktualisierte Aufl.; Hanser, München, 2019.

Johannaber, F./Michaeli, W. (2004) Spritzgießen
Spritzgießen, 2., Aufl.; Hanser, München, 2004.

Kalweit, A./Paul, C. et al. (2012) Technisches Produktdesign
Handbuch für technisches Produktdesign - Material und Fertigung ; Entscheidungsgrundlagen für Designer und Ingenieure, 2., bearb. Aufl.; Springer, Berlin, Heidelberg, 2012.

Kampker, A. (2014) Elektromobilproduktion
Elektromobilproduktion, Springer Vieweg, Berlin, 2014.

Kampker, A./Kreisköther, K. et al. (2017) Material and Parameter Analysis of the PolyJet Process
Material and Parameter Analysis of the PolyJet Process for Mold Making Using Design of Experiments, 14.-15. März 2017. World Academy of Science, Engineering and Technology 2017.

Karapatis, N./van Griethuysen, J. et al. (1998) Direct rapid tooling
Direct rapid tooling - A review of current research, MCB UP Ltd 1998.

Kausch, B. (2010) Integrative Methodik zur grafischen Modellierung
Integrative Methodik zur grafischen Modellierung und ereignisdiskreten Simulation von Entwicklungsprozessen in der Verfahrenstechnik, Shaker, Aachen, 2010.

Kechagias, J./Giorgo, E. et al. (2015) optimization of the polyjet
On the optimization of the polyjet direct 3d printing process quality indicators utilizing Taguchi design of experiments, 3rd International Conference ADVANCES IN ENGINEERING & MANAGEMENT (ADEM 2014), 11.-12. September 2014 2015.

Kechagias, J./Iakovakis, V. et al. (2014) Surface roughness optimization
Surface roughness optimization of prototypes produced by Polyjet Direct 3D Printing Technology, An International Conference on Engineering and Applied Sciences Optimization, 4.-6. Juni 2014. Institute of Structural Analysis and Antiseismic Research School of Civil Engineering 2014.

Kechagias, J./Maropoulos, S. (2015) Sloped Surface Roughness
An Investigation of Sloped Surface Roughness of Direct Poly-Jet 3D Printing, Recent Advances in Mechanics, Mechatronics and Civil, Chemical and Industrial Engineering Juli 2015.

Kechagias, J./Stavropoulos, P. et al. (2014) Dimensional Accuracy Optimization
Dimensional Accuracy Optimization of Prototypes produced by PolyJet Direct 3D Printing Technology, Proceedings of the International Conference on Industrial Engineering, Santorini Island, Griechenland 2014.

Keferstein, C. P./Marxer, M. (2018) Fertigungsmesstechnik
Fertigungsmesstechnik: Alles zu Messunsicherheit, konventioneller Messtechnik und Multisensorik, 9., Aufl.; Springer Vieweg, Wiesbaden, 2018.

Kessler, A./Jakobi, R. et al. (2002) Kunststofffolien
Kunststofffolien - Neue Konzepte für die Karosserie-Außenhaut. In: ATZ, Nr. 12, 104. Jg., 2002, S. 1120 - 1126.

KĘSY, A./KOTLIŃSKI, J. (2012) Mechanical properties
Mechanical properties of parts produced by using polymer jetting technology, Elsevier, London 2012.

Kleppmann, W. (2013) Versuchsplanung
Versuchsplanung - Produkte und Prozesse optimieren, 8., überarb. Aufl.; Hanser, München, 2013.

Klocke, F. (2006) Fertigungsverfahren
Fertigungsverfahren, 1. Aufl.; Springer, Berlin, 2006.

Koltzenburg, S./Maskos, M. et al. (2014) Polymere: Synthese
Polymere: Synthese, Eigenschaften und Anwendungen, Springer, Berlin, Heidelberg, 2014.

König, W./Klocke, F. (2015) Fertigungsverfahren
Fertigungsverfahren 5 - Gießen, Pulvermetallurgie, Additive Manufacturing, 4. Aufl.; Springer, Berlin [u.a.], 2015.

Kostka, C./Kostka, S. (2011) Kontinuierlicher Verbesserungsprozess
Der Kontinuierliche Verbesserungsprozess - Methoden des KVP, 5. Aufl.; Carl Hanser Fachbuchverlag, s.l., 2011.

Kruth, J.-P./Leu, M. et al. (1998) Additive Manufacturing and Rapid Prototyping
Progress in Additive Manufacturing and Rapid Prototyping, Elsevier 1998.

Kunststoff-Laser-Sinter-System EOSINT P 800 (2017)
Kunststoff-Laser-Sinter-System EOSINT P 800 zur Verarbeitung von Hochleistungspolymeren bei Betriebstemperaturen von bis zu 385° C. URL: https://cdn2.scrvt.com/eos/public/432a20aaac92ae33/29e5b10dd2465037f5bcb09991df9510/EOS_Datenblatt_EOSINT_P800.pdf, 11.07.2017.

Kutz, M. (2011) Applied Plastics Engineering
Applied Plastics Engineering Handbook - Processing and Materials, 1. Aufl.; Elsevier, s.l., 2011.

Levy, G./Schindel, R. et al. (2003) Rapid Manufacturing and Rapid Tooling
Rapid Manufacturing And Rapid Tooling With Layer Manufacturing (LM) Technologies - State Of The Art And Future Perspectives, Elsevier 2003.

Meisel, N. (2015) Design for Additive Manufacturing
Design for Additive Manufacturing Considerations for Self-Actuating Compliant Mechanisms Created via Multi-Material PolyJet 3D Printing, Disseration, Virginia University, 5. Mai 2015.

Mellor, S./Hao, L. et al. (2014) Additive Manufacturing
Additive Manufacturing - A framework for implementation, Production Economics, Elsevier, Amsterdam 2014.

Mennig, G./Stoeckhert, K. (2013) Mold-making

Mold-making handbook, 3rd edition; Hanser Publications, Cincinnati, 2013.

Mock, P. (2013) Reduktion von CO2 und Kraftstoffverbrauch in der EU

Reduktion von CO2 und Kraftstoffverbrauch in der EU: Eine Zusammenfassung des technischen Potenzials neuer Pkw. URL: http://www.theicct.org/sites/default/files/Briefing%20Technology%20Potential%20Short%20DE%20v2_0.pdf, 17.02.2017.

Mohr, D./Müller, N. et al. (2013) The road to 2020 and beyond

The road to 2020 and beyond:What's driving the globalautomotive industry. URL: http://www.mckinsey.com/industries/automotive-and-assembly/our-insights/the-road-to-2020-and-beyond-whats-driving-the-global-automotive-industry, 18.04.2017.

Montgomery, D. C. (2001) Design and Analyses of Experiments

Design and Analyses of Experiments, 5. Aufl.; John Wiley & Sons, New York, 2001.

Müller, J./Shea, K. et al. (2015) Mechanical properties of 3D printing

Mechanical properties of parts fabricated with inkjet 3D printing through efficient experimental design, Material and Design, 5. Dezember 2015. Elsevier, Amsterdam 2015.

Nixon, J. (2017) 3D Printing

Stratasys 3D Printing: Objet Pattern Test. URL: https://www.cati.com/blog/2017/02/objet-pattern-test/, 27.04.2017.

Noorani, R. (2006) Rapid prototyping

Rapid prototyping - Principles and applications, Wiley, Hoboken, N.J., 2006.

Objet Geometries LTD./Weizmann, K. (1999) Aparatus and method for three dimensional printing

Aparatus and method for three dimensional printing,, 1. März 1999.

Objet1000 Plus (2017)

Objet1000 Plus. URL: http://global72.stratasys.com/~/media/Main/Files/Machine_Spec_Sheets/PSS_PJ_Objet1000Plus.pdf?la=de#_ga=2.155934139.1453115611.1499765326-751783197.1485423869, 11.07.2017.

Pham, D. T./Dimov, S. S. (2001) Rapid Manufacturing

Rapid Manufacturing - The Technologies and Applications of Rapid Prototyping and Rapid Tooling, Springer, London, 2001.

Pilipović, A./Raos, P. et al. (2009) Experimental analysis

Experimental analysis of properties of materials for rapid prototyping, The International Journal of Advanced Manufacturing Technology, Springer, London Januar 2009.

Proff, H. (2013) Automotive Engineering & Management

Herausforderungen für das Automotive Engineering & Management - Technische und betriebswirtschaftliche Ansätze, Springer Gabler, Wiesbaden, 2013.

ProX SLA Serie (2017)

ProX SLA Serie. URL: http://3d-model.ch/neu/wp-content/uploads/2015/07/prox_sla_series_0315_de_web.pdf, 11.07.2017.

Rath/Strong et al. (2008) Six Sigma

Rath & Strong's Six Sigma pocket guide - Werkzeuge zur Prozessverbesserung, Deutsche Lizenzausgabe, neue überarbeitete Auflage; TÜV Media, Köln, 2008.

Reiher, T./Koch, R. (2015) FE-Optimization
FE-Optimization and data handling for Additive Manufacturing of structural parts, 26th Annual International Solid Freeform Fabrication Symposium, 10.-12. August 2015. Solid Freeform Fabrication Symposium, Austin, Texas, USA 2015.

Reinhart, G. (1999) Rapid manufacturing
Rapid manufacturing - Methoden für die reaktionsfähige Produktion, Augsburg, 14. Oktober 1999.

Rimašauskas, M./Balevičius, G. (2013) Influence of Water Absorption
The Influence of Water Absorption to the Properties of Photopolymer used in PolyJet Process, 18th, Mechanika, Kaunus University of Technology, Kaunus 2013.

Rohde-Brandenburger, K. (2012) Die Gewichtsspirale
Die Gewichtsspirale ist durchbrochen. In: ATZ, Nr. 05, 114. Jg., 2012, S. 378 - 380.

Rosato, D. V./Rosato, D. V. et al. (2000) Injection Molding
Injection Molding Handbook, Third Edition; Springer US, Boston, MA, s.l., 2000.

Sachs, E./Cima, M. et al. (1992) Three Dimensional Printing
Three Dimensional Printing: Rapid Tooling and Prototypes Directly from a CAD Model, Vol. 114; Cambridge, MA 02139, November 1992.

Scheffler, E. (1997) Statistische Versuchsplanung und -auswertung
Statistische Versuchsplanung und -auswertung - Eine Einführung für Praktiker ; 186 Tabellen, 3. Aufl.; Dt. Verl. für Grundstoffindustrie; Wiley-VCH, Stuttgart, Weinheim, 1997.

Schlick, C. M./Luczak, H. et al. (2018) Arbeitswissenschaft
Arbeitswissenschaft, 4., Aufl.; Springer, Heidelberg, 2018.

Schlick, C. M./Mütze-Niewöhner, S. et al. (2017) Dynamische Unternehmensmodellierung und -simulation a
Dynamische Unternehmensmodellierung und -simulation - Dynamische Prozessmodellierung 1: Ereignisdiskrete Modellierung von Arbeitsprozessen mit der K3-Methode, Aachen, 2017.

Schlick, C. M./Mütze-Niewöhner, S. et al. (2017) Dynamische Unternehmensmodellierung und -simulation b
Dynamische Unternehmensmodellierung und -simulation - Dynamische Prozessmodellierung 1: Ereignisdiskrete Modellierung von Workflows mit der K3-Methode, Aachen, 2017.

Schmid, M. (2014) Zukunftstechnologie Additive Fertigung
Zukunftstechnologie Additive Fertigung - AM auf dem Weg in die Produktion. In: Kunststoffxtra, Nr. 9, 2014, S. 6 - 9.

Schmid, M. (2014) Produktion
AM auf dem Weg in die Produktion. URL: https://www.kunststoffxtra.com/dynpg/upload/img-file4698.pdf, 13.04.2017.

Schmid, M. (2015) Selektives Lasersintern
Selektives Lasersintern (SLS) mit Kunststoffen - Technologie, Prozesse und Werkstoffe, Hanser, München, 2015.

Schmitt, R. (2013) Qualitäts- und Projektmanagment
Qualitäts- und Projektmanagment - 5 Präventive Methoden des QM, Aachen, 2013.

Schmitt, R. (2015) Qualitätsmanagement
Basiswissen Qualitätsmanagement, 1. Aufl.; Symposion, Düsseldorf, 2015.

Schwarzmann, P. (2008) Thermoformen
Thermoformen in der Praxis, 2., aktualis. u. überarb. Aufl.; Carl Hanser, München, 2008.

Siebertz, K./van Bebber, D. et al. (2010) Statistische Versuchsplanung

Statistische Versuchsplanung - Design of Experiments (DoE), Springer, Heidelberg, 2010.

Singh, R. (2011) Process capability

Process capability study of polyjet printing for plastic components, Korean Society of Mechanical Engineers, Korea 2011.

Sondermann, J. P. (2013) Poka Yoke

Poka Yoke - Prinzip und Techniken für Null-Fehler-Prozesse, Hanser, München, 2013.

Stauber, R. (2010) Automobil der Zukunft

Automobil der Zukunft - Chancen und Anforderungen an Kunststoffe und Kunststofftechnologien. In: ATZ Spezial - Kunststoffanwendungen im Automobilbau, Nr. K2010, 2010, S. 20 - 23.

Steinbichler, G. (2008) Spritzgießfertigung

Methoden und Verfahren zur Optimierung der Bauteilentwicklung für die Spritzgießfertigung, Disseration, Universität Erlangen-Nürnberg, 28.01.2008.

Stratasys Inc. (2013) Guide to Basic Post Process Applications

Guide to Basic Post Process Applications - Objet line of 3D Printers - Learn how to save time and cost to ensure successful product development. URL: http://docplayer.net/26640395-Guide-to-basic-post-process-applications-objet-line-of-3d-printers-learn-how-to-save-time-and-cost-to-ensure-successful-product-development.html, 27.01.2017.

Stratasys Inc. (2013) Objet1000

Objet1000 - Wide Format 3D Printer - Big Prototypes with Flawless Precision. URL: http://www.stratasys.com/de/3d-drucker/production-series/objet1000-plus, 13.04.2017.

Stratasys Inc. (2014) FDM and PolyJet 3D Printing

FDM and PolyJet 3D Printing - Determining which technology is right for your application. URL: http://www.productivity.com/wp-content/uploads/2016/05/FDM-vs-PolyJet.pdf, 08.02.2017.

Stratasys Inc. (2015) PolyJet Best Practice

PolyJet Best Practice - Digital ABS. URL: http://usglobalimages.stratasys.com/Main/Files/Best%20Practices_BP/BP_PJ_DigitalABS.pdf?v=635817315234043539, 27.01.2017.

Stratasys Inc. (2015) PolyJet Material Data Sheet

PolyJet Material Data Sheet. URL: http://usglobalimages.stratasys.com/Main/Files/Material_Spec_Sheets/MSS_PJ_PJMaterialsDataSheet.pdf?v=635785205440671440, 08.02.2017.

Stratasys Inc. (2015) PolyJet Material Selection Guide

PolyJet Material Selection Guide. URL: http://usglobalimages.stratasys.com/Main/Files/Material_Spec_Sheets/MSS_PJ_MaterialSelectionGuide.pdf?v=635784395730643643, 08.02.2017.

Stratasys Inc. (2015) PolyJet Materials

PolyJet Materials - A range of possibilities. URL: http://web.stratasys.com/rs/objet/images/PolyJet%20materials%20white%20paper%20-%20English%20web.pdf, 27.04.2017.

Stratasys Inc. (2015) PolyJet Systems and Materials

PolyJet Systems and Materials. URL: http://www.stratasys.com/~/media/Main/Files/Material_Spec_Sheets/MSS_PJ_System_Matrix.ashx, 08.02.2017.

Stratasys Inc. (2016) Clear Bio-compatible

Clear Bio-compatible (MED610) - Dental Material. URL: http://usglobalimages.stratasys.com/Main/Files/Matrial%20Cards/MC_PJ_Clear_Bio_Compatible_MED610.pdf?v=636059930208179011, 08.02.2017.

Stratasys Inc. (2016) PolyJet 3D Printers
PolyJet 3D Printers. URL: https://www.padtinc.com/products/hardware/stratasys/download/b2-PolyJet%20Systems%20and%20Materials%20Overview_4-15-16.pdf, 27.04.2017.

Stratasys Inc. (2016) Safety Data Sheet
Safety Data Sheet - RGD450. URL: https://store.stratasys.com/medias/?context=bWFzdGVyfHBkZnRhZ3N8MTk0MDk2fGFwcGxpY2F0aW9uL3BkZnxwZGZ0YWdzL2g1Yy9oMzcvODgzODM2NDgyMzU4Mi5wZGZ8YWYyN2RmOGQ4ZWM4NWUxYmQ3OTVhOWEyNmJlM2U0OTZkOTc2YTUxN2Y5ZGI4MTEyNTM2OWIxMmQ0MTM4YWI2Mg, 13.04.2017.

Stratasys Inc. (2016) Sicherheitsdatenblatt a
Sicherheitsdatenblatt - RGD720. URL: http://global72.stratasys.com/~/media/Main/Files/SDS/Transparent-Materials/SDS-Objet-FullCure720-RGD720-DE.pdf, 13.04.2017.

Stratasys Inc. (2016) Sicherheitsdatenblatt b
Sicherheitsdatenblatt - RGD850. URL: http://global72.stratasys.com/~/media/Main/Files/SDS/Rigid-Opaque-Materials/SDS-Object-VeroGray-RGD850-DE.pdf, 13.04.2017.

Stratasys Inc. (2017) Objet500 und Objet350 Connex3a
Objet500 und Objet350 Connex3 - Farb- und Multimaterial-3D-Druck. URL: http://www.stratasys.com/de/3d-drucker/production-series/connex3-systems, 27.04.2017.

Stratasys Inc. (2017) Objet500 und Objet350 Connex3b
Objet500 und Objet350 Connex3 - Farb- und Multimaterial-3D-Druck. URL: http://www.stratasys.com/de/3d-drucker/production-series/connex3-systems, 27.04.2017.

Stratasys Ltd. (2014) Objet1000 3D Printer System
Objet1000 3D Printer System - User Guide,, 2014.

Tábi, T./Kovács, N. et al. (2015) Comparison of thermal, mechanical and thermomechanical properties
Comparison of thermal, mechanical and thermomechanical properties of poly(lactic acid) injection-molded into epoxy-based Rapid Prototyped (PolyJet) and conventional steel mold, 2015.

Udroiu, R./Mihail, L. (op. 2009) Experimental determination of surface roughness
Experimental determination of surface roughness of parts obtained by rapid prototyping, Proceedings of the 8th WSEAS International Conference on circuits, systems, electronics, control & signal processing (CSECS '09), 14.-16. Dezember 2009. WSEAS Press, [S. l.] op. 2009.

Ulrich, H. (1981) Betriebswirtschaft
Die Führung des Betriebes - Curt Sandig zu seinem 80. Geburtstag gewidmet, Poeschel, Stuttgart, 1981.

Ulrich, H. (2001) Systemorientiertes Management
Systemorientiertes Management - Das Werk von Hans Ulrich ; [Auszug aus dem Werk von Hans Ulrich], Studienausg; Haupt, Bern, 2001.

Ulrich, H./Hill, W. (1976) Wissenschaftstheoretische Grundlagen
Wissenschaftstheoretische Grundlagen der Betriebswirtschaftslehre. In: Zeitschrift für Ausbildung und Hochschulkontakt, WiSt, 1976.

Vakuumgießen von Kunststoffen (2017)
Vakuumgießen von Kunststoffen. URL: https://www.speedpart.de/seite/de/prototyping/040/-/Vakuumgiessen_von_Kunststoffteilen.html, 20.04.2017.

Verein Deutscher Ingenieure (2014) VDI 3405 - Additive Fertigungsverfahren
Additive Fertigungsverfahren, Beuth Verlag GmbH, Berlin, Dezember 2014.

voxeljet 3D-Drucker (2017)
voxeljet 3D-Drucker. URL: https://www.voxeljet.com/fileadmin/user_upload/PDFs/voxeljet_3D-Drucker_VX1000_2017.pdf, 11.07.2017.

Vyomesh, J. (2015) Making the impossible possible
Making the impossible possible - Bi-Link takes the no-compromise road to producing 3D-printed injection molds and parts. URL: http://www.methodsmachine.com/assets/ProJet-3500-HD-MJP-VisiJet-M3-Injection-Mold-Bi-Link.pdf, 17.02.2017.

Wallentowitz, H./Freialdenhoven, A. et al. (2009) Strategien in der Automobilindustrie
Strategien in der Automobilindustrie - Technologietrends und Marktentwicklungen, 1. Aufl.; Vieweg+Teubner Verlag /GWV Fachverlage GmbH Wiesbaden, Wiesbaden, 2009.

Wappis, J./Jung, B. (2019) Null-Fehler-Management
Null-Fehler-Management - Umsetzung von Six Sigma, 6., überarbeitete Auflage; Hanser, München, 2019.

Weissbach, W./Dahms, M. et al. (2015) Werkstoffkunde
Werkstoffkunde - Strukturen, Eigenschaften, Prüfung, 19., vollst. überarb. u. erw. Aufl.; Springer Fachmedien, Wiesbaden, 2015.

Westkämper, E./Warnecke, H.-J. (2010) Fertigungstechnik
Einführung in die Fertigungstechnik, 8., aktualisierte und erw. Aufl.; Vieweg + Teubner, Wiesbaden, 2010.

Wiedemann, J. (2014) Leichtbau und Aerodynamik
Der Leidensdruck wird den Takt vorgeben. In: ATZ - Leichtbau und Aerodynamik, Nr. 4, 116. Jg., 2014, S. 18 - 20.

Witt, G. (2009) Unterstützungssystem für Rapid Prototyping
Wissensbasiertes Unterstützungssystem für Rapid Prototyping gerechte 3D-CAD-CAM-Prozesse. URL: https://www.uni-due.de/imperia/md/content/cad/abschlussbericht-rp-aif-nr-15351-bg.pdf, 13.04.2017.

Wohlers, T. T. (2009) Wohlers report
Wohlers report 2009 - State of the industry annual worldwide progress report, Wohlers Associates, Fort Collins, Col., 2009.

(2017) System Properties
Xede 3SP - System Properties. URL: https://envisiontec.com/wp-content/uploads/2016/09/MK-MCS-Xede3SP-V01-FN-EN.pdf, 11.07.2017.

Lebenslauf

Persönliche Daten:

Name:	Christian Reinders
Geburtsdatum:	15.10.1985 in Mönchengladbach/Rheydt
Familienstand:	verheiratet, 1 Kind

Berufspraxis:

08/2017 - heute	„Lindt & Sprüngli GmbH"; Aachen *Position: Leiter Engineering*
07/2013 - 06/2017:	„Werkzeugmaschinenlabor WZL der RWTH Aachen" in der Abteilung Produktionsmanagement und seit 01/2016 „Chair of Production Engineering of E-Mobility Components (PEM) der RWTH Aachen" in der Abteilung Electric Powertrain und Plastic Components; Aachen (Ausgründung aus dem WZL) *Positionen: Projektmanager/wissenschaftlicher Mitarbeiter*
08/2010 - 06/2013:	„Elwema Automotive GmbH"; Monschau und Ellwangen *Position: Technischer Assistent der Geschäftsleitung*
10/2009 - 07/2010:	„TMS Transport - und Montage - Systeme GmbH"; Österreich, Linz *Positionen: Projektmanager/Konstrukteur*
10/2008 - 03/2009:	„Fraunhofer Institute Center for Manufacturing Innovation (CMI)"; USA, Boston; Praxissemester im Ausland
06/2005 - 05/2009:	„Metallbau Reinders"; Jüchen

Bildung:

07/2013 - 06/2017:	Promotion an der RWTH Aachen zum Dr.-Ing.
09/2009 - 08/2011:	Berufsbegleitendes Studium an der Fachhochschule Aachen, Studiengang „Master of Business Administration, Entrepreneurship"; akademischer Grad: Dipl.-Ing.(FH), M.B.A.
09/2005 - 09/2009:	Studium an der Fachhochschule Aachen, Diplomstudiengang „Maschinenbau" mit der Fachrichtung Konstruktionstechnik; akademischer Grad: Dipl.-Ing.(FH)
07/2002 - 06/2005:	Verkürzte Berufsausbildung bei „Metallbau Reinders" zum Metallbauer (Geselle) mit der Fachrichtung Konstruktionstechnik
09/2002 - 09/2004:	Berufsbegleitende Abendschule am „Berufskolleg für Technik und Informatik"; Neuss, Fachhochschulreife in Kombination mit der Berufsausbildung (Duale Ausbildung)
08/1996 - 06/2002:	Städtisches Gymnasium Odenkirchen mit dem Abschluss der Fachoberschulreife

Jüchen, im August 2020

In der Reihe **Ergebnisse aus der Elektromobilproduktion** zuletzt erschienen:

Reinders, Christian:

Parametrisierung eines Generativen Fertigungsverfahrens für Formwerkzeuge

ISBN: 978-3-86359-897-6

Erscheinungsdatum: 30.09.2020

vom Hemdt, Ansgar:

Methodik zur anwendungsspezifischen Gestaltung von Materialprozessketten für Lithium-Ionen-Batterien

ISBN: 978-3-86359-879-2

Erscheinungsdatum: 31.08.2020

Hansen, Jan Ole:

Methodik zur Bauteilintegration von Vorrichtungsfunktionen im Karosseriebau

ISBN: 978-3-86359-863-1

Erscheinungsdatum: 08.06.2020

Förstmann, Ruben:

Modellbasierter Ansatz zur automatisierten Gestaltung von Montagevorrichtungen

ISBN: 978-3-86359-778-8

Erscheinungsdatum: 11.12.2019

Edition Wissenschaft
Apprimus

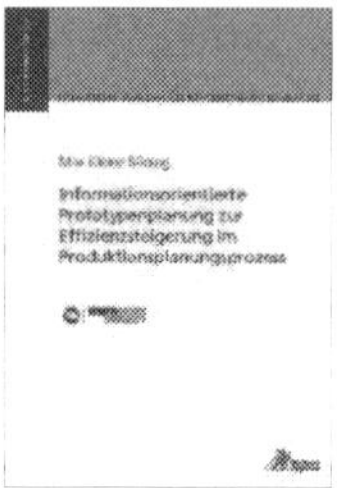

Kleine Büning, Max:

Informationsorientierte Prototypenplanung zur Effizienzsteigerung im Produktionsplanungsprozess

ISBN: 978-3-86359-744-3
Erscheinungsdatum: 23.08.2019

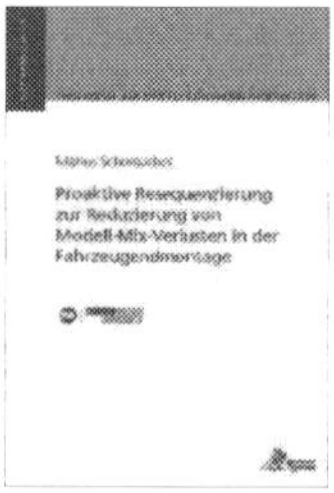

Schumacher, Marius:

Proaktive Resequenzierung zur Reduzierung von Modell-Mix-Verlusten in der Fahrzeugendmontage

ISBN: 978-3-86359-732-0
Erscheinungsdatum: 24.06.2019

Gillen, Sebastian Christoph:

Produktionsseitige Gestaltung von Produktanforderungen für den elektrischen Antriebsstrang

ISBN: 978-3-86359-721-4
Erscheinungsdatum: 29.05.2019

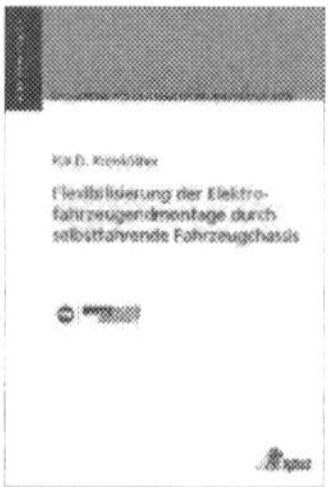

Kreisköther, Kai D.:

Flexibilisierung der Elektrofahrzeugendmontage durch selbstfahrende Fahrzeugchassis

ISBN: 978-3-86359-680-4
Erscheinungsdatum: 11.01.2019

Edition Wissenschaft
Apprimus